CONTENTS

PATCH WORK 拼布教室
Spring Edition 2021
no.22

令人舒心雀躍的春天，讓人更想將心愛的布片一片片地併接在一起。在碎布拼布（Scrap Quilts）單元中，收錄許多以珍惜的布片製作才得以完成的作品；併接花朵圖案製作而成的水彩拼布，宛如水彩畫般如詩如幻的設計獨具魅力，每件作品都能夠充分品味到配色與縫合的樂趣。無論是非常適合用來送給即將展開全新生活之人的錢包，或是如今已成了生活必需品的口罩，與手提袋同款製作的提案單元，也相當精彩可期。不妨準備喜愛的布料，製成外出用品，提振春日的好心情！

隨書附贈
原寸紙型＆拼布圖案

攝影／山本和正

連載

以貼布縫描繪的四季花圈

將盛開著四季花卉的花圈，以貼布縫裝飾於拼布，裝飾於屋內吧！
敬請期待原浩美老師使用先染布製作，帶有微妙色調之花朵表情的樂趣。

於非洲菊及報春花中 添加了含羞草的春色花圈

將含羞草添加在大輪種非洲菊及心形花瓣的可愛報春花之中，進而將大中小的花卉均衡地進行配置。含羞草可愛的小圓花是呈放射狀施以直線繡的手法表現。裝入高貴雅致的相框裡，製成拼布框飾。

設計・製作／原 浩美　內徑尺寸 28.5×28.5㎝　作法P.87

1

含羞草花圈波奇化妝包

半圓形的上蓋，繡有小巧精美的含羞草花圈圖樣。
由於上蓋可以整個掀開，因此內容物淺而易見，拿取物品也相當順手。
大小適中，是非常適合用來收納彩妝工具的尺寸。

設計・製作／原 浩美　11×16×7cm　作法P.86

攝影／山本和正

小拼接大趣味
拼布人的妙用零碼布點子

在此介紹了碎布拼布——
眾多以小布片大活躍的圖案，及小巧拼布的作品。
將心愛的布料豐富運用，開心地進行配色吧！

以復刻風印花布為主，運用流行的配色，將布片用量較多的「格子風扇」圖案併接組合誠如其名的「30年代的織物派對」。以白色印花布將底色與飾邊進行統一，襯托出布片運用的特色。

設計・製作／吉田和惠
215.5×175.5㎝ 作法P.89

風扇的圖案一旦作為收斂軸芯布片的作用，即可成為平衡度佳的配色。作為統整作用的白色，則不侷限用於素色布，請配合圖案的配色選擇，效果更好。

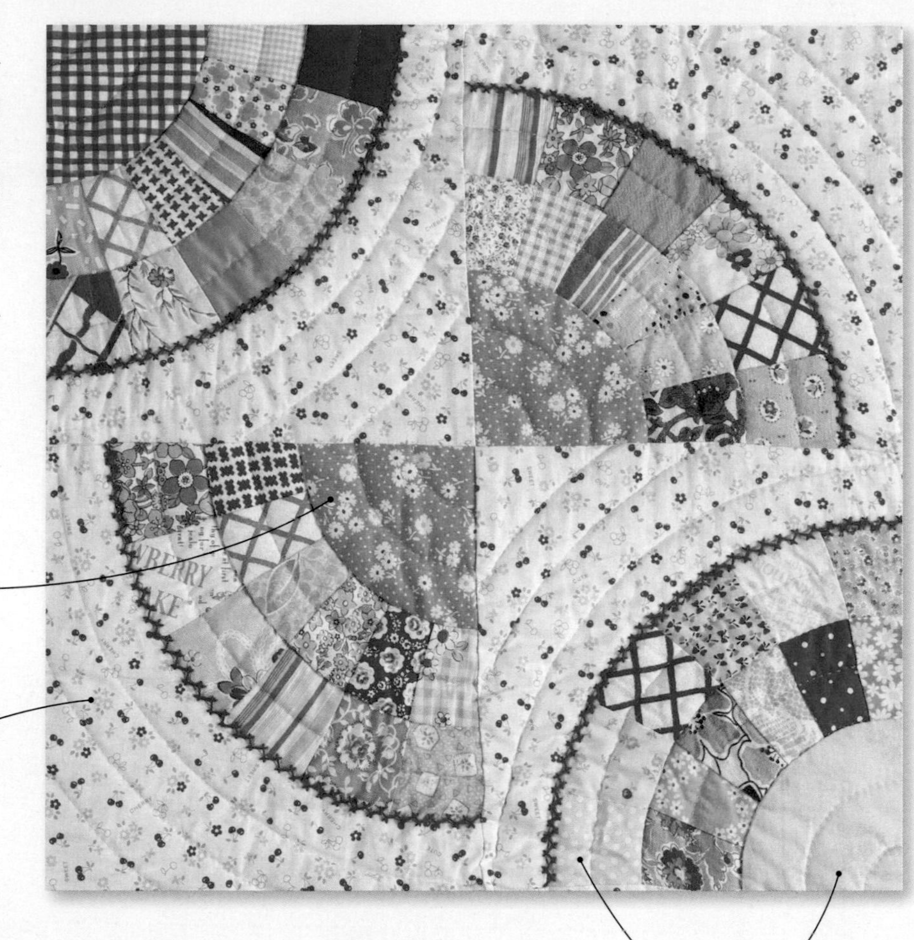

將粉紅色搭配在柔和色調的布片運用上。

搭配圖案的配色，選擇帶有紅色或美麗彩色小碎花的白色印花布。

使用相同顏色，統整度更佳。

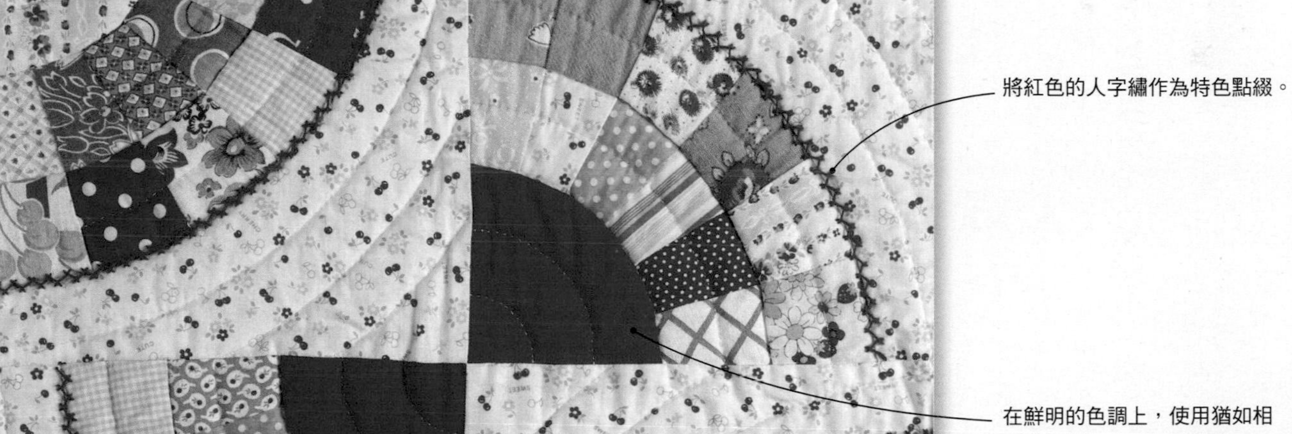

將紅色的人字繡作為特色點綴。

在鮮明的色調上，使用猶如相同強度般的色彩加以整合。

能夠活用布片兼具 統整功能的白色

4

使三角形布片看起來更加醒目，進行配色的「東西南北」圖案的壁飾。使用長方形、正方形與三角形的布片包圍周圍，以復古風印花布營造更引人注目的設計。

設計・製作／岡 由紀子
80×80cm 作法P.87

「萬花筒」與「線軸」圖案的抱枕。
在白底部分則使用了素色布與小碎花印花布，
以期不會變成單調的配色。

設計・製作／安斎 惠　48×48cm

抱枕

◆材料（1件的用量）

各式拼接用布片 C用布55×25cm 鋪棉、胚布、裡布各55×55cm 滾邊用寬3cm斜布條210cm 長40cm拉鍊1條

◆作法順序

拼接布片A至C，製作正面的表布→疊放上鋪棉與胚布之後，進行壓線→於裡布上接縫拉鍊→將表布與裡布背面相對疊合之後，將周圍進行滾邊（參照P.82）

※A與B原寸紙型A面⑩。

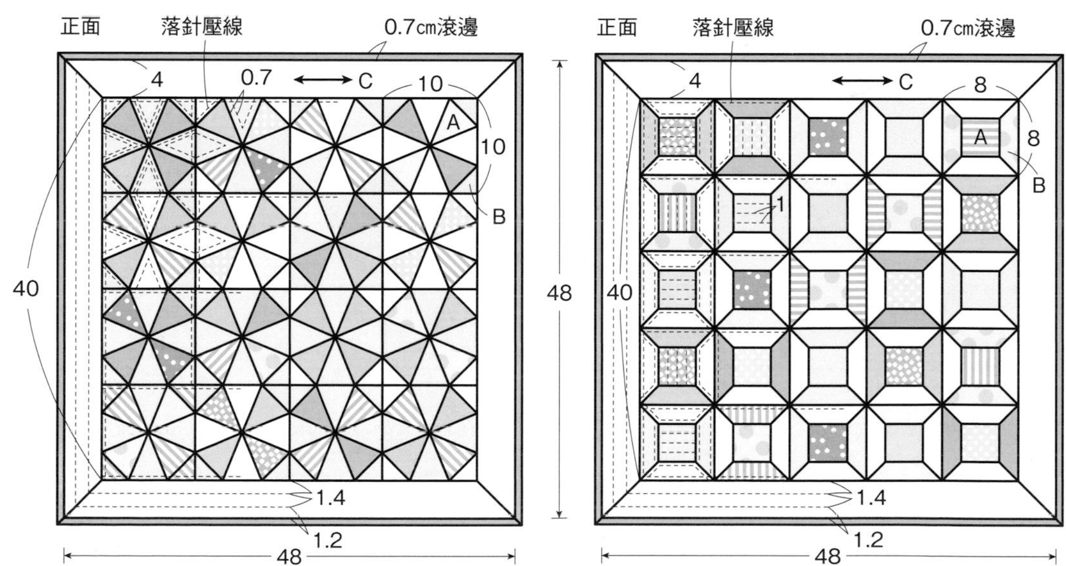

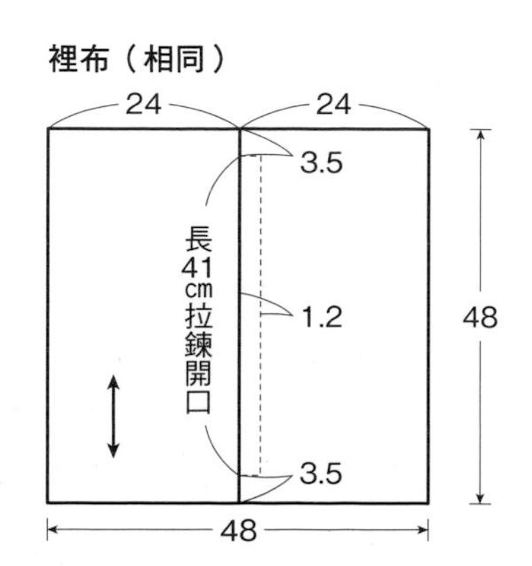

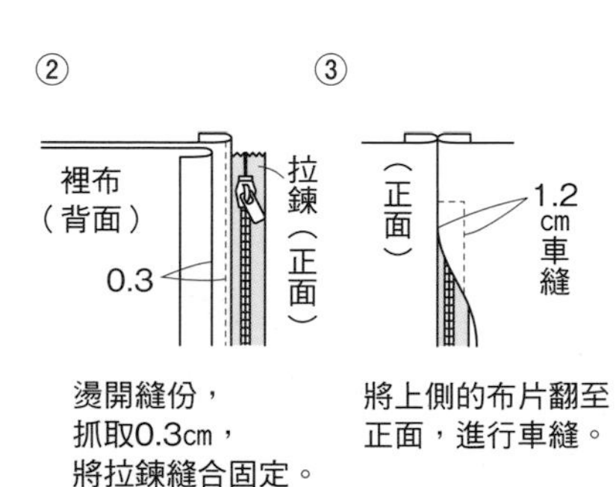

將「四宮格」與素色區塊交替排列的設計。四宮格是由4片深淺差異的布片配置而成。由於布片較小，若選擇小花紋圖案，較能活用其配色。

設計／馬場茂子　製作／山崎啟子
156×156㎝　作法P.88

7

8

以淺色將全體進行統一的高雅拼布。「德勒斯登圓盤」的圓弧形布片全部皆以不同的布進行配色。用來統一色調的白色、淺駝色、粉紅色等顏色搭配不同的配色，以避免視覺上顯得單調而多費心思。

設計・製作／田中美代子
49×49cm　作法P.92

9

將四分之一圓作為布片運用，並於格狀長條飾邊的交叉部分以重點裝飾添加色彩的手提袋。顏色由淺至深，宛如色彩流動般進行配色。

設計／常盤幸子
製作／上村順子
28×32cm　作法P.91

愉快的配色
手提袋&波奇包

將扇形袋身併接成布條狀的手提袋。藍灰色的布料上以強調色添加上粉紅色小碎花圖案。

設計・製作／江畑知代惠

24×47.5cm

10

手提袋

◆材料

各式拼接用布片 袋底用布20×15cm 提把用布4種各6×35cm 鋪棉、胚布、裡袋、接著襯各110×40cm

◆作法順序

拼接布片A至J'，製作2片袋身的表布→疊放上鋪棉與胚布之後，進行壓線→袋底亦以相同方式進行壓線→製作提把→依照圖示進行縫製。

◆作法重點

○袋身表布於周圍預留1.5cm縫份。

○提把的表布與裡布是將4種布片加以組合製作。

○裡袋於背面黏貼上接著襯，並於0.5cm縫份處縫合。

※袋身與袋底原寸紙型A面③。

提把接縫位置

5.5 中心 5.5

袋身（2片）

A B C D E F G H I J J' I' H' G' F' E' D' C' B' A'

24.3

落針壓線

脇邊 10 脇邊

47.5

※裡袋為相同尺寸的一片布（原寸裁剪）。

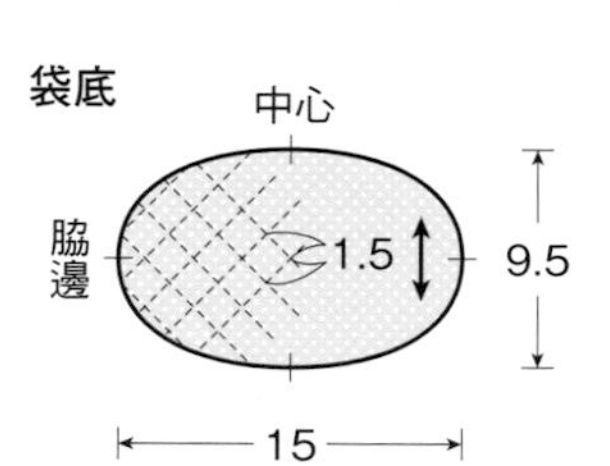

※裡袋為相同尺寸的一片布（原寸裁剪）。

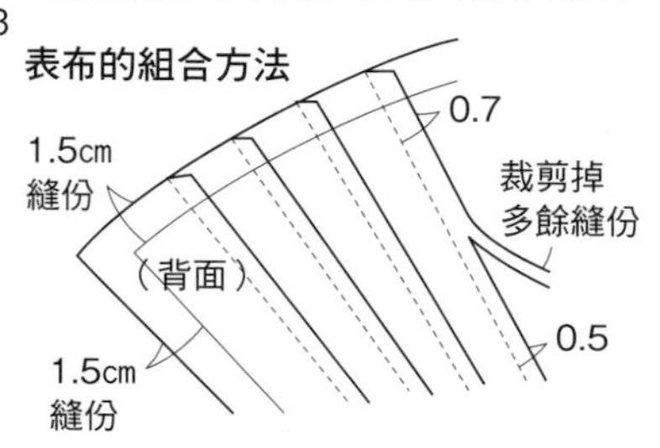

將已拼接完成的縫份裁剪成0.5cm之後，單一倒向同一方向。

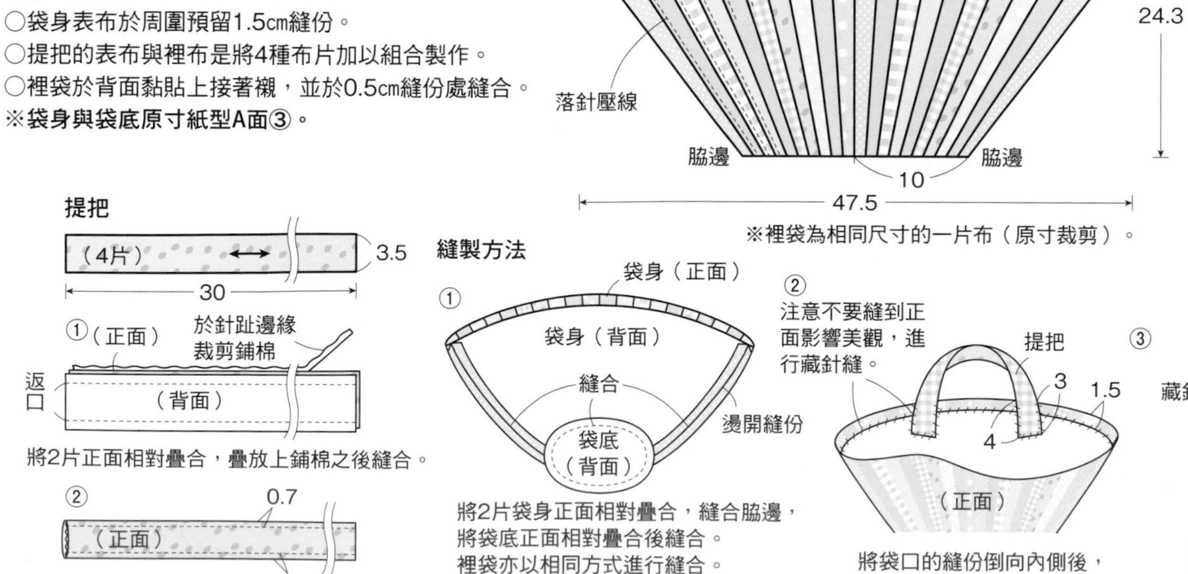

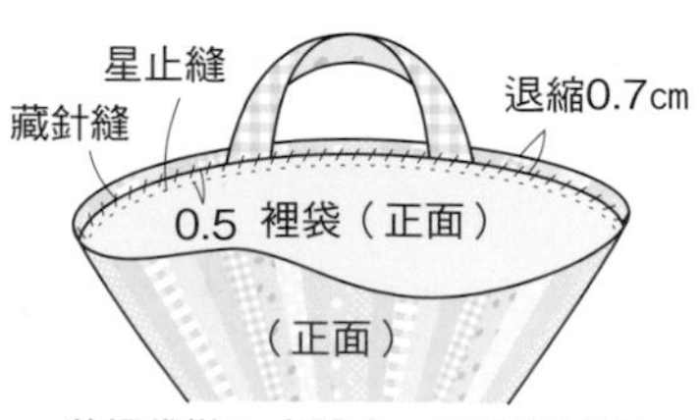

將裡袋裝入本體中，進行藏針縫，將袋口周圍進行星止縫。

將「小木屋」圖案的中心配置上貓咪圖案的迷你手提袋。運用粉紅色與藍色的印花布，讓斜向剪裁更顯清晰分明。

設計・製作／山崎良子
20×22cm

後片為小木屋的圖案。

迷你手提袋

◆材料（1件的用量）

各式拼接用布片、貼布縫用布片 裡袋用布40×25cm 貼邊用布25×15cm 鋪棉、胚布各50×30cm 提把用寬1cm皮帶70cm 直徑1cm手縫型磁釦1組 直徑0.9cm鈕釦一顆

◆作法順序

拼接布片，進行貼布縫之後，製作表布→疊放上鋪棉與胚布之後，進行壓線，接縫鈕釦→依照圖示進行縫製。

◆作法重點

○圖案的縫合順序請參照P.84。
○將貼邊翻至正面時，為了避免由正面看見貼邊，請退縮0.2cm。
※布片A至O原寸紙型A面⑮。

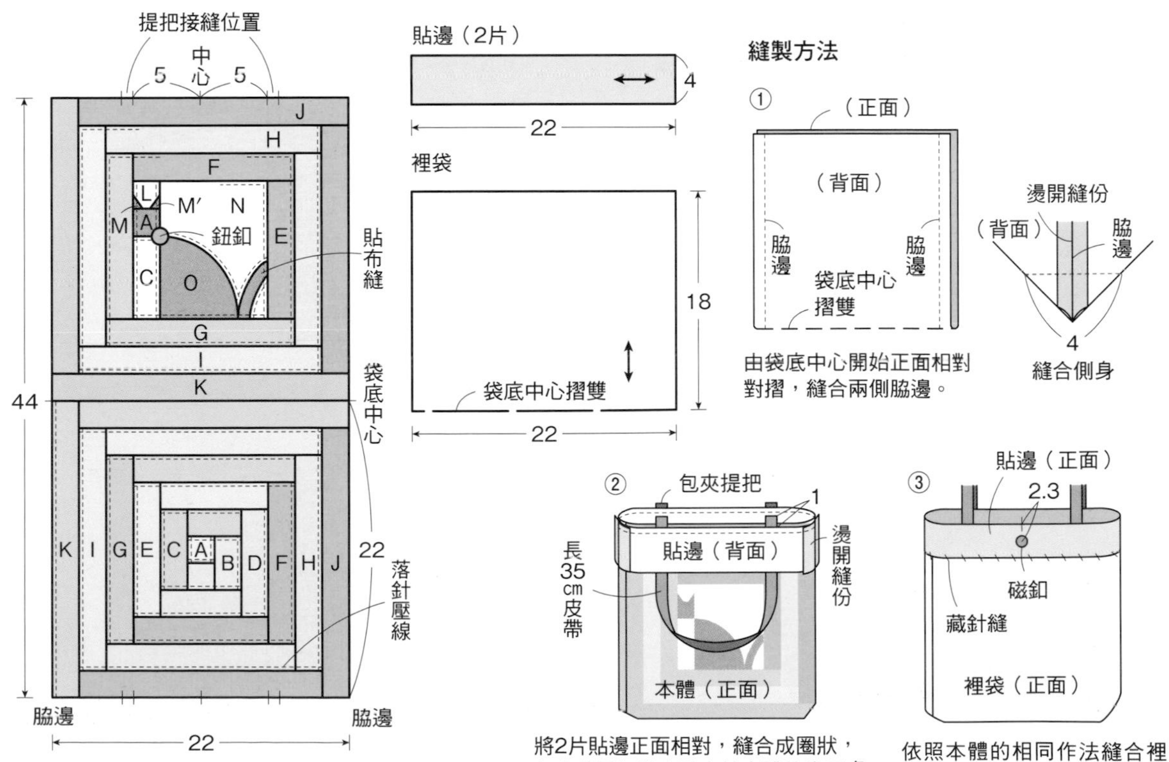

以茶色為基底，並以同色系深淺進行配色的「鳳梨」圖案。由於是以焦茶色素色布將周圍進行組合，男性使用亦相當出色。

設計・製作／西澤まり子
36.5×44cm　作法P.13

12

13

運用3種菱形描繪區塊花樣的「積木」圖案。於最上層的布片配置上白色印花布，並搭配2片作出色彩明暗反差的深色印花布，縫製而成立體的圖案。

設計・製作／後藤洋子
27.5×36cm　作法P.90

作品No. 12手提袋

◆材料（1件的用量）

各式拼接用布片 H用灰色印花布20×35cm I至K用茶色印花布80×60cm（包含滾邊用部分） 鋪棉、胚布、裡袋用布各90×50cm 長48cm皮革製提把1組

◆作法順序

拼接布片A至G，製作12片表布圖案（縫合順序請參照P.84）→與布片H至K接縫之後，製作表布→疊放上鋪棉與胚布之後，進行壓線→依照圖示進行縫製。

※原寸壓線圖案紙型B面㉑。

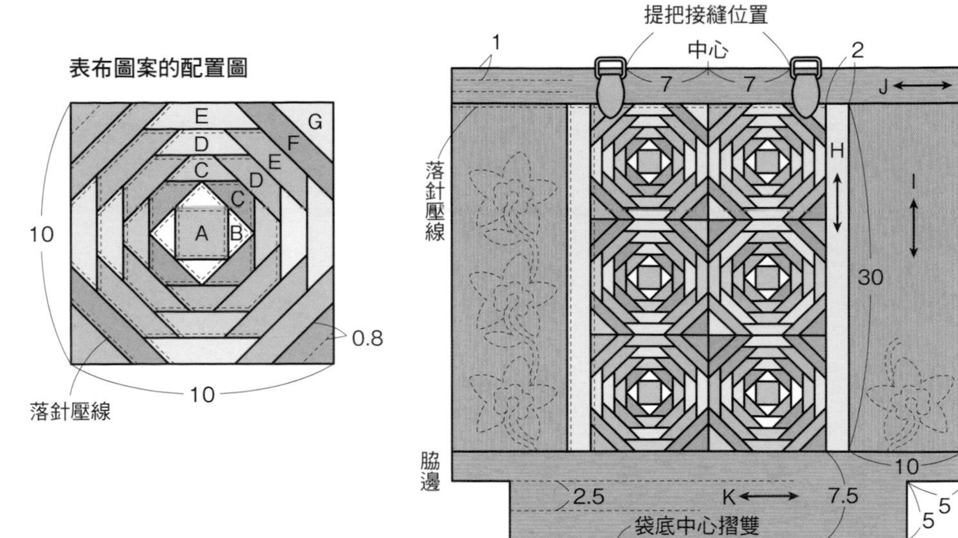

※裡袋為相同尺寸的一片布。

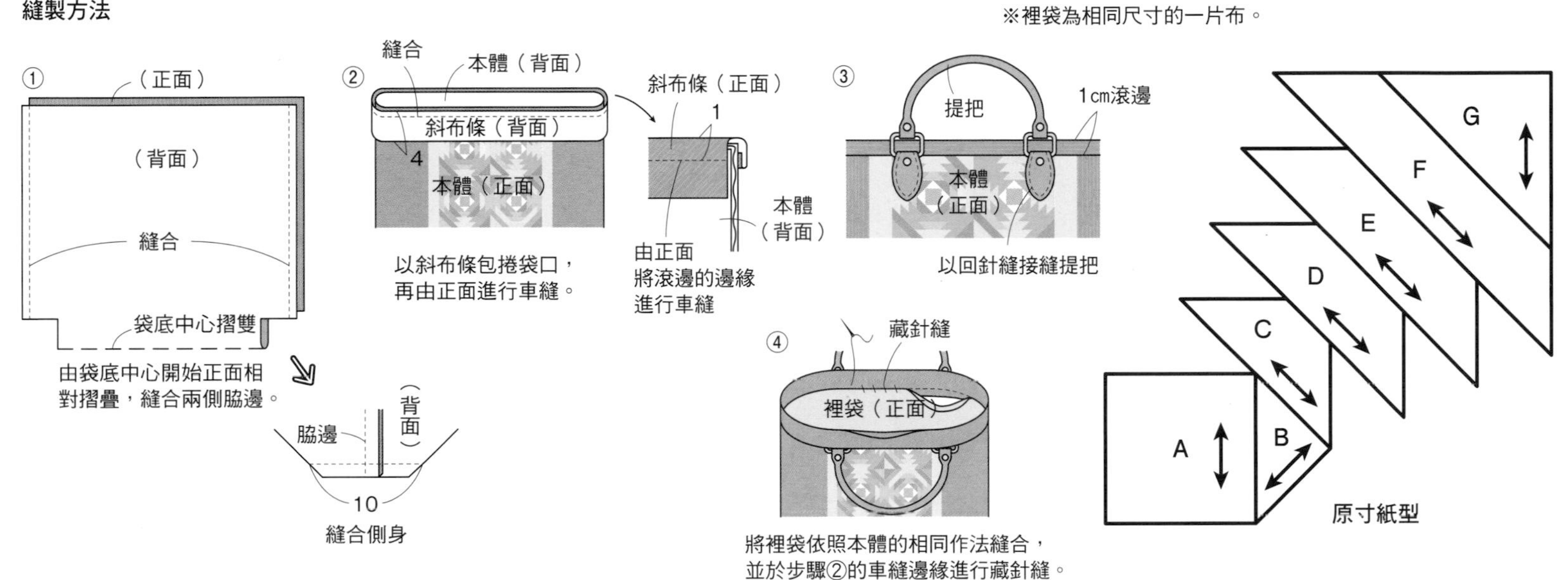

配色建議 同色系的組合方法

同色系雖容易進行配色，卻也容易陷入單調的局面。透過以色彩深淺或花樣等方式將相鄰的布片作出差異，以及添加色感相搭的強調色，即可完成優異的組合。

作為容易呈現模糊配色的重點，可加入深藍色的花朵圖案。

引人注目的藍灰底粉紅色小碎花印花布作為強調色使用，發揮十足效果。

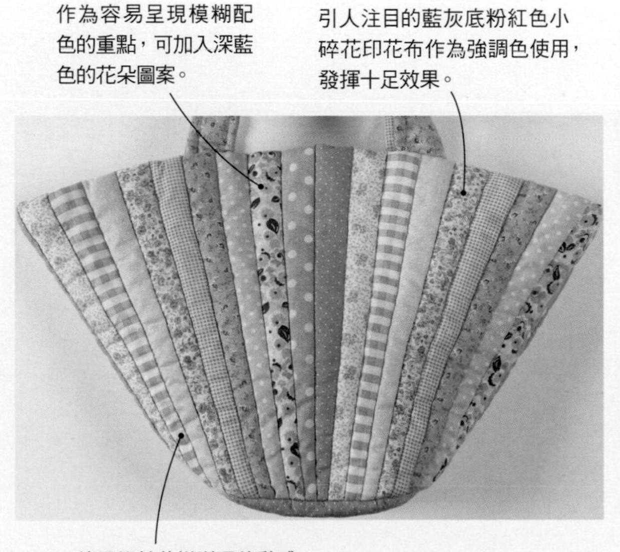

使用格紋花樣增添律動感

僅僅使用紅×白的單色印花布，作出色彩明暗反差進行配色。

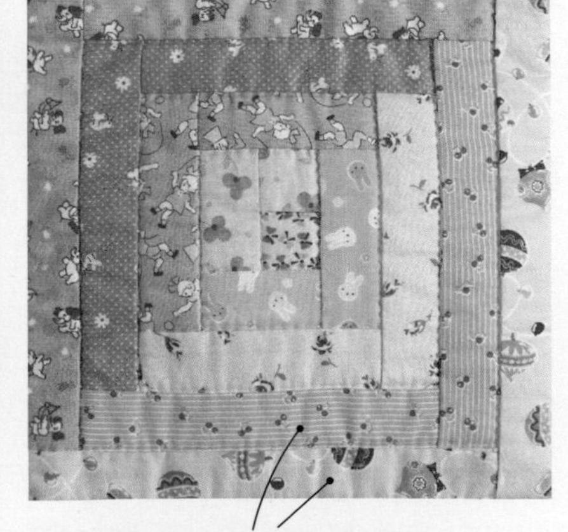

相鄰的布片不只作出色調深淺的不同，也作出花紋密度的差異。

使用色彩繽紛的印花布組合而成的2件波奇包，以及與為了凸顯亮眼的三角形布片，而具統整效果的印花布，一起完成搭配的波奇包。只要色調一致，就不會顯得雜亂無章，進而統一整合。

設計・製作／後藤洋子

No.14 16×20.5cm No.15 13×23cm No.16 12.5×23cm

作法P.15

波奇包

◆材料（1件的用量）

相同 各式拼接用布片

No.14 C用布25×15cm 鋪棉、胚布各40×25cm 滾邊用寬3.5cm斜布條45cm 長19cm拉鍊1條

No.15 鋪棉、胚布各35×25cm 滾邊用寬3.5cm斜布條100cm 長30cm拉鍊1條

No.16 B至D用布45×30cm 鋪棉、胚布各35×35cm 滾邊用寬3.5cm斜布條55cm 長20cm拉鍊1條

◆作法順序

進行拼接後，製作表布→疊放上鋪棉與胚布之後，進行壓線→作品No. 15將周圍進行滾邊→依照圖示進行縫製。

◆作法重點

○作品No.14、No.16胚布的脇邊請預留較多一些的縫份。

○側身的縫份使用與胚布相同布料的斜布條包捲。

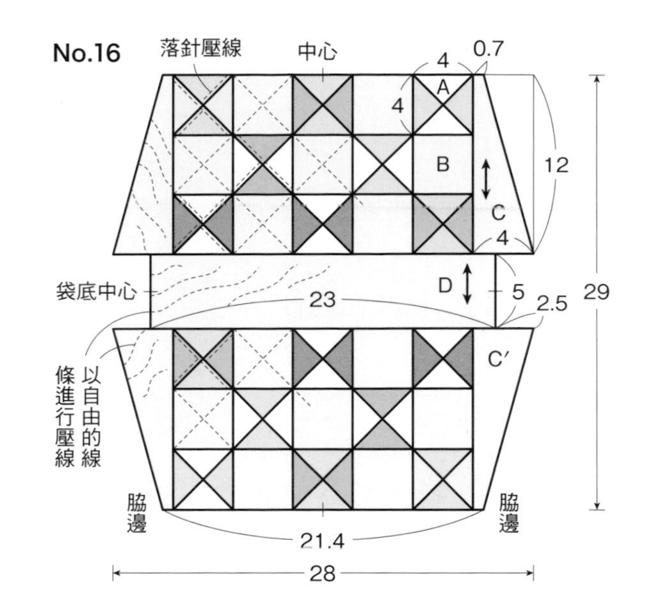

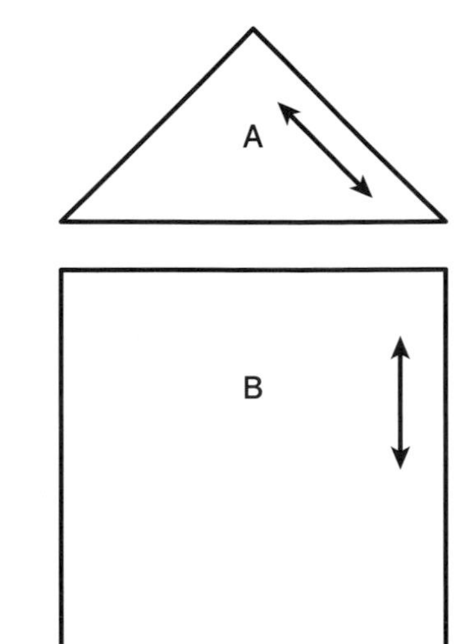

No. 16的原寸紙型

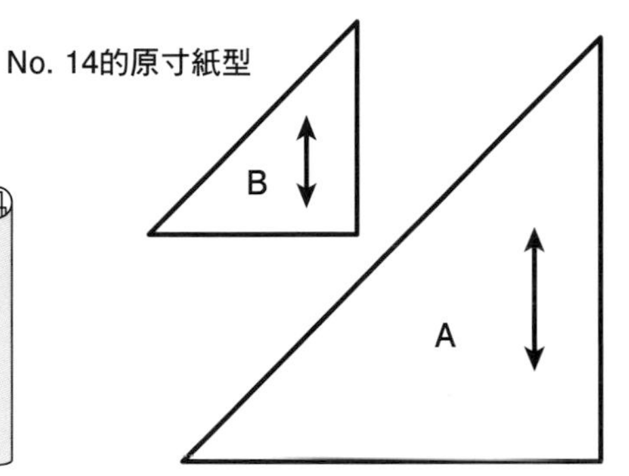

No. 14的原寸紙型

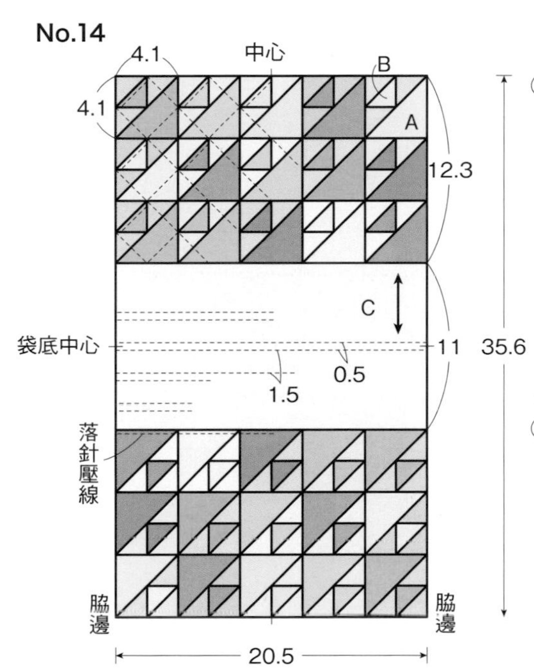

縫製方法（作品No. 14、No.16相同）

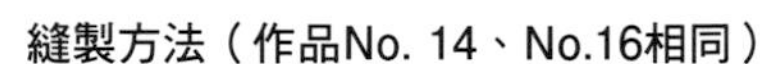

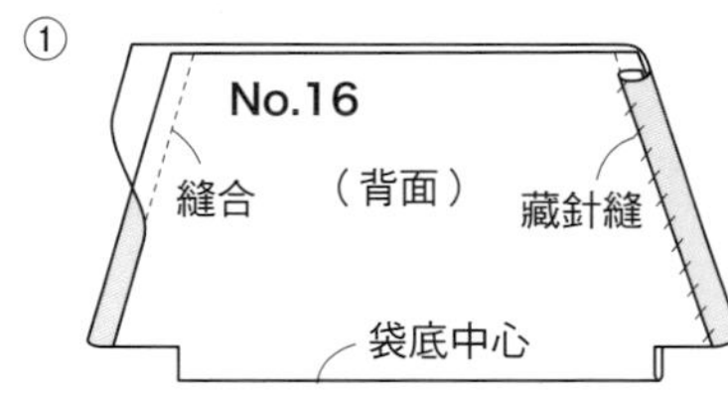

由袋底中心開始正面相對對摺之後，
縫合兩側脇邊，再以胚布包捲縫份進行藏針縫。

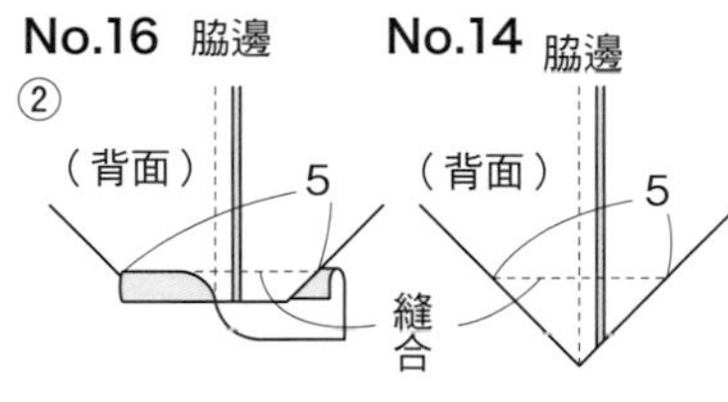

縫合側身，
作品No. 16以滾邊進行收邊處理。

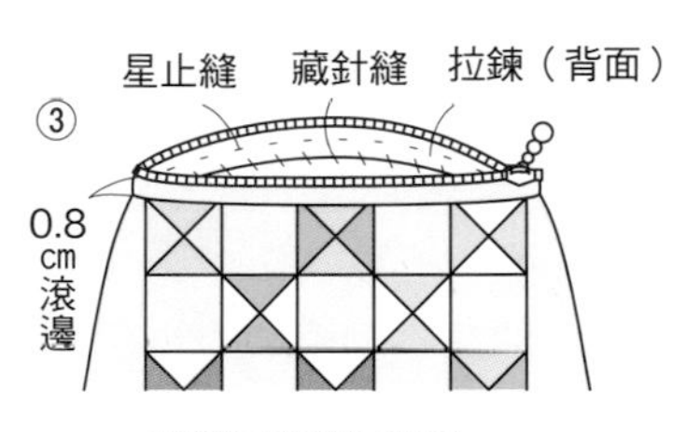

將袋口處進行滾邊，
接縫上拉鍊。

No. 15原寸紙型

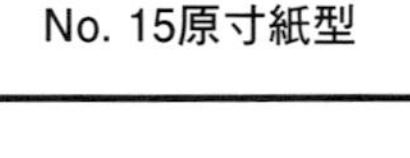

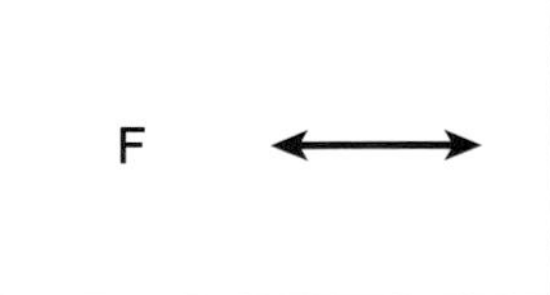

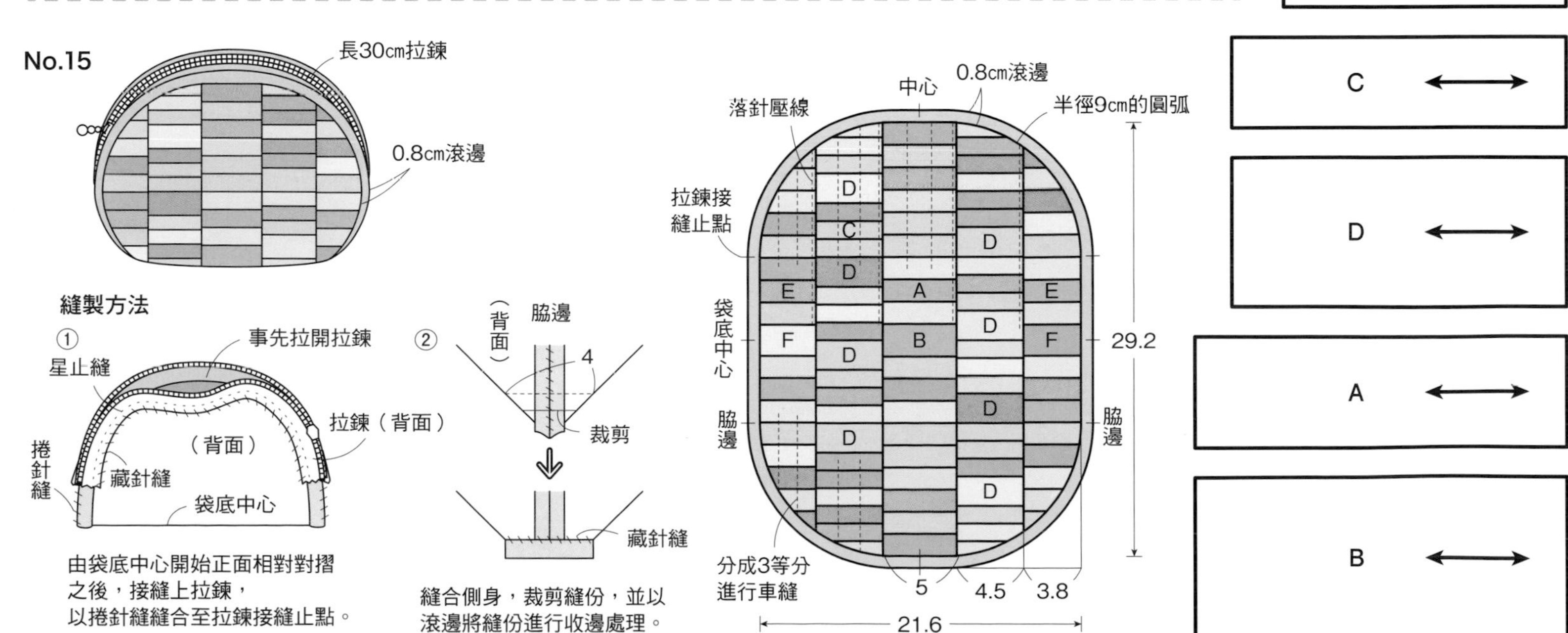

第16回 基礎配色講座の

配色教學

一邊學習基礎的配色技巧，一邊熟悉拼布特有的配色方法。第16回是以特輯中探討的碎布拼布為主題。一邊將家裡現有的小小布片加以組合，一邊學習充滿原創性的配色祕訣吧！

指導／大本京子

享受碎布拼布（Scrap Quilts）樂趣的方法

動用家中現有的全部布片進行製作的碎布拼布，亦可稱得上是拼布的起源。搬出家藏的布料，一邊嘗試各種排列組合，一邊享受箇中樂趣進行配色吧！無論是整合色調，或是決定主題收集布料的作法，只需要多花些心力，就能一口氣提高布片運用的魅力。

整合色調

運用先染布增添典雅風的配色

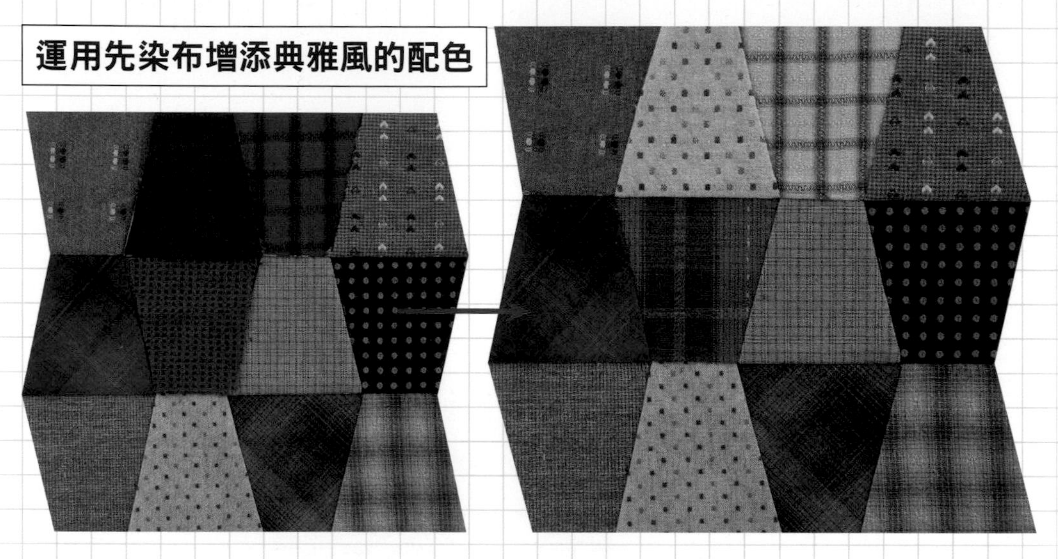

使用格紋或點點花樣的先染布呈現冷靜沈穩的配色。如右圖所示，透過於各處添加黃色或紅色等明亮的色調，形成不過於清淡，呈現出層次分明的感覺。（高球杯）

格紋布的裁剪方法

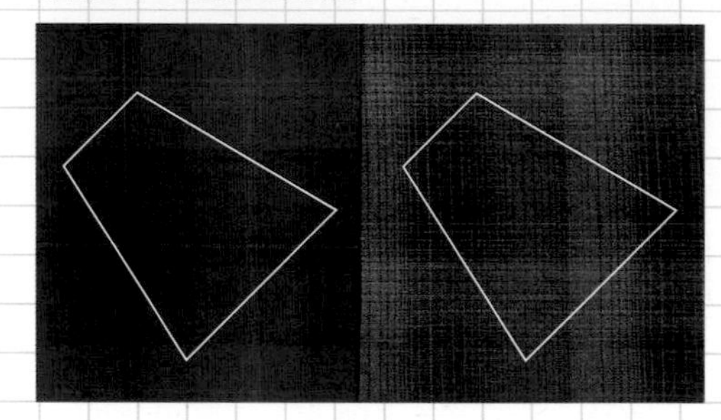

格紋布透過以斜紋布作裁剪的方式，呈現柔和的印象。僅依經緯線裁剪容易過於單調，因此於間隙加入斜紋的布片，帶出變化。

運用淺色調

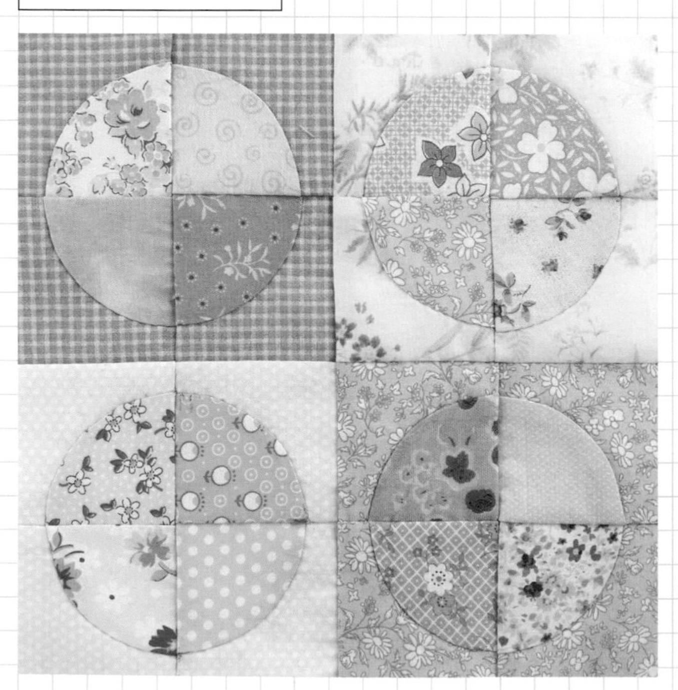

清楚呈現渾圓圖案的流行圖案，以有如春天般的柔和色調加以整合。沒有太過強調亮度的差異，而是以同一色系將各區塊作出統一感。（波卡點點）

同色調的組合

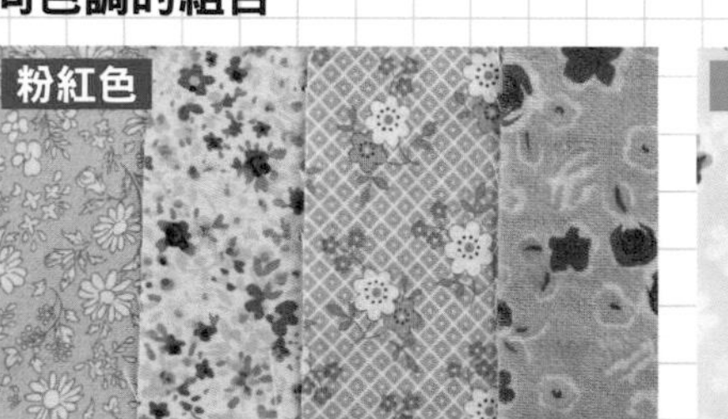

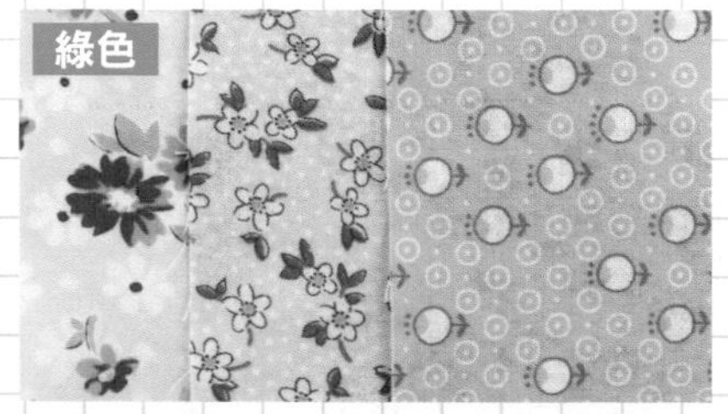

添加簡單的水玉點點花樣或素色布

僅以花朵圖案製作，容易造成全部花樣的混合而顯得雜亂，透過使用碎花紋的水玉點點或是接近素色布的混染布，即可襯托出時尚流行的花樣。

使用單一色調統一背景

以英文字樣印花布營造節奏感

將極富個性又摩登的布料加以組合而成。左圖是將近似素色布的淺駝色作為背景的例子，很容易造成樸素無趣之感，因此可以如右圖所示，以英文字樣印花布添加趣味性。（岩石庭園）

以數字或英文字樣創造嶄新的一面

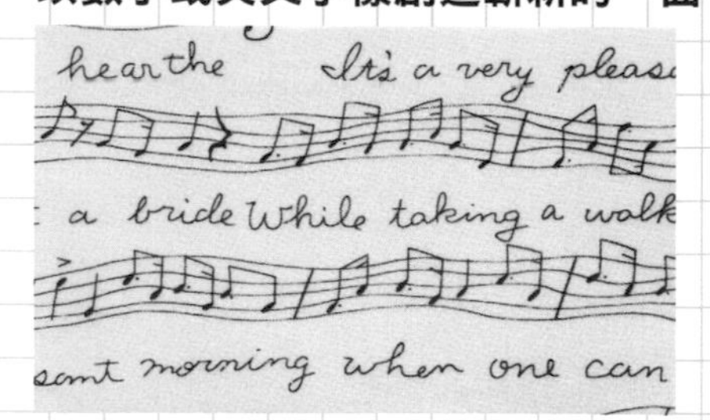

透過將音符與英文字這類具有方向性的圖案作為背景使用的方式，衍生出節奏感。

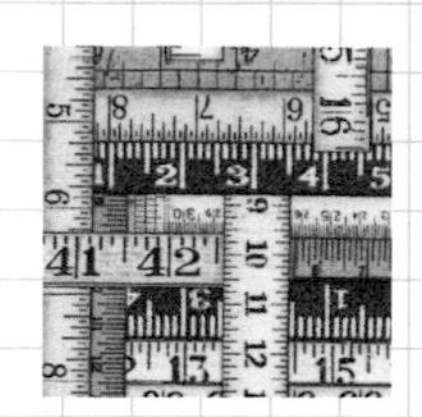

數字排列的捲尺花樣印花布，亦與英文字樣印花布的相適度極佳。

貼布縫亦為布片運用

為了襯托出布片運用的花朵及葉子，背景選擇了單一色調的水玉點點印花布。右圖是透過將花朵中心的黃色部分配置上相同布片的方式，衍生出統一感。（鬱金香）

使用大花樣的素色部分

左下方的鬱金香葉子表面看起來以為是素色布，但其實是大花樣的素色部分。

改變花樣的大小

以藍色系、紅色系、綠色系，以及分別利用同色系的深淺，將籃子進行配色。作為主要的大三角形則透過改變花樣大小的方式，營造出活潑熱鬧的印象。（郵票籃子）

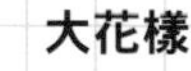

意識花樣的大小收集布片

大花樣

中型花樣

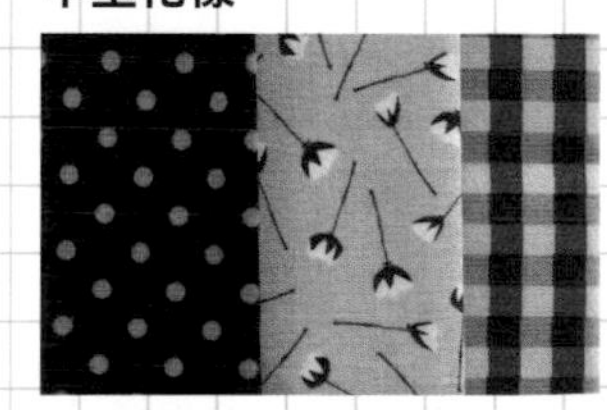

小碎花

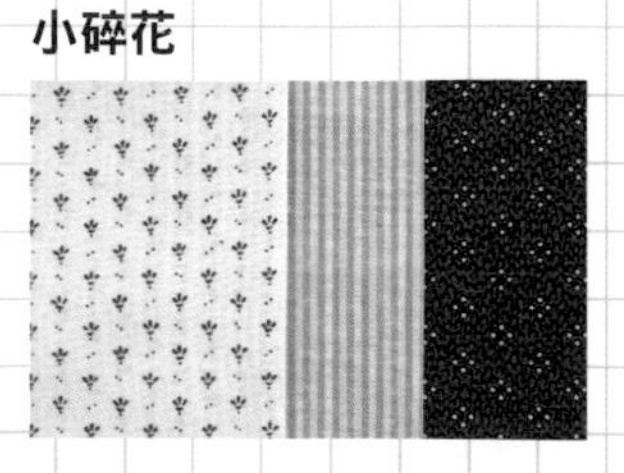

使用近似素色的布片收斂整合

籃子的提把或是小三角形，是以接近素色的深色布片俐落地進行收斂。 同時亦兼具襯托大花樣及中型花樣的效果。

以同色系作整合的祕訣

制訂主題、挑選布片

一邊於腦海中浮現出果實的概念，一邊收集起同色系的紅色布片。左圖因為深色布片較多，容易失衡而偏向較重的部分，因此如右圖所示，加入了白底印花布後，取得整體的平衡。（柵欄）

以白底印花布營造輕快感

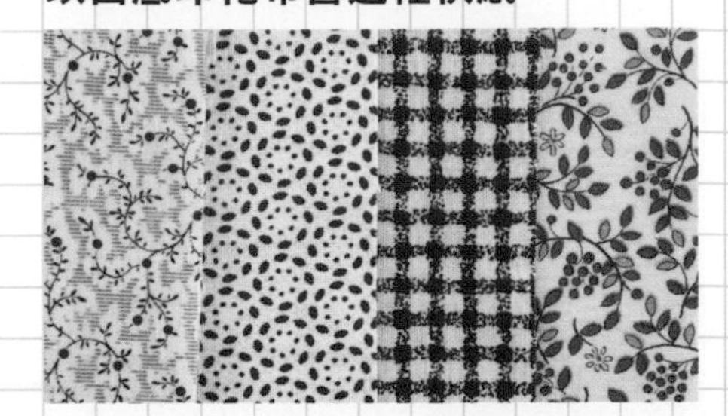

光是一味地排列同色系，很容易演變成過於沈悶的配色。藉由於其間添加白底布片的方式，即可蛻變成簡潔清爽的感覺。

以水果的概念收集布片

即便是相同的紅色，藉由使用粉紅色或橘色系等各種顏色的方式，增加配色的廣度。一邊以水果等的具體色彩為概念，一邊來收集布片，樂趣也會隨之倍增。

蘋果

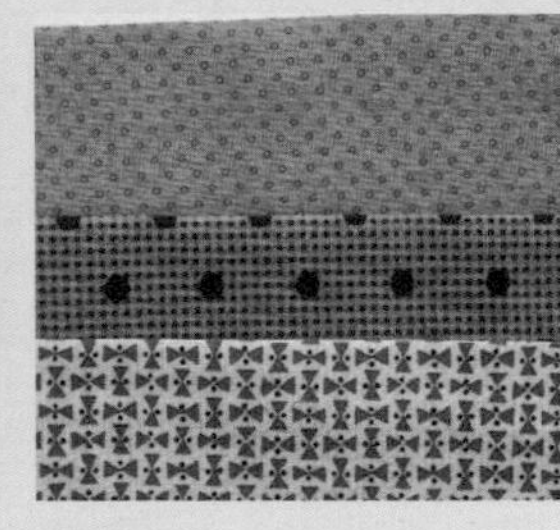

櫻桃

葡萄

紅柿

作出明暗色調的差異

底色也是試著大量使用了淺色的布片進行配色。樹木部分的布片如同右圖所示，透過交替配置深淺色調的方式，營造出比左圖更為強烈的印象。（聖誕樹）

也一併注意到印花布的花樣

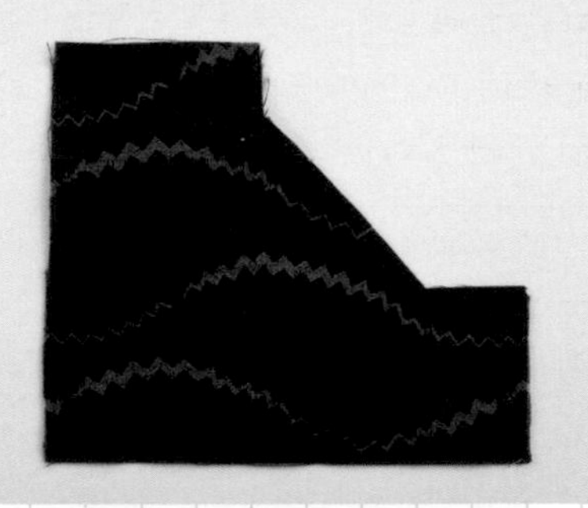

相對於底色，圖案的布片盡可能選擇可意識出樹木的花樣。具流動感的花樣，就像是橫向加入模樣般的挑選花樣，並進行裁剪。

有效地運用單一色彩

使用摩登的配色

想要將幾何圖案進行現代都會的配色時，不妨以單一色彩為主體。由於左圖在視覺上賦予的強烈感稍嫌不足，因此將中心配置上綠色，成為聚焦重點。（旋轉小木屋）

請將大花樣布準備齊全

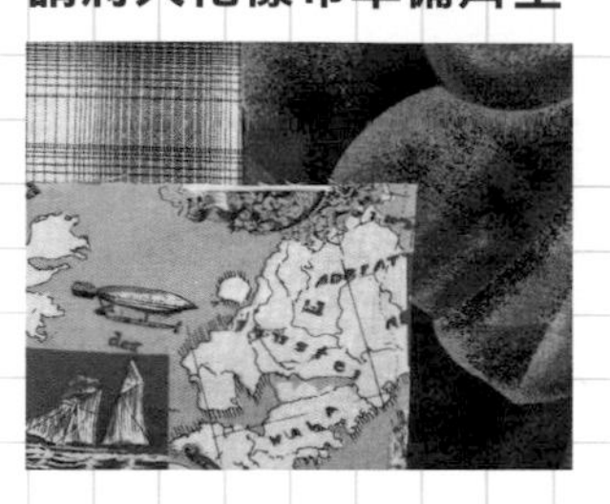

僅僅藉由添加地圖花樣、如抽象畫般的花樣、大格子花樣等各種深具個性的印花布，即可形成充滿藝術感的配色。

具有方向性的花紋

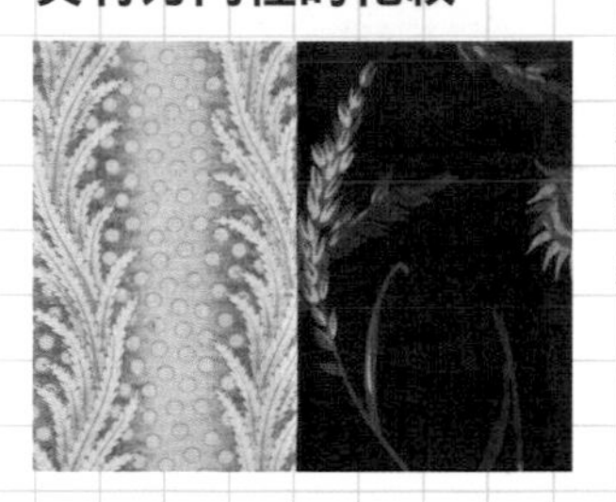

由於飾邊花樣及長形的植物花樣等，可以為圖案帶來流動感，因此積極地納入配色中。

於四個角落配置上強烈色彩

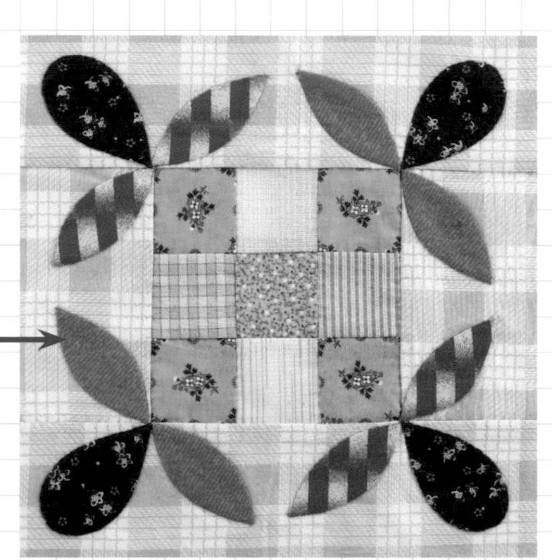

使用以蜜蜂為概念的黃色與黑色進行配置。如右圖所示，透過於四個角落帶出強烈色彩的方式，使全體呈現出收斂凝聚的感覺。背景則使用白底部分較多的清爽綠色，增添自然不造作的隨性感。（蜜蜂）

利用小花菱紋

倘若使用織紋與織紋分散的小花菱紋布，即可裁剪出放入重點裝飾的布片。

單一色彩+1 色

中心處當作強調色配置黃色，其餘則一律以單一色彩進行配色的地方，會顯得稍稍過於厚重感，因此右圖添加了藍色系取得平衡感。（野雁追逐）

適合單一色彩的布

透過挑選藍色之中加入黑色或灰色的布，或是不僅為黃色還加了黑色的布，一邊活用單一色彩的世界觀，一邊不留痕跡地添加色彩。

攝影／山本和正　插圖／木村倫子

運用拼布搭配家飾

試著更加輕鬆地使用拼布裝飾居家吧！
由大畑美佳老師提案，以能讓人感受到
當季氛圍的拼布為主的美麗家飾。

被圍繞在粉彩色調中的春季起居室

當溫煦的日子變多，春天逐漸逼近時，
不妨嘗試變換一下屋內的居家風格吧！
只要有一片大型的拼布，
就能立刻翻轉屋內的氛圍。
作成沙發罩的「牽牛花」圖案拼布，
是以淺紫色的飾邊將大量使用紫色及藍色的圖案
柔和地進行了整合。
描繪於抱枕上的三色菫為貼布縫圖案，
薰衣草則是刺繡而成。
不妨與色調相搭的素色布及印花布抱枕一同擺飾，
呈現家人輕鬆休憩的舒適角落吧！

設計／大畑美佳
拼布製作／渡辺順子　抱枕製作／加藤るり子
壁飾 145×131.5cm　抱枕 40×40cm
作法P.22、P.23

在擁有織品本身質感的棉麻布料上，描繪了薰衣草與三色堇。風格簡約的抱枕與拼布的沙發罩十分相搭。

將當季花卉圖案的迷你壁飾妝點於小小的空間裡。
使用混染布縫製成溫和色調的櫻花則捎來了春天氣息。

設計／大畑美佳　製作／加藤るり子　22×22cm　作法P.23

讓人想在春天穿著的紫羅蘭色亞麻罩衫。
適合居家擺飾色調的服裝，
不經意地自然融入屋內擺飾中也相當出色。

設計・製作／井上里美

壁飾

●材料

各式拼接用布片　A至D用白色素色布110×210cm　E、F用布70×135cm　滾邊用 5.5cm斜布條560cm　鋪棉、胚布各100×230cm

◆作法重點

拼接布片A至D之後，製作、接縫表布圖案→在已將布片E與F接縫成邊框狀的飾邊上，將圖案進行貼布縫，製作表布→疊放上鋪棉與胚布之後，進行壓線→將周圍進行滾邊（參照P.82）

※布片C與D的原寸紙型請參照P.23。

※飾邊的原寸壓線圖案紙型B面⑳。

※表布圖案的縫法順序請參照P.85。

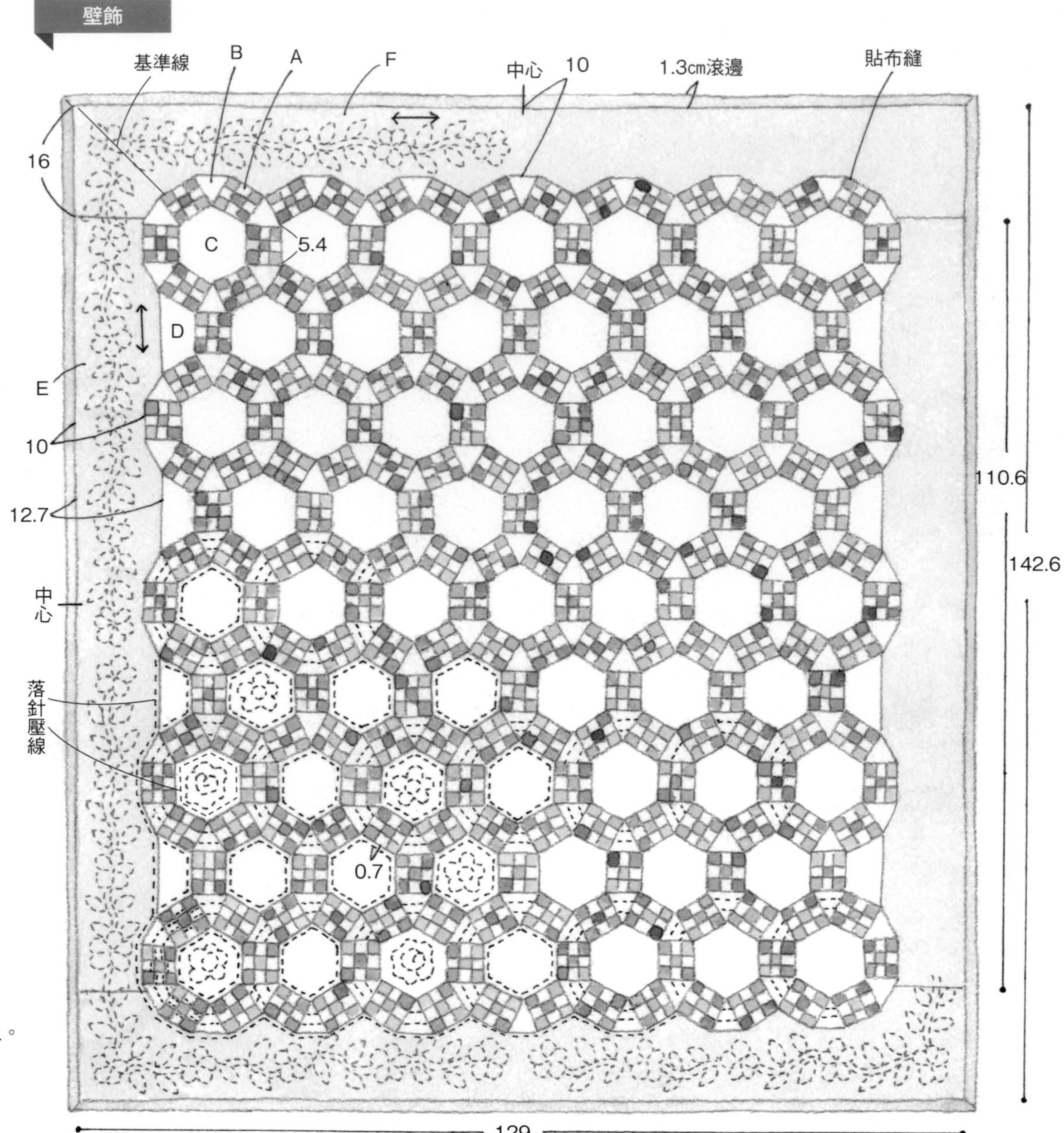

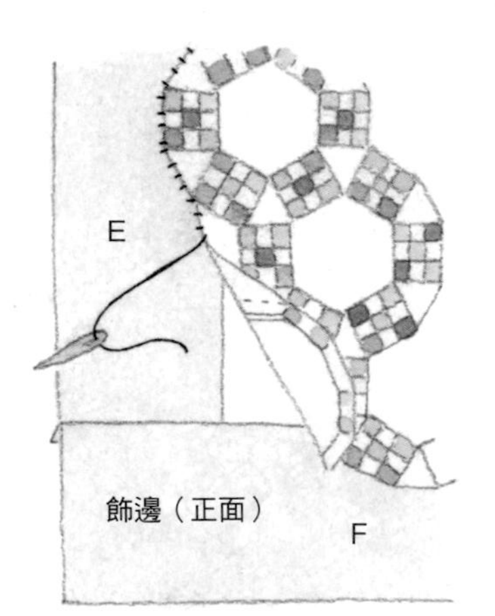

接縫表布圖案後，以藏針縫縫於飾邊上。

圖案的壓線

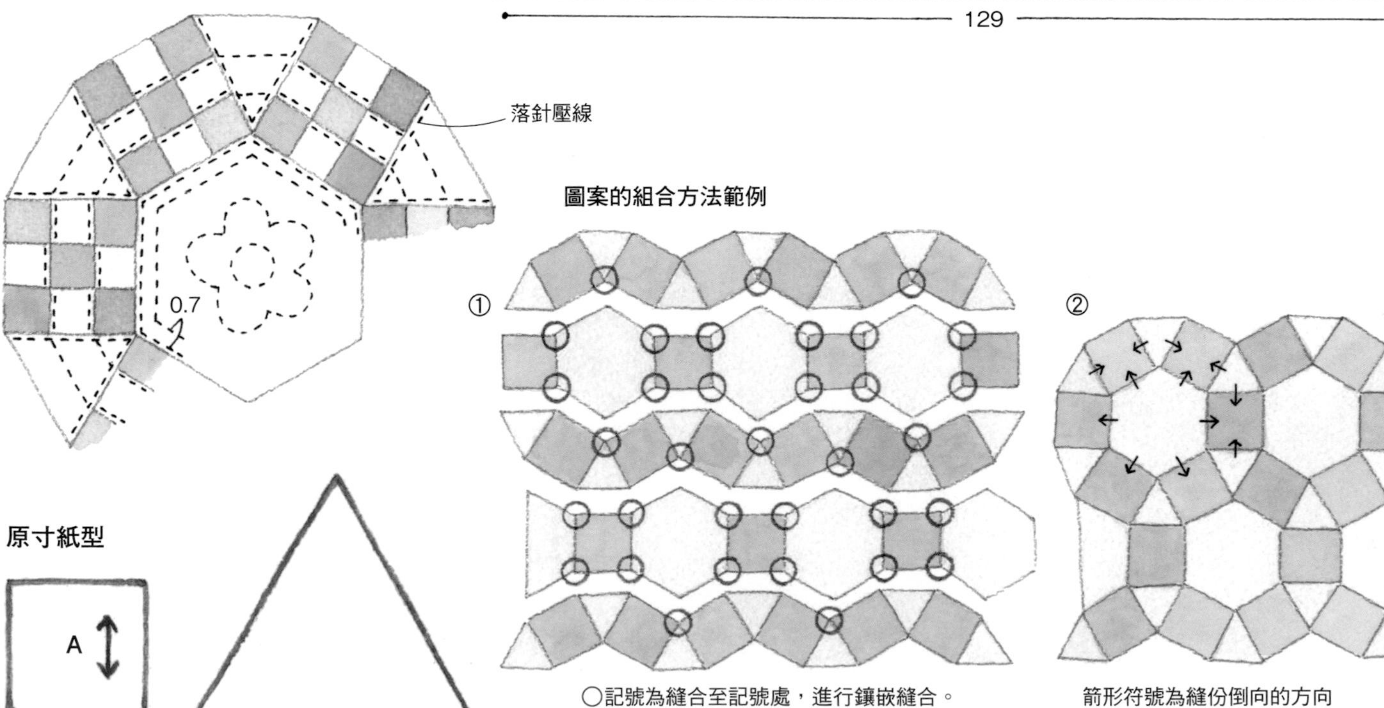

○記號為縫合至記號處，進行鑲嵌縫合。

箭形符號為縫份倒向的方向

抱枕&迷你壁飾

●抱枕的材料
三色堇 各式貼布縫用布片　台布110×45cm（包含裡布部分） 鋪棉、胚布各45×45cm 25號綠色繡線適量
薰衣草 表布110×45cm（包含裡布部分） 25號紫色段染・綠色繡線適量

◆抱枕的作法順序
進行貼布縫及刺繡之後，製作表布→三色堇是疊放上鋪棉與胚布之後，進行壓線→依照圖示進行縫製。

●迷你壁飾的材料
各式貼布縫用布片 台布55×30cm（包含滾邊部分） 鋪棉、胚布25×25cm 直徑0.3cm珍珠7顆 25號黃色段染・淺灰綠色繡線適量

◆迷你壁飾的作法順序
於台布上進行貼布縫，並進行刺繡之後，製作表布（花蕊的直線繡在壓線之後進行）→疊放上鋪棉與胚布之後，進行壓線→接縫珍珠→將周圍進行滾邊（參照P.82頁）。

※抱枕的原寸貼布縫、刺繡圖案紙型B面③。
※迷你壁飾原寸貼布縫圖案紙型B面⑦。

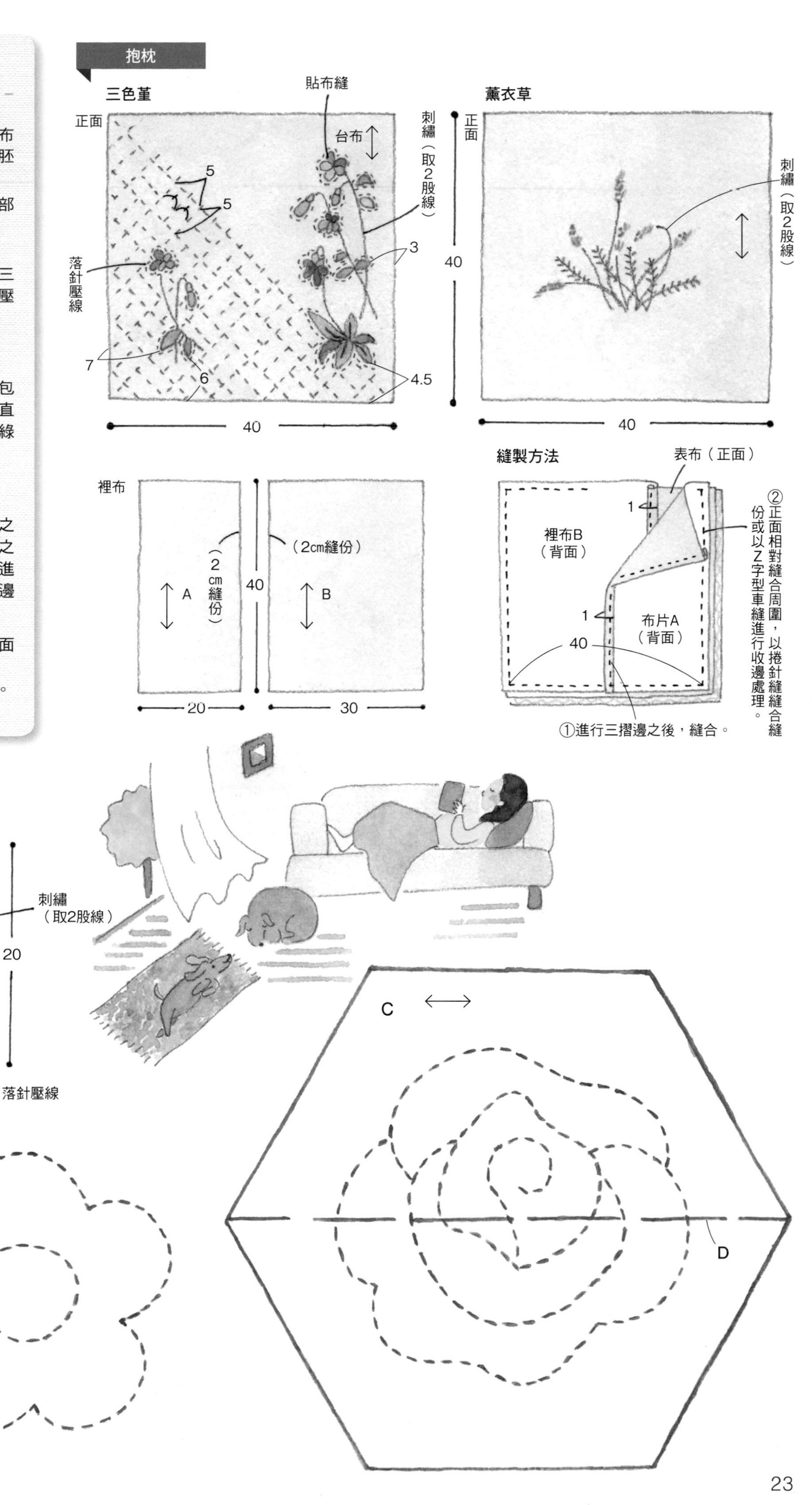

攝影／腰塚良彥 藤田律子（P.25、P.26）山本和正（P.24）

連載

想要製作、傳承的 傳統拼布

一直持續鑽研拼布的有岡由利子老師所製作的傳統圖案美式風格拼布。正因為我們身處於這個世代，更讓人想要返璞歸真，製作出懷舊且樸素的拼布。

22

「祖母的花園」

以正六角形布片作出有如花朵般區塊的小巧拼布圖案。將當作花壇小路的格狀長條飾邊，添加於區塊之間的傳統型配置，亦具有襯托各區塊色彩的效果。使用1930年代明亮可愛的復刻風印花布進行配色，並以綠色素色的飾邊予以收斂整合。波奇包則是將布片運用的1片區塊作成強調特色。

設計・製作／有岡由利子
壁飾 88×70㎝　波奇包 11×19㎝　作法P.27

拼布的設計解說

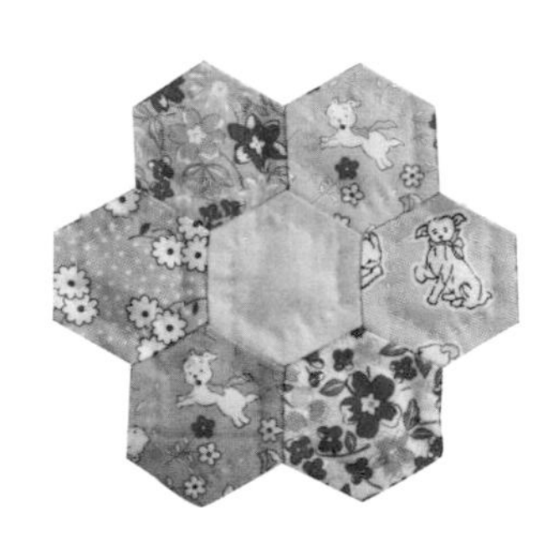

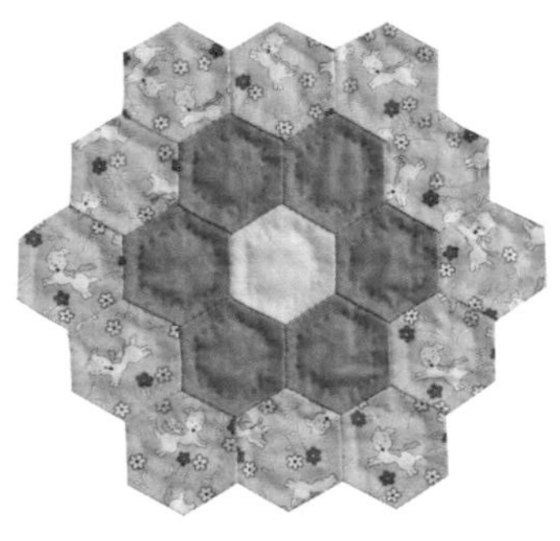

將中心視為花蕊，周圍當成花瓣，並以花朵的概念進行配色，使用7片布片製作小花的區塊。接著再於周圍併接布片，進行2層配置後變大的區塊，只要隨著每1圈變換顏色，圖案的設計就更顯出色。

用來襯托表布圖案的配置範例

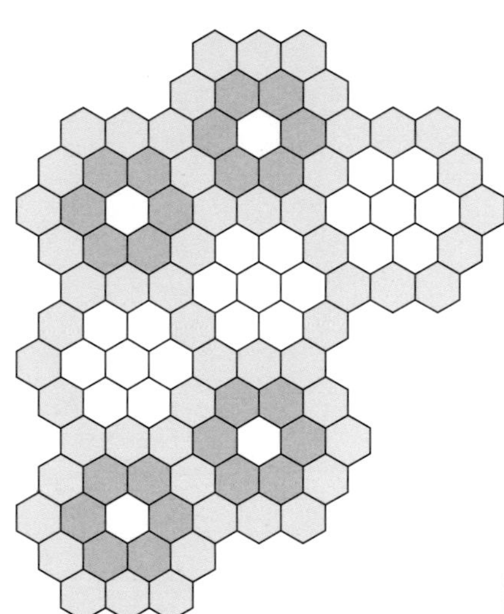

將1列以葉子為概念的綠色布片添加在區塊之間，當作格狀長條飾邊。

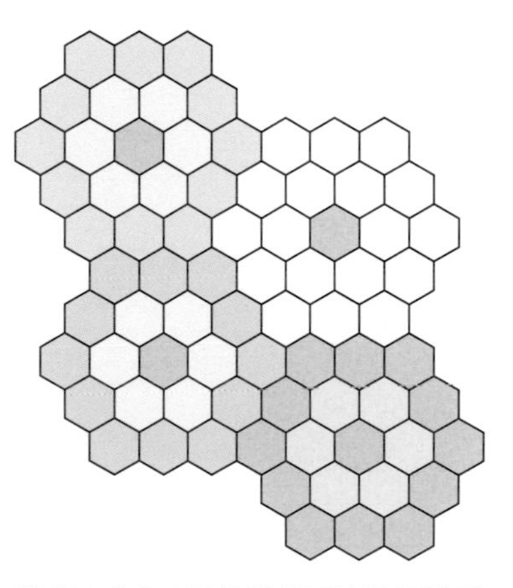

將所有作為2層花瓣的區塊進行排列後，配置成五彩繽紛的花朵盛開綻放的概念。

在沿著飾邊的鋸齒狀線條上進行滾邊。

沿著區塊，以邊緣的1列布片包圍，作成了飾邊。

將1列白色布片作為圖案間格狀長條飾邊，並視為道路，作出有如花壇般的模樣。

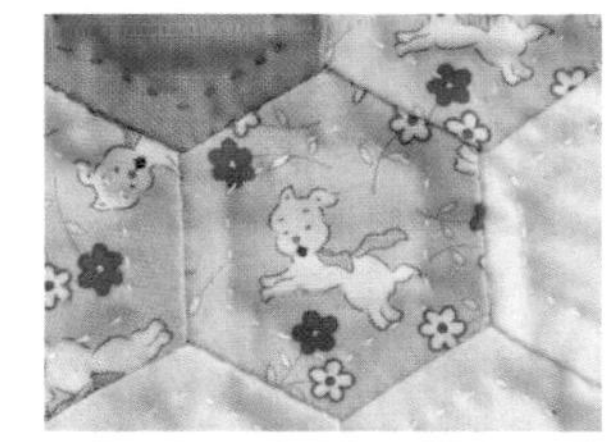

於布片內側0.6cm處進行壓線。

明亮的1930年代復刻色彩

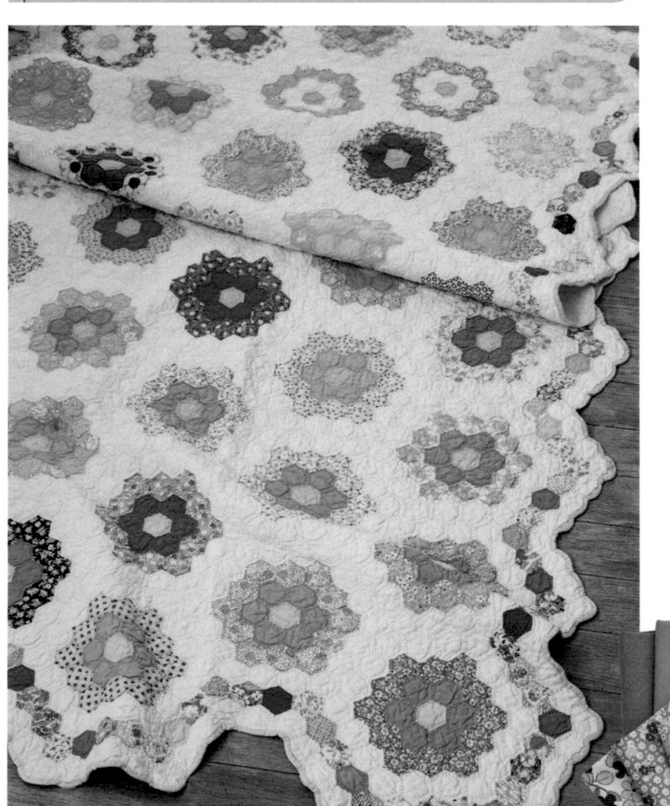

將1930年代大量充斥於市面上的亮色印花布作豐富運用的復古拼布。添加於區塊之間的格狀長條飾邊為2列白底素色的布片。沿著布片外形的鋸齒狀滾邊更顯美麗出眾。

復古的1930年代復刻印花布。1930至50年代，收納穀物的袋子亦使用可愛花色的布料。

現代的1930年代復刻風印花布。無論是當作特色焦點，或是用來作為襯托印花布的素色布，都以相同色調進行整合。

「祖母的花園」的縫法

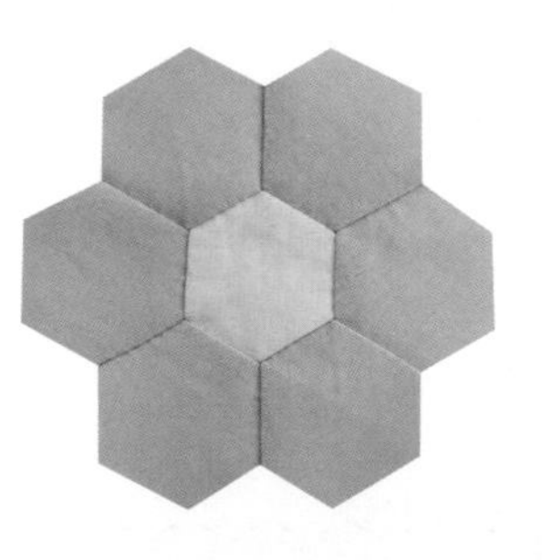

●縫份倒向

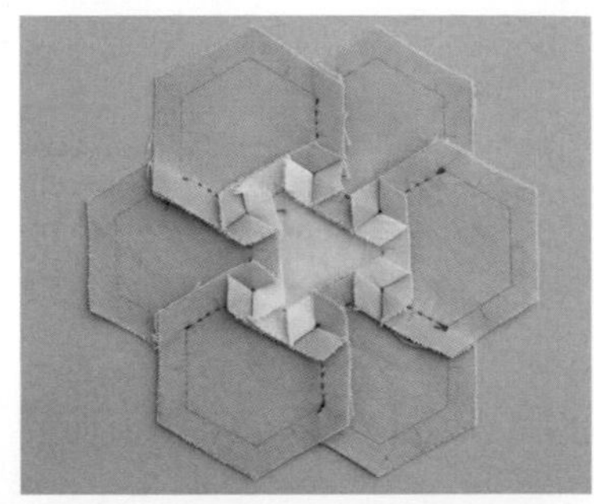

在當成花蕊使用的中心正六角形A的周圍，接縫上當作花瓣用的6片A。因為全部為鑲嵌縫合，所以每一邊皆以珠針固定後，再由記號處縫合至記號處。縫份倒向呈風車狀。如右圖所示於第2圈接縫A，在配置上2層花瓣時，亦以相同方式進行縫合。正六角形的製圖作法請參照P.85。

將花瓣進行2層配置的區塊

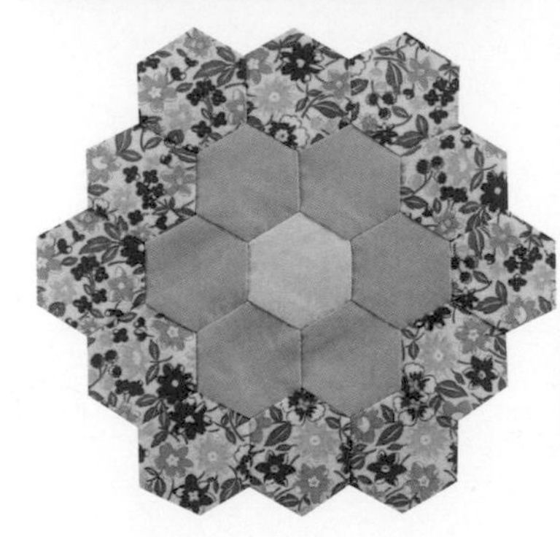

●縫份倒向

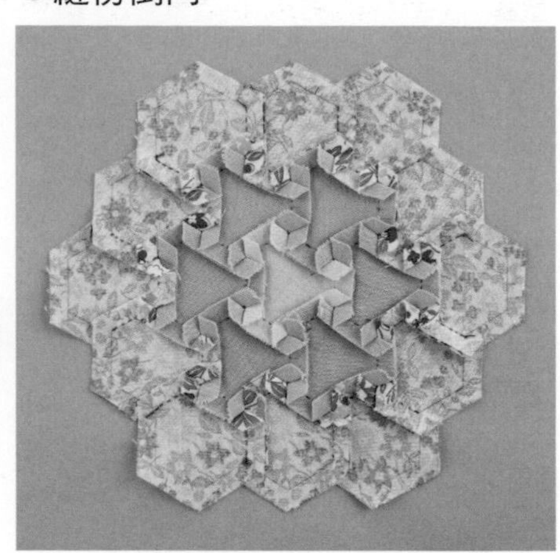

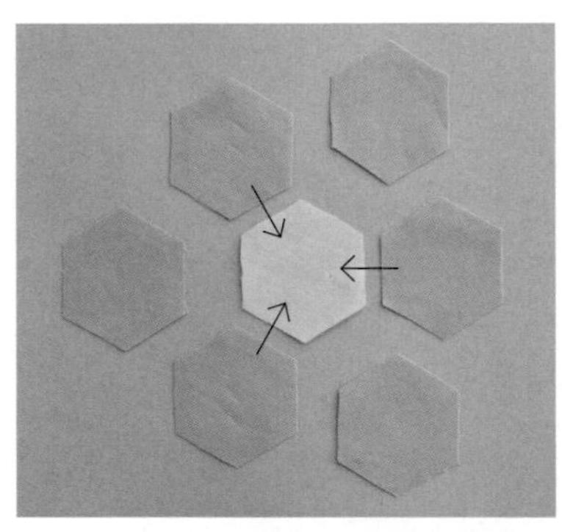

1 附加0.7㎝縫份後，裁剪布片，準備花蕊用的1片布片A，以及花瓣用的6片布片A。每間隔1片花瓣A，接縫於花蕊A上。

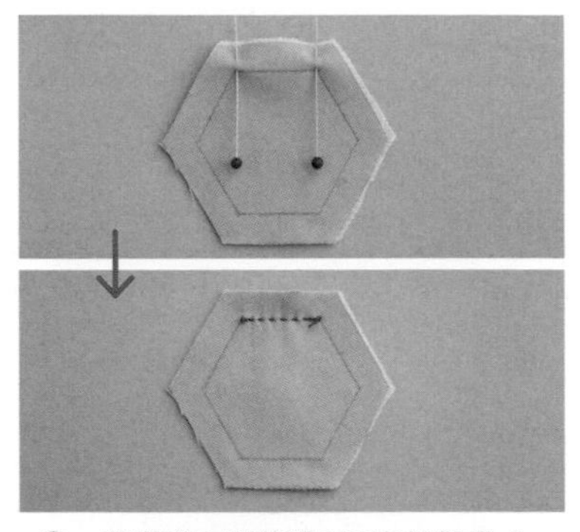

2 將花蕊A與花瓣A正面相對疊合，對齊記號處之後，以珠針固定兩端。由記號處開始進行一針回針縫，再平針縫至記號處。止縫點亦進行一針回針縫。

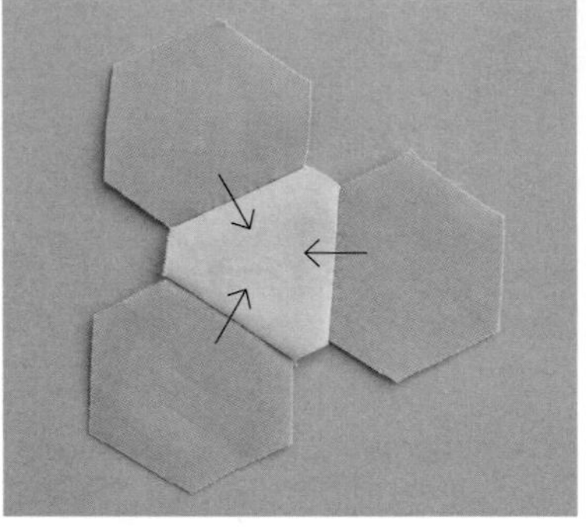

3 另外2片花瓣亦以相同方式接縫，縫份一致裁剪成大約0.6㎝左右，單一倒向花蕊側。

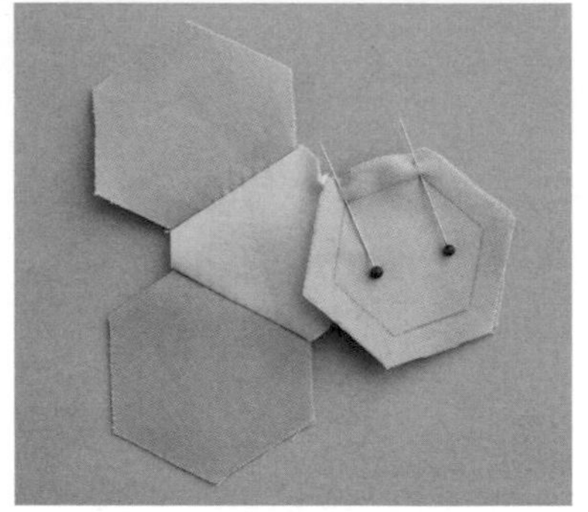

4 之間再以鑲嵌縫合接縫上花瓣A。首先，將全部的花瓣正面相對疊合，以珠針固定1邊。

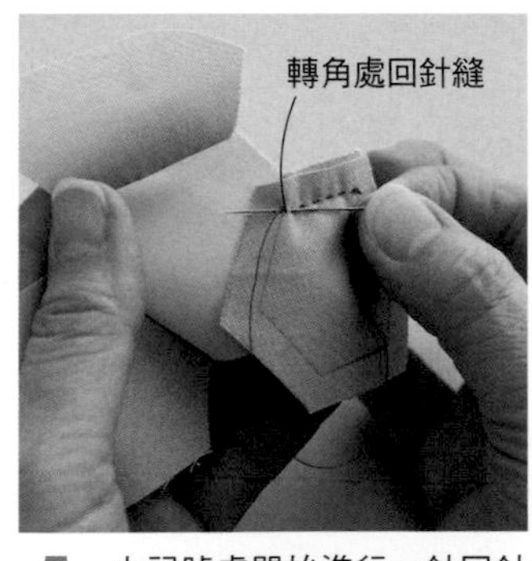

5 由記號處開始進行一針回針縫後，再進行平針縫，縫合至記號處，進行一針回針縫。

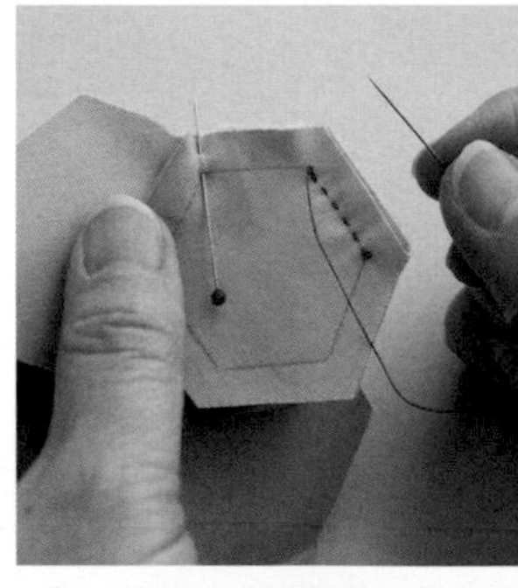

6 休針，第2邊與花蕊正面相對疊合，避開縫份，以珠針固定。縫合至記號處，進行一針回針縫。

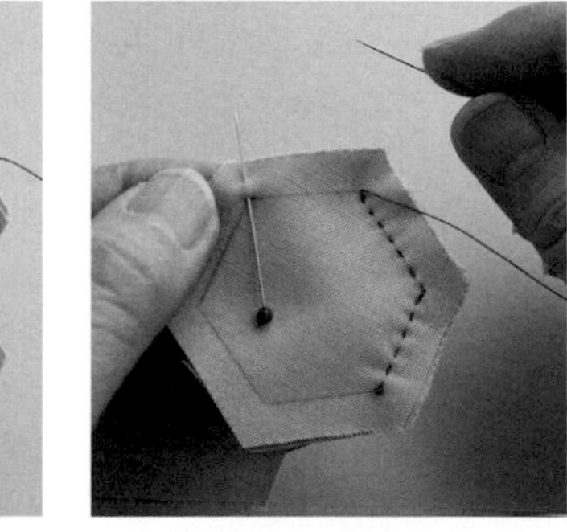

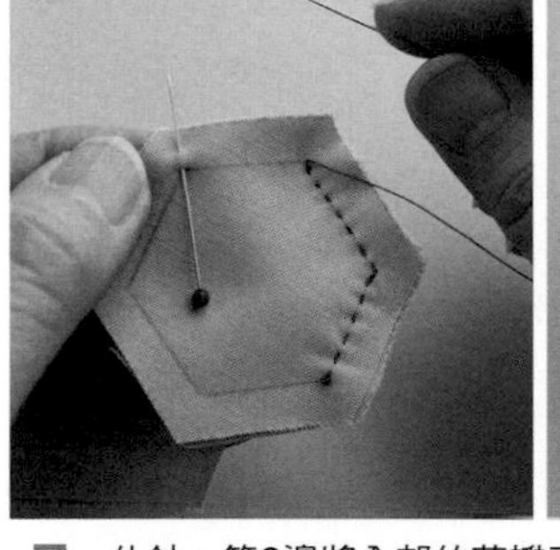

7 休針，第3邊將全部的花瓣正面相對疊合後，以珠針固定。縫合至記號處，進行一針回針縫，作止縫結固定。另外2片亦以相同方式接縫。

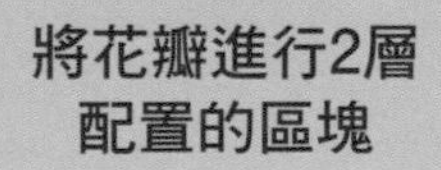

將花瓣進行2層配置的區塊

於區塊的周圍以鑲嵌縫合方式接縫上12片花瓣。在此解說間隔1片的接縫方法。

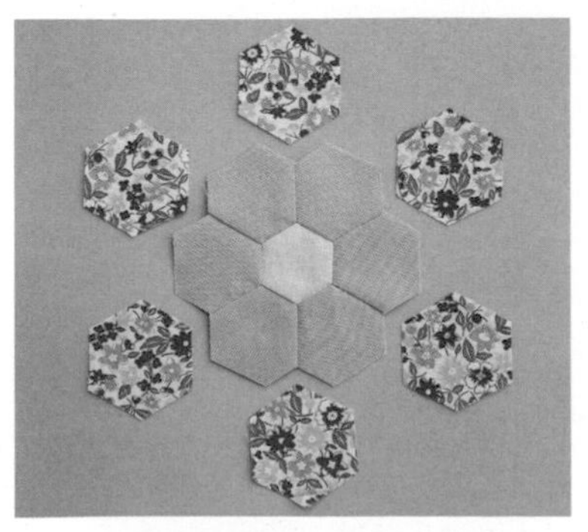

1 於區塊的周圍，間隔1片接縫上布片A。依此方式，於凹入部分進行鑲嵌縫合。

2 依照上層的相同要領，將布片正面相對疊合，並將2邊進行鑲嵌縫合。將每1邊以珠針固定後，由記號處縫合至記號處。

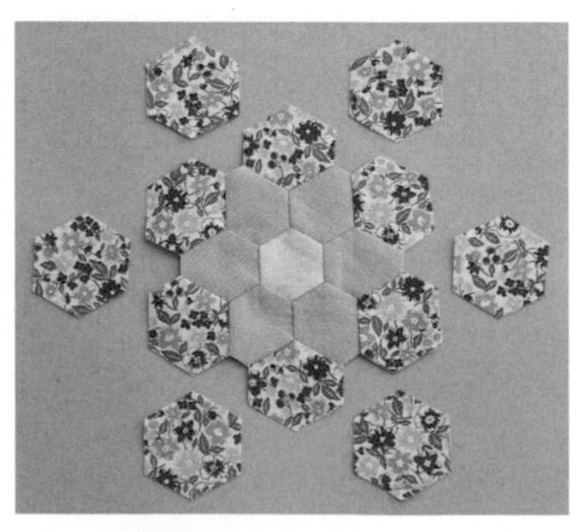

3 將剩餘的6片接縫於之間。依照上層步驟4至7的相同方式，進行3邊的鑲嵌縫合。

壁飾＆波奇包

●材料

壁飾　各式拼接用布片　原色素色布110×90cm 綠色素色布110×60cm（包含滾邊部分）鋪棉、胚布各100×80cm

波奇包　各式拼接用布片　綠色格紋印花布55×25cm 滾邊用寬4cm斜布條90cm　鋪棉、胚布各30×25cm 長20cm拉鍊1條

●作法順序

壁飾　拼接布片A之後，製作11片「祖母的花園」的表布圖案，接縫上原色素色布與綠色素色布A，組合表布→疊放上鋪棉與胚布之後，進行壓線→將周圍進行滾邊（參照P.82）。

波奇包　拼接布片A之後，製作2片「祖母的花園」的表布圖案，接縫上綠色格紋布A，組合表布→疊放上鋪棉與胚布之後，進行壓線→於正面畫上完成線記號→將周圍進行滾邊→接縫拉鍊，依照圖示進行縫製。

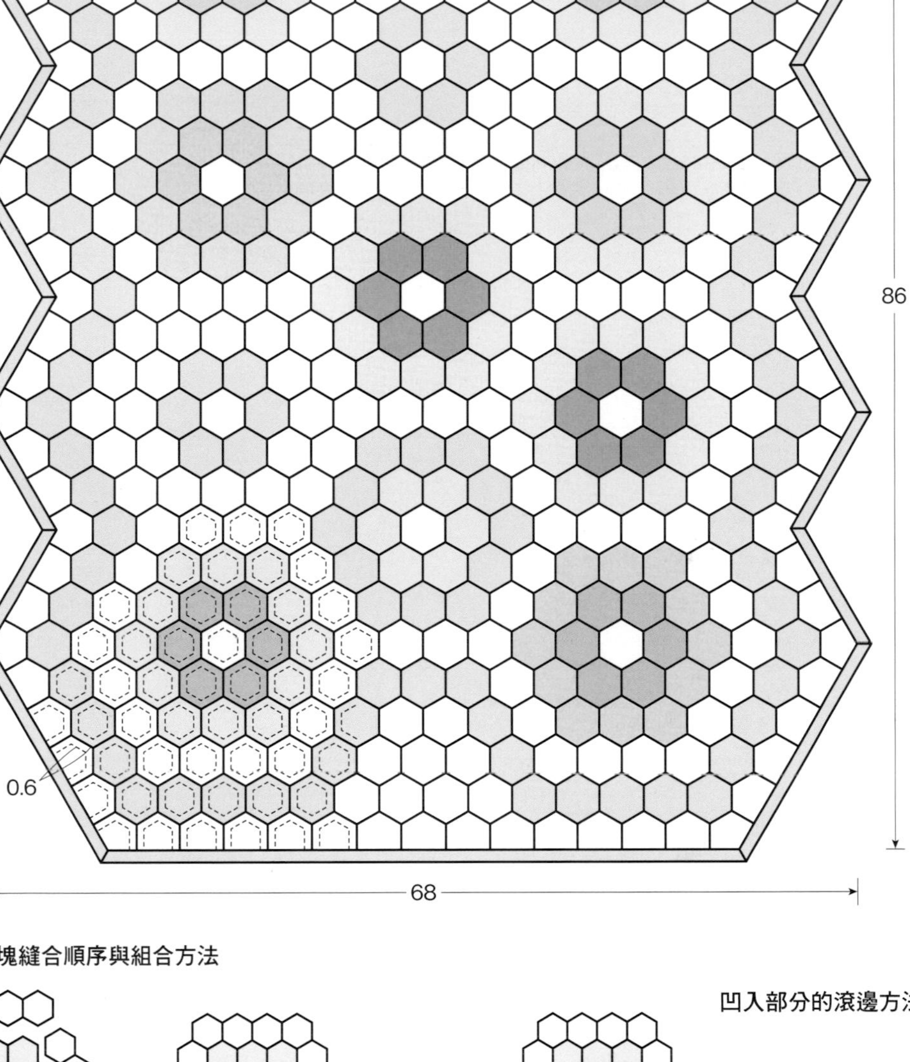

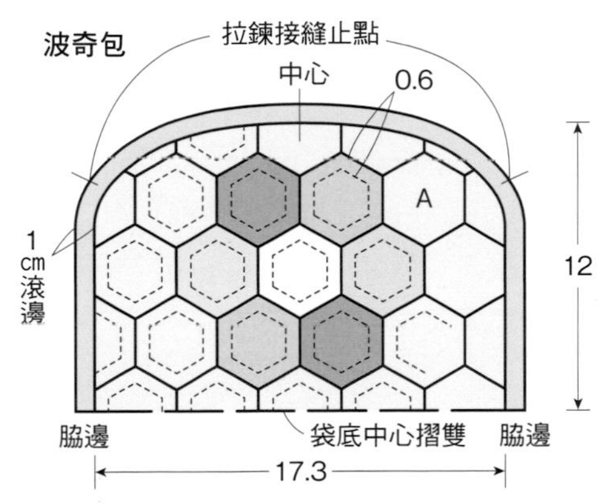

縫製方法

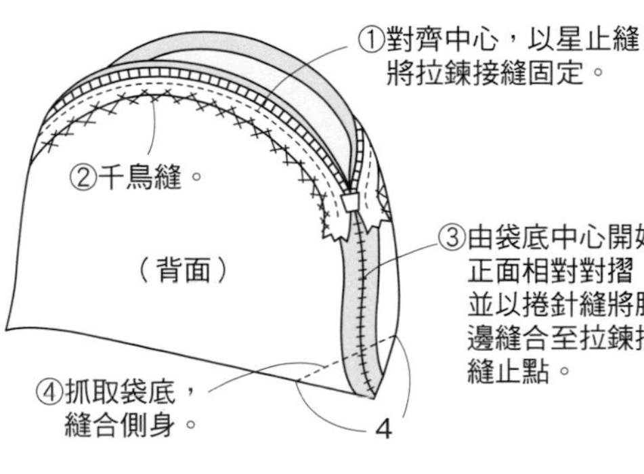

壁飾的區塊縫合順序與組合方法

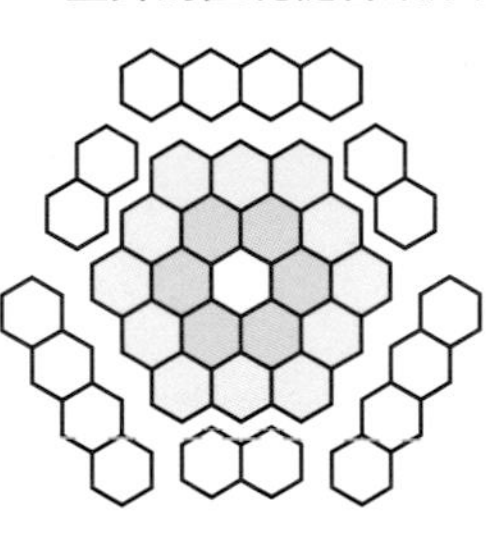

原寸紙型

中心摺雙

A

波奇包的圓弧

凹入部分的滾邊方法

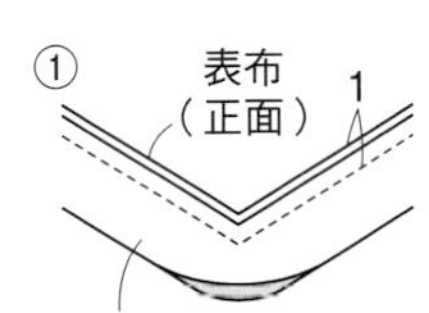

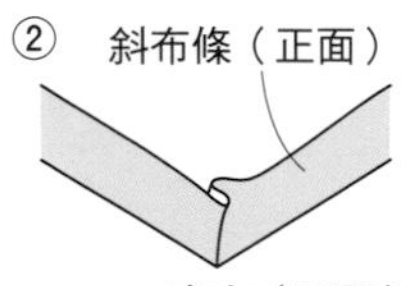

將斜布條翻至正面後，抓取褶襴。

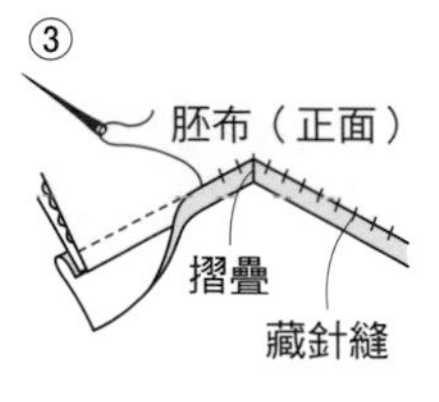

攝影／藤田律子（解說、P. 29上部）山本和正（作品）
設計・製作・指導／平澤由美子

併接布片描繪出的水彩畫

水彩拼布

併接花朵圖案進而描繪出如花園般夢幻的設計，為其特徵所在的水彩拼布。在日本國內進行指導及推廣活動的平澤由美子，傳達出水彩拼布的魅力。在前篇中將介紹作為配色基礎的陰影明暗技法。

【前篇】
運用明暗技法作出色彩的流動

以斜向明暗技法的配色製作的抱枕

將一邊從葉子的綠色及花朵的紫色中挑選更換色彩，一邊進行配色的4片5×5段區塊加以併接製作而成。僅僅改變區塊的方向，氛圍隨即轉變，右側作品宛如從花朵隧道中仰望天空般的設計。壓線則進行了可襯托明暗配色的曲線壓線。

42×42cm
作法 P.109

所謂的水彩拼布是…

主要使用花朵圖案印花布，藉由併接正方形布片，表現出宛如描繪水彩畫般的技法。組合多種花朵圖案，一邊變換顏色及深淺，一邊進行彷彿以水彩畫工具來描繪似的色調為其特徵。首先，請學會40頁所解說的以斜向明暗技法進行配色的基礎吧！

雖然與P.28的作品No. 23為同一塊布，但微妙地改變配色後，使色彩的流動感更趨緩慢。配置於中心處的水藍色花朵圖案則成為柔和整體的關鍵。

適合水彩拼布的印花布

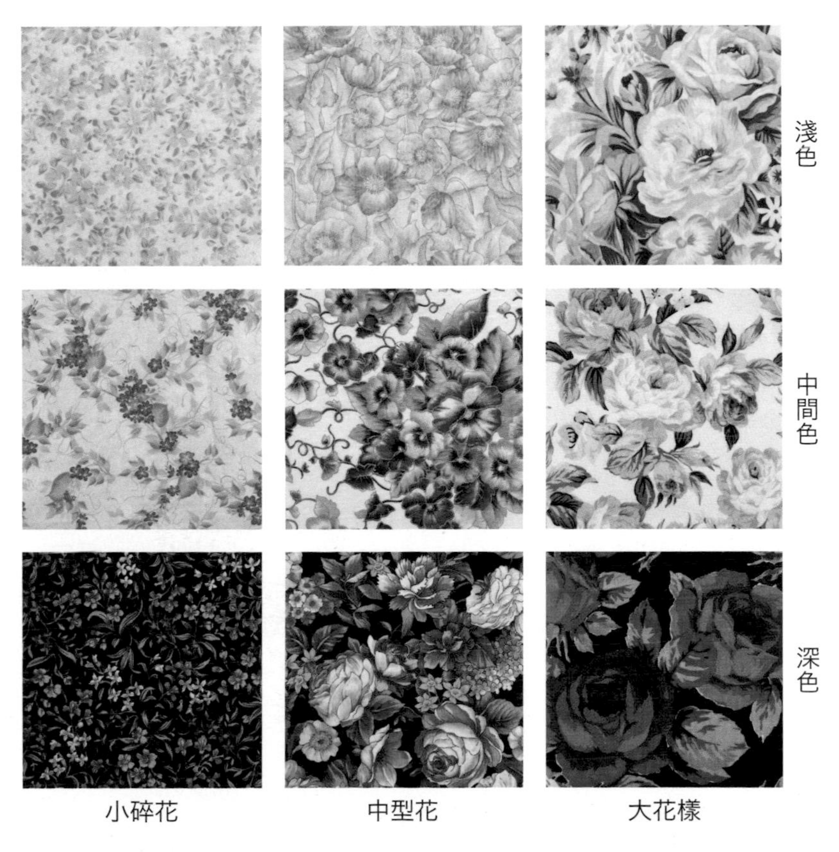

小碎花　中型花　大花樣

花朵圖案是將圖案的大小分為大花樣、中型花、小碎花等三種，深淺則區分成深色、中間色、淺色3個階段，只要事先準備好，配色就容易進行。深色就是基礎色調添加黑或藍等的深色。中間色則負責連接深色及淺色的功能，因此最好選擇多色運用。

這種花樣也能派上用場

有助於淺色部分的渲染花樣，以及添加於花朵之間，作為緩和效果的葉子花樣。

難以使用的花樣

底色為白色或原色、黑色或藏青色等基本色彩較易使用。底色若為彩色，色彩將難以融合，並且顯得過於醒目。

以斜向明暗技法學習配色的基礎

從一處角落開始朝向外側，一邊將色彩漸漸地轉淡，一邊逐一改變顏色的配色技法。配置成顏色自然流動的樣子為重點所在。

使用在左圖中配色的印花布

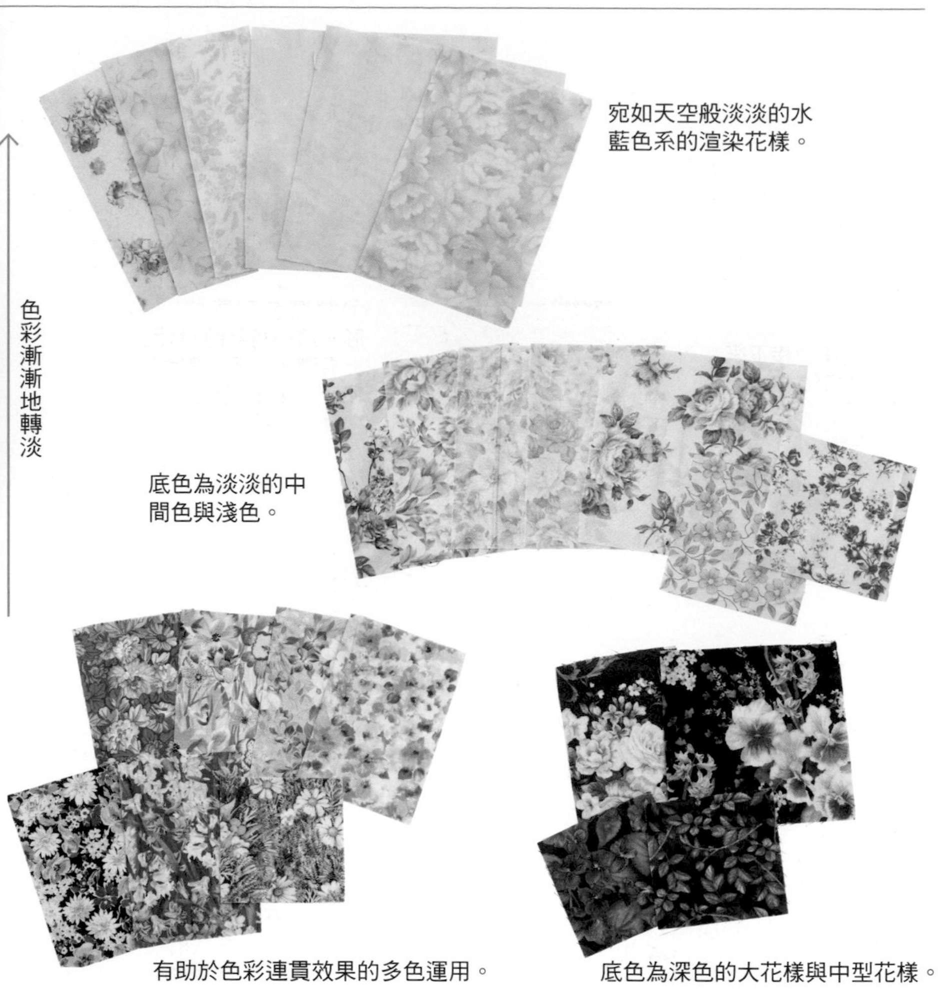

宛如天空般淡淡的水藍色系的渲染花樣。

底色為淡淡的中間色與淺色。

有助於色彩連貫效果的多色運用。

底色為深色的大花樣與中型花樣。

將布片裁剪成原寸裁剪5cm平方的正方形

準備方眼定規尺與輪轉刀（輪轉式割布刀）。事先於布片緊密黏附的拼布配色黏貼布（薄型鋪棉也OK）上，畫上5cm的格子線，並於配置布片時使用。

將定規尺貼放於布端算起0.5cm的位置上，並以輪轉刀進行裁剪，切割成原寸裁剪5cm平方的正方形布片。

於正方形布片的背面放上3.5cm平方的紙型，並作上記號。

判斷印花布花樣的深淺

若將大花樣或小花菱紋裁剪成正方形，會變成各種不同花樣的布片。

即便是相同的一塊布，也會因為花樣與底色的比重不同，使得深度及色調有所差異，因此配色的作用也都不一樣。

因為底色較多，所以顏色較深。

作為特色重點的大花樣

扮演從深色部分通往下一個亮度的銜接角色。

試著進行配色吧！

●為了使深淺及色彩的流動看起來更顯自然　●不必意識花朵的種類看顏色
●意識著完全消失於縫份處的部分

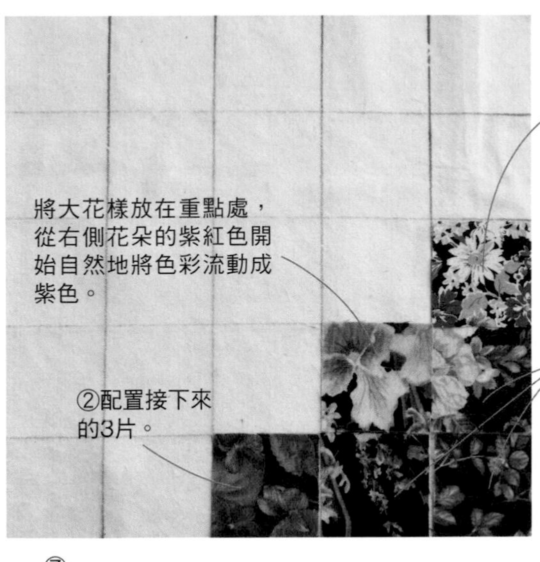

時常意識到淺色部分在上，深色部分在下。

將大花樣放在重點處，從右側花朵的紫紅色開始自然地將色彩流動成紫色。

①將深色配置成L字形。將最角落的1片配上最深色，另外2片則配上能夠創造出色彩流動的花樣。

②配置接下來的3片。

→

以多色運用的中間色創造出下一個色彩的流動

從紫色轉化成粉紅色花朵的流動

藍色花朵的流動

④　③

↓

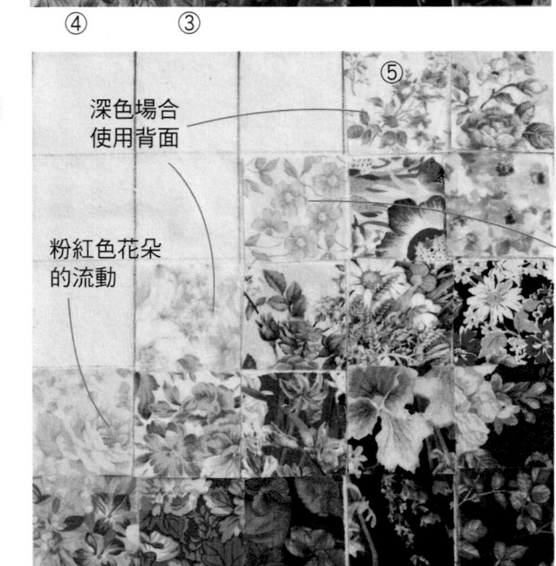

⑤

深色場合使用背面

一邊流動色彩，一邊以淺色逐一暈染。

粉紅色花朵的流動

藍色花朵的流動

←

⑦　⑥

以淺色渲染花樣幻化成輕盈的氛圍

使用布片的背面，配置成粉紅色的淺色花朵，並且從鄰接的花朵開始創造出色彩的流動。

配色不均的範例

花樣的色彩過深，無法輕盈地渲染開來。

底色過於明亮，無法形成自然的漸層，色彩的流動也隨之中斷。

由於深色布位於內側，亮色布位於外側，因此漸層感覺中斷。

區塊的配置範例

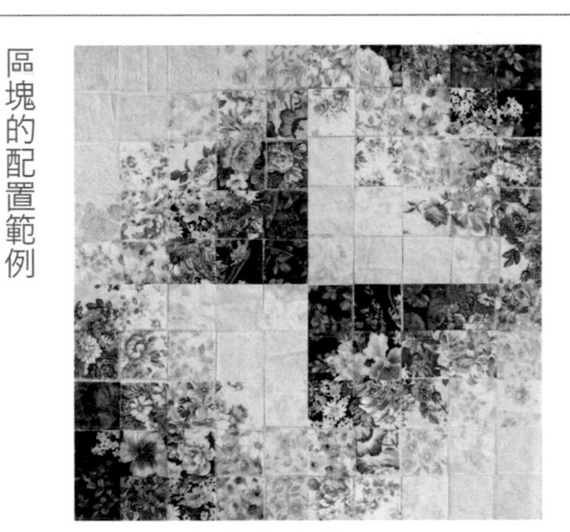

只要配置上較多比例的深色部分，所有區塊間的銜接就會自然衍生而成，使配色顯得更加美麗。

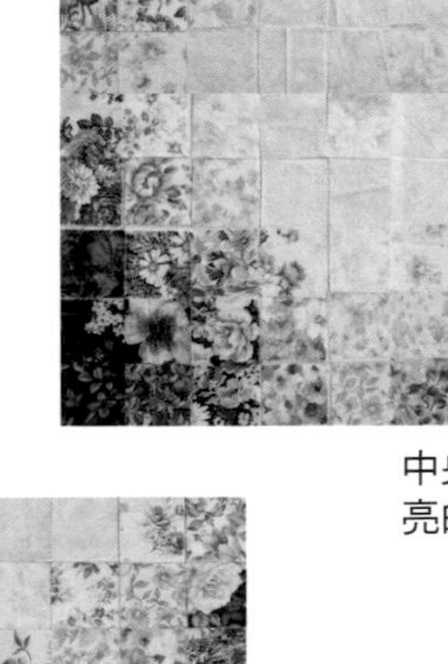

中央處形成輕盈明亮的配置。

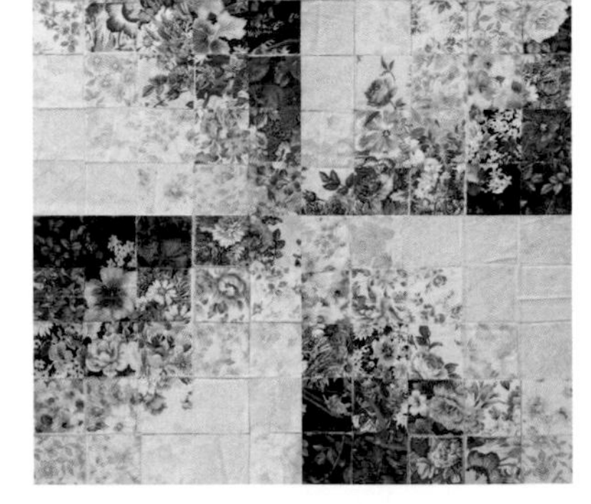

如同風車一樣的配置。

明暗技法的應用設計

以相同粉紅色系描繪的櫻花壁飾

由櫻花圖案印花布中，以櫻花為概念，從綠色到粉紅色，從粉紅色到水藍色的漸層，為使作品看起來更顯美麗而進行了配色。彷彿就像是由下往上看著盛開的櫻花一樣。以貼布縫添加上櫻花的花瓣，並於中央與飾邊處將櫻花的花瓣進行了壓線。

63×63㎝ 作法 P.110

櫻花圖案的印花布使用在與天空之間的分界處，並以葉尖及花蕾創造出流動感。

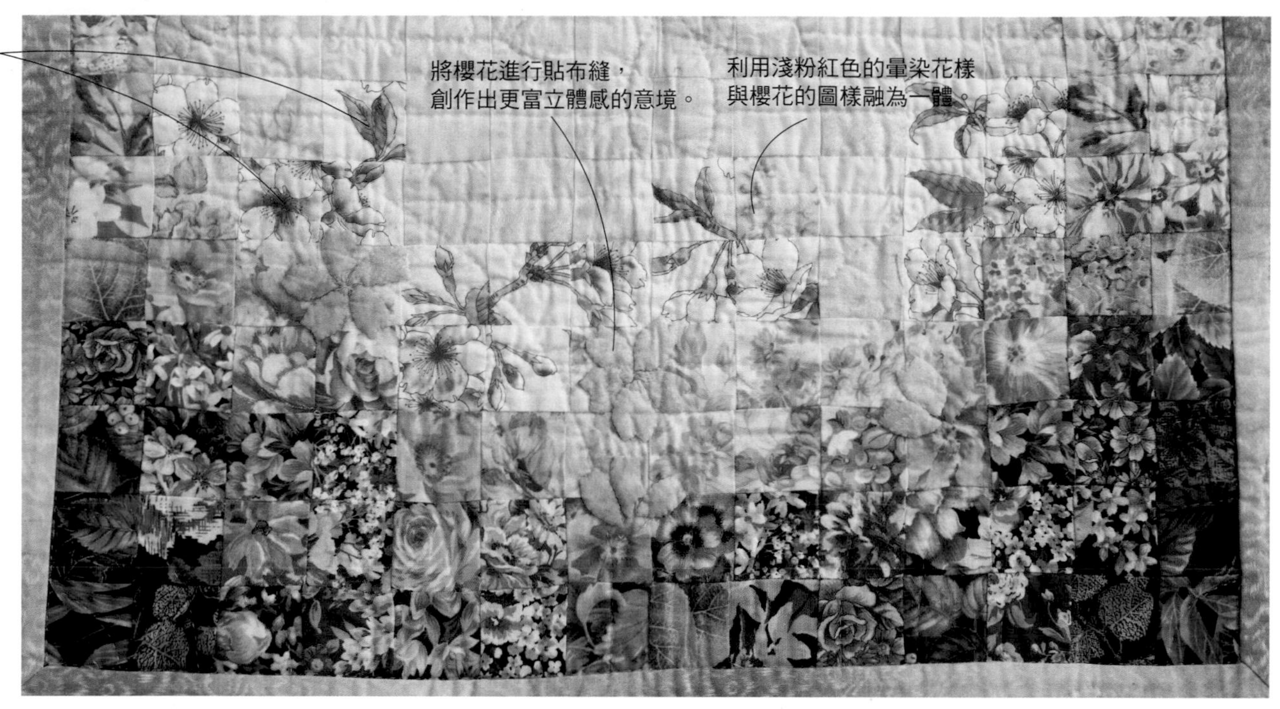

賦予設計印象的具體化花朵印花布

向日葵、三色堇或繡球花等具體化的花朵圖樣，即便以其花卉本身為概念來進行配色也相當出眾。其中添加許多花朵及葉子的類型應該較容易使用。如右圖的罌粟花圖樣所示，花莖醒目的類型則可供使用的部分較少。

此作品為枝垂櫻的概念。將花朵配置得比葉子還多，天空也並非使用水藍色系，而是以粉紅色系的渲染花樣，進行輕盈的配色，營造春光明媚的印象。

使用同色系描繪

相信大家手邊都囤積了不少種愛用色的印花布，因此應該更容易進行配色。
請試著將黃色以向日葵或蒲公英，藍色以粉蝶花或繡球花等為概念，享受配色的樂趣。

26

27

將蝴蝶的印花布
加入花田裡。

將繁花盛開的景色描繪在迷你壁飾上

2件色彩繽紛，拼接了大大小小花朵圖案的壁飾。上方宛如花田一般的壁飾，淺色的花朵色彩融入了天空裡，深色的花朵則看似近在眼前，漸層的配色呈現出完美效果。
下方拼布則使用較多的冷色，看起來就像是冰冷的水中花模樣。兩者皆匯集了4片大花樣，並添加盛開的大花朵，配置成重點。

上 39×46cm　下 37×44cm　作法 P.110

花園迷你手提袋

將已併接成16×5段的袋身由下往上逐一進行淺淺的配色。使用P.28抱枕作品㉓的相同印花布。

製作協力／梨木昭子　24×28cm

作法 P.106

大花製作的迷你教學

添加於P.34的迷你壁飾中的大型花朵是使用4片布片製成。在此將為大家解說從1片印花布作出大花的方法。

去掉花蕊製作法

為了使花蕊成為縫份取決布片的範圍。

添加花蕊製作法

縫合時避免遮住花蕊取決布片。

下一期的後篇中將以花朵的配置為中心向讀者們一一介紹。大花製作的各種技法也一併進行解說，敬請期待。

成組製作的同款
手提袋&口罩

已成為外出必備用品的口罩。 使用自己喜愛的布料， 成組製出同款的手提袋與口罩，讓外出變得更令人期待！

攝影／山本和正　插圖／三林よし子

引人注目的香草圖案刺繡的亞麻布，以及擁有織品本身質感的天日干日曬法的亞麻布組合，非常適合夏天。手提袋於上部抽拉細褶，呈現出蓬鬆飽滿的本體與單柄提把堪稱平衡感絕妙的搭配。亞麻素材的口罩不僅透氣性佳，膚觸也很輕柔舒適。

設計・製作／松尾 緑
手提袋　24×30cm
口罩　13.5×24cm

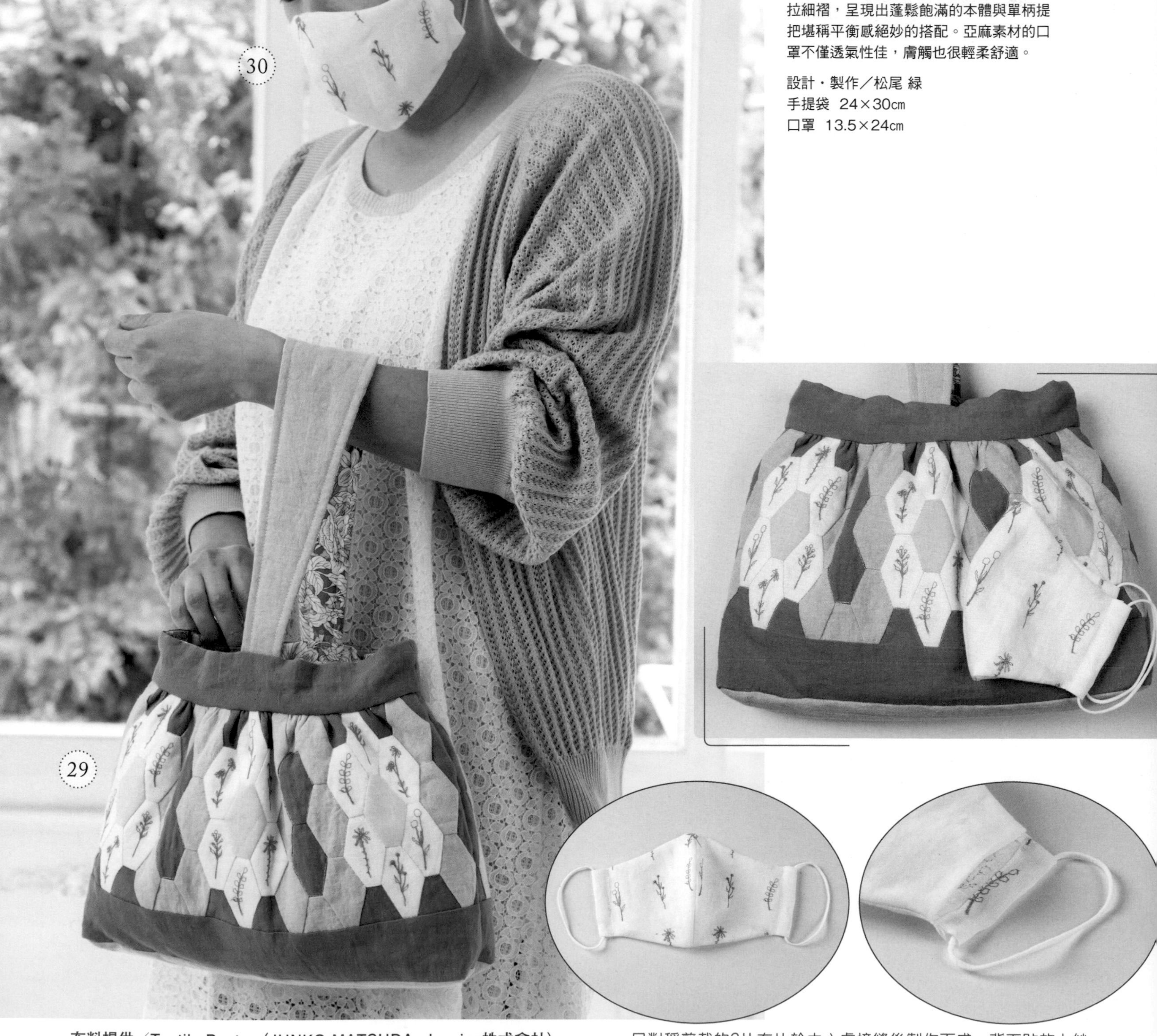

布料提供／Textile Pantry（JUNKO MATSUDA planning株式會社）

呈對稱剪裁的2片布片於中心處接縫後製作而成。背面貼放上紗布，作成可以從側邊開口處放入抗菌棉襯的作品。

手提袋&口罩

●材料

手提袋（包含口罩表布）　藍色亞麻布（包含口布表布）、淺駝色亞麻布（包含袋底、提把表布）、香草圖案亞麻布（包含口罩表布）各110×30cm 粉紅色亞麻布15×15cm 裡袋用布55×55cm（包含口布裡布、提把裡布）　薄型背膠鋪棉70×50cm

口罩　紗布25×15cm 直徑0.3cm口罩鬆緊帶50cm

◆作法順序

手提袋　拼接布片A至E之後，黏貼上鋪棉，進行壓線→於袋底用布上黏貼鋪棉→製作口布、提把、裡袋→參照圖示進行縫製。

口罩作法請參照圖示。

○口罩的原寸紙型B面⑨。

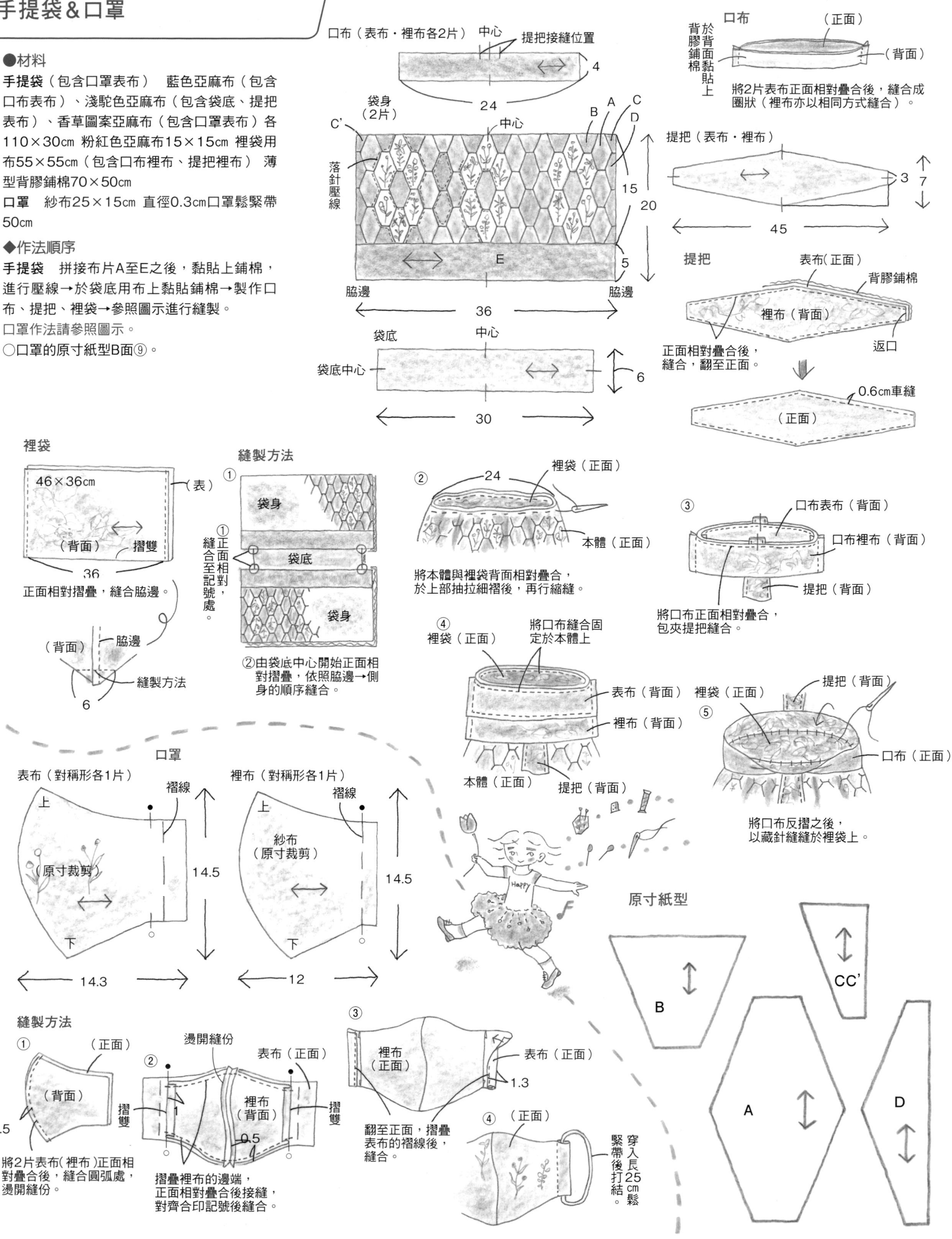

使用歐式風格的布料縫製而成。於手提袋的正面疊合縫了2層口袋，以供收納口罩之用。由於附有提把及肩帶，因此可依照不同場合分別使用。

設計・製作／円座佳代
手提袋 24.5×30cm　口罩16×20cm

布料提供／株式會社moda Japan

在貼於鼻樑部位的地方，則穿入了鼻用壓條。

接縫2種布料， 並添飾了YOYO球及刺繡。掛在耳朵上的鬆緊帶則配置成具伸縮性的彈性蕾絲，使設計具有一致性。

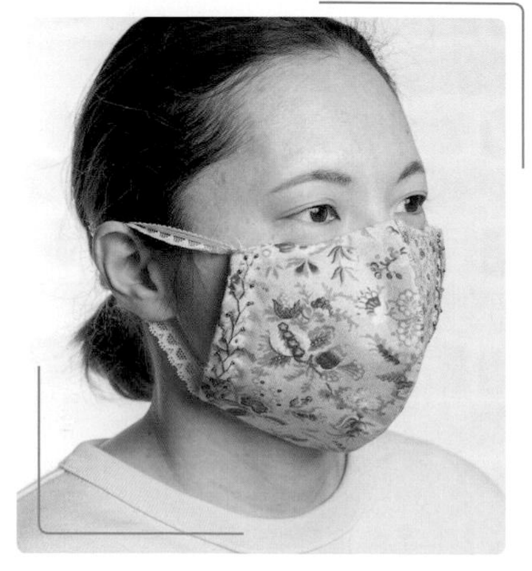

手提袋＆口罩

●材料

手提袋　各式拼接用布片 袋身用布65×30㎝ 側身用布65×30㎝（包含滾邊、YOYO球部分）袋蓋用布25×15㎝ 單膠鋪棉、胚布各90×60㎝ 長30㎝拉鍊1條 寬1.6㎝蕾絲65㎝ 直徑1.4㎝・直徑1㎝磁釦各2組（手縫型）寬1.4㎝玫瑰花造型鈕釦2顆 長47㎝提把1組 長130㎝肩帶1條 長4.5㎝附D型環皮製吊耳2個

口罩（1件的用量） 2種表布各25×15㎝（包含YOYO球部分） 裡布40×15㎝ 寬1.3㎝彈性蕾絲60㎝ 鼻用壓條5㎝ 直徑0.2㎝珠子、25號繡線各適量

◆作法順序

手提袋　於袋身、側身的表布上黏貼鋪棉，疊放上胚布之後，進行壓線→側身進行滾邊→製作袋蓋、口袋→以下，參照圖示進行縫製→接縫拉鍊→接縫提把與吊耳。

口罩的作法請參照圖示。

作法重點

・側身在縫製時，請將2片側身以花紋向上進行裁剪，接縫。

〇原寸紙型B面❽。

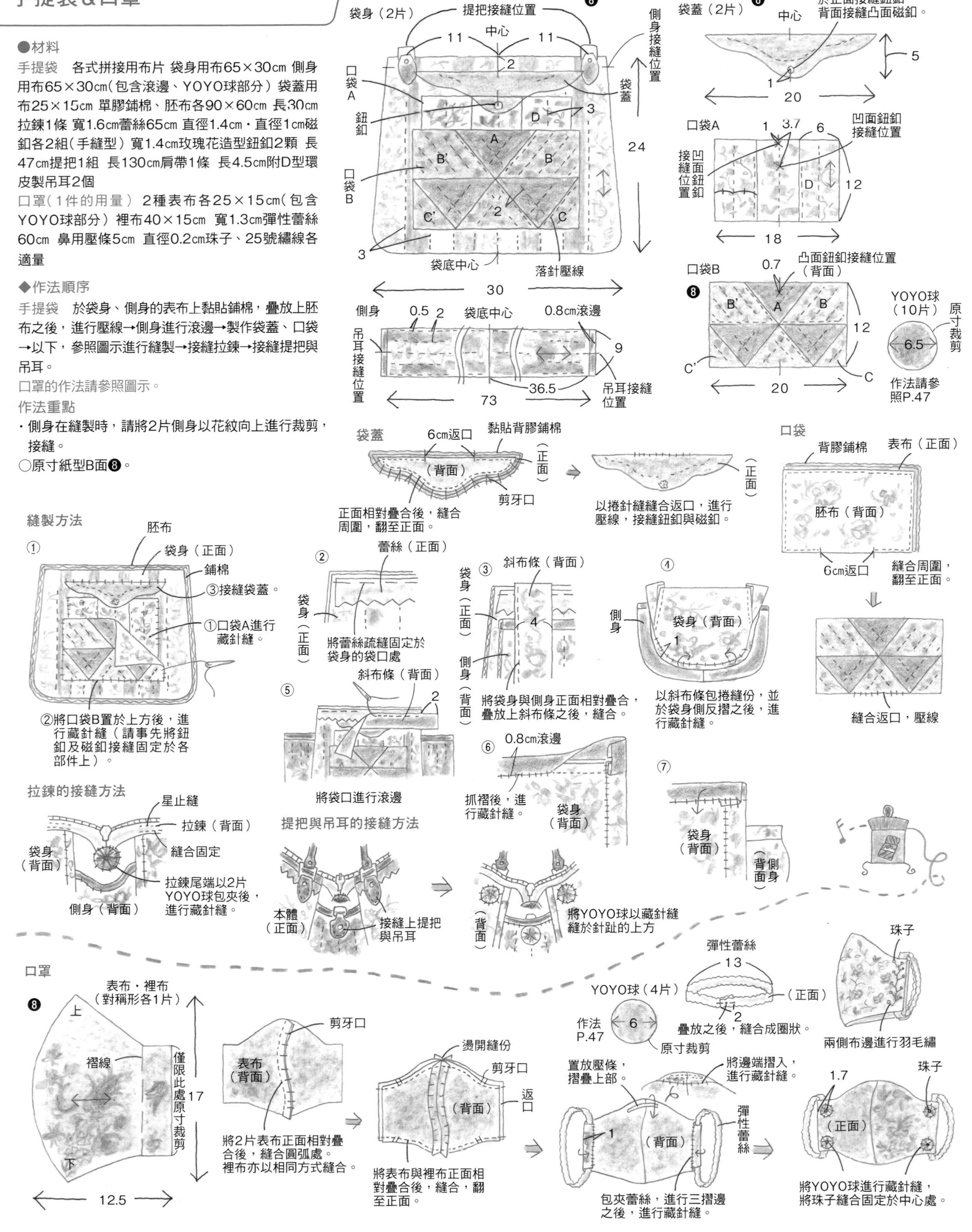

黃色×綠色的印花布給人非常清爽的印象。手提袋併接5片四角形部件，縫製成方形款式。口罩則是以運用於手提袋上的簡約設計布料製成。

設計・製作／林 洋子
手提袋 13×22㎝　口罩 9×18.5㎝
布料提供／株式會社moda Japan

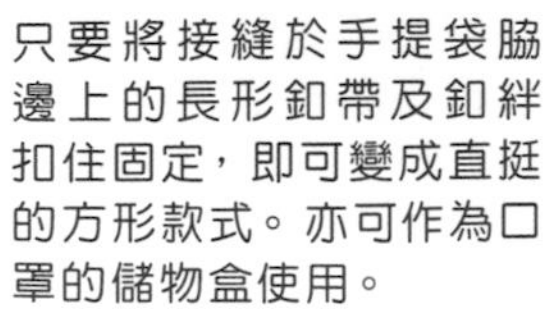

只要將接縫於手提袋脇邊上的長形釦帶及釦絆扣住固定，即可變成直挺的方形款式。亦可作為口罩的儲物盒使用。

口罩是將長方形的布料摺疊後製作而成。戴上之後，即如圖所示，鼻子及下巴部分都能確實被口罩布包覆。

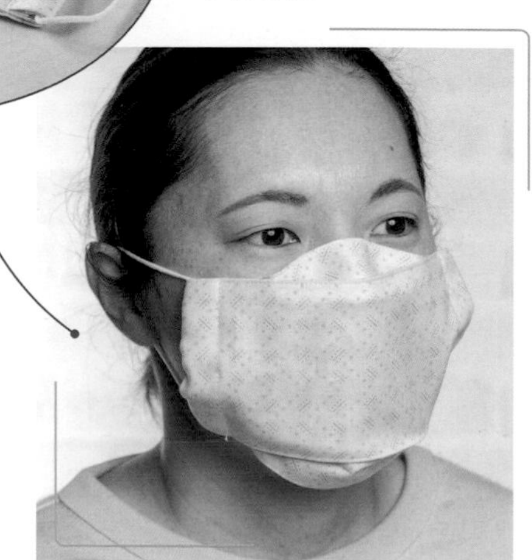

手提袋&口罩

●材料

手提袋　各式拼接用布片 貼邊用布80×15cm（包含釦帶、釦絆部分）裡袋用布60×30cm 鋪棉、胚布各50×50cm 接著襯80×5cm 提把用寬2cm皮製釦帶80cm 直徑1.4cm磁釦1組（手縫型）

口罩　表布、紗帶各25×20cm 直徑0.3cm 口罩鬆緊帶60cm

◆作法順序

手提袋　拼接布片A至G、H至L'之後，製作袋身與側身的表布→分別疊放上鋪棉與胚布之後，進行壓線→製作裡袋、釦絆、釦帶→參照圖示進行縫製。

口罩的作法請參照圖示。

◯布片A至L'的原寸紙型B面⑤。

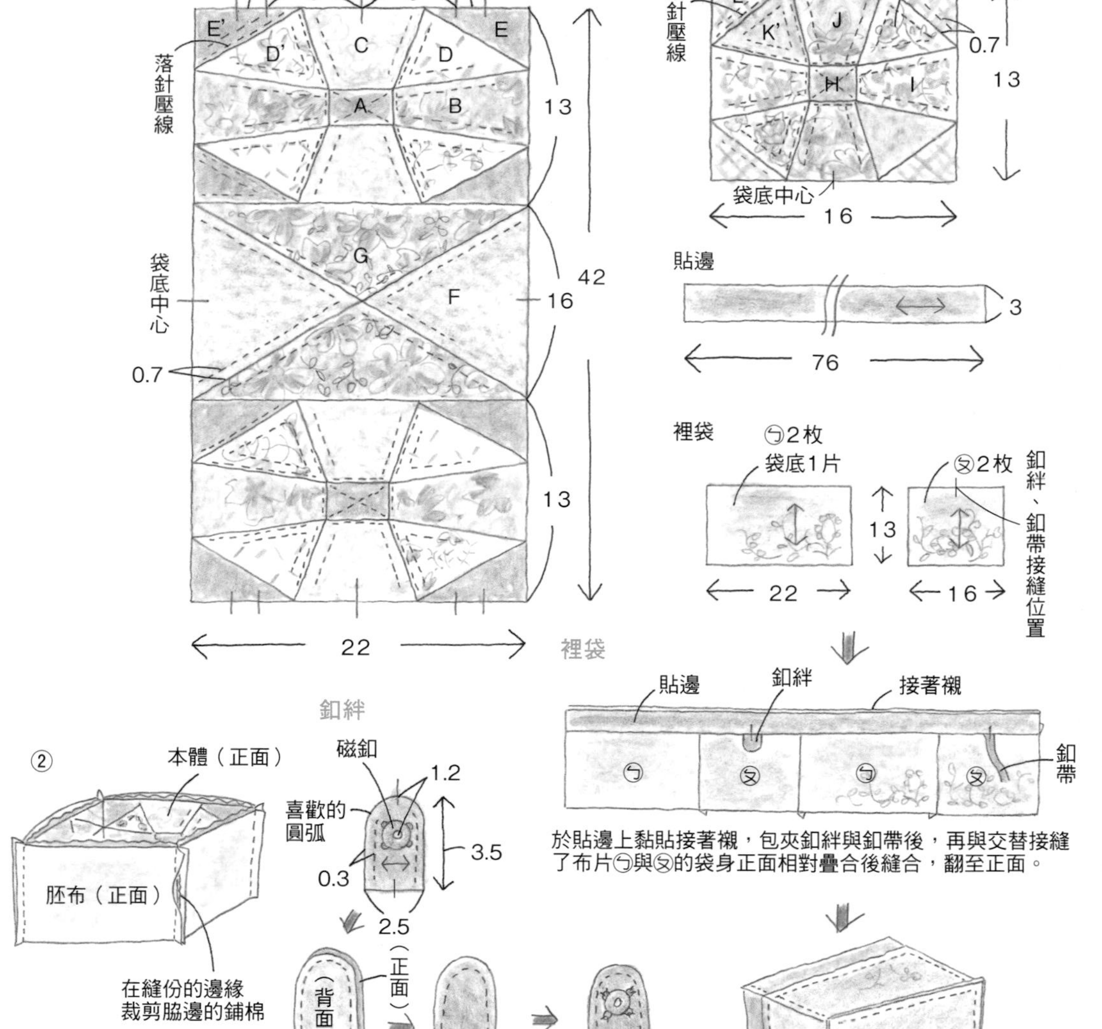

縫製方法

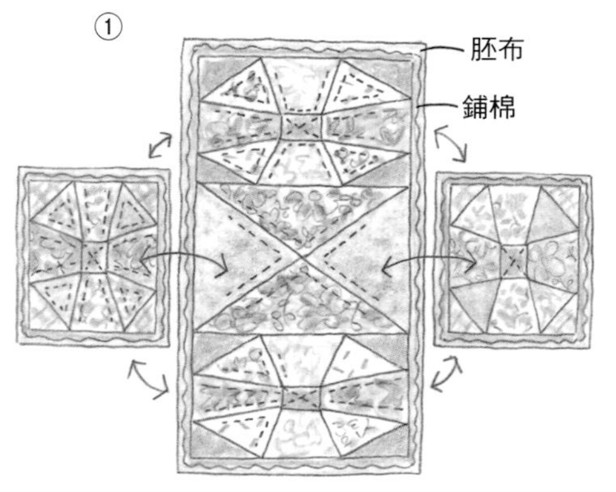

接縫袋身與側身

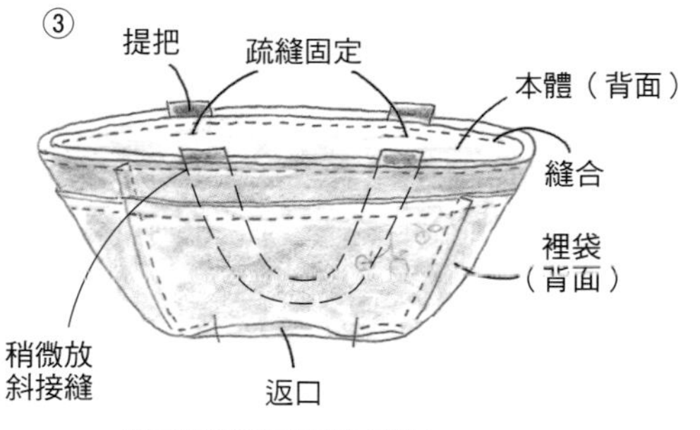

將提把疏縫固定於本體上，並將裡袋正面相對疊合之後，縫合袋口。

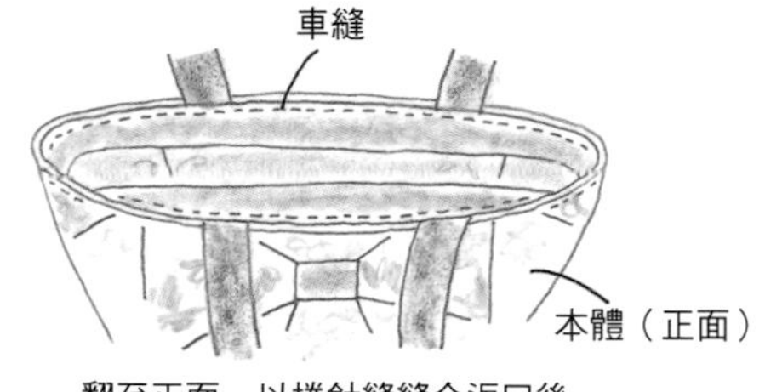

翻至正面，以捲針縫縫合返口後，再於袋口處進行布邊縫。

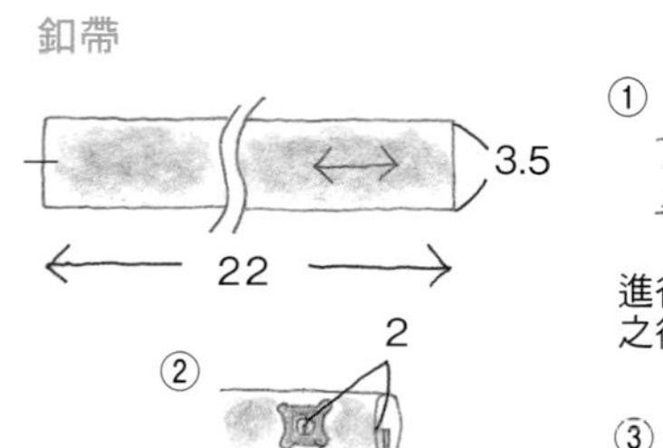

③ 2 摺疊邊端，縫合。

口罩

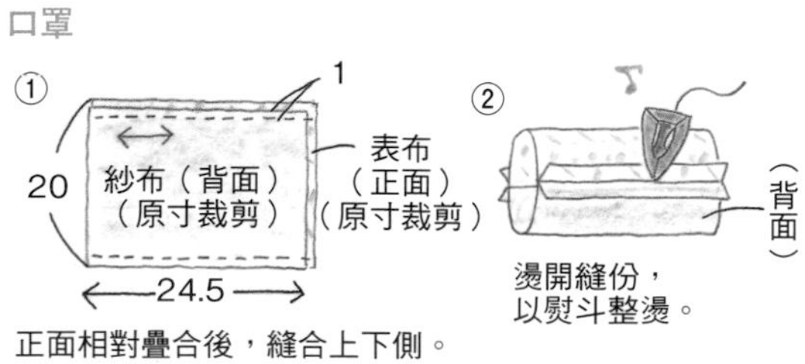

正面相對疊合後，縫合上下側。

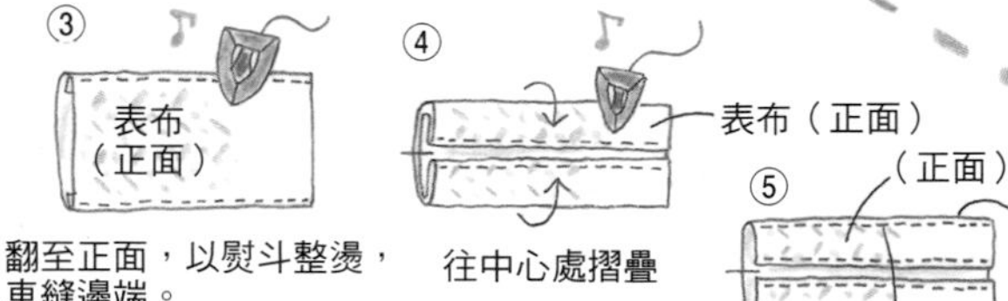

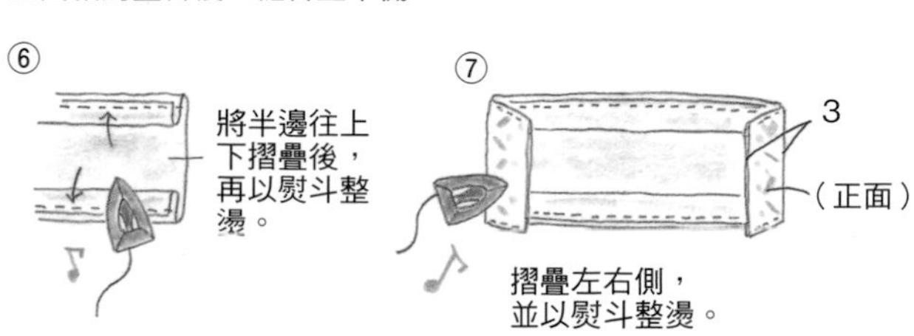

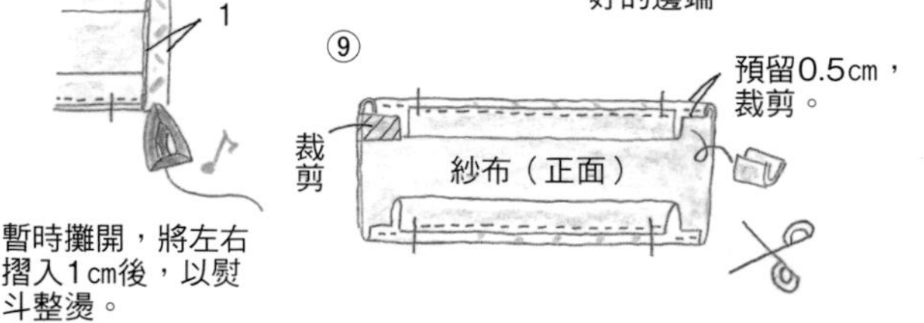

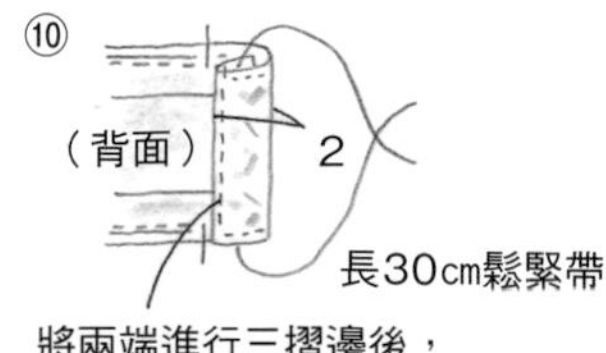

使用丹寧布與色彩鮮豔的紅色印花布，組合成流行時尚的手提袋與丹寧布的口罩。手提袋為中心處接縫了拉鍊的扁平款式。口罩則於兩側施以裝飾線刺繡，並且抽拉細褶後，作成了縮褶的褶飾風。

設計・製作／菅原順子
手提袋 23×23.5㎝　口罩 16.5×19㎝

口罩兩側皆以帶有紅色線條的亞麻織帶包邊。 在丹寧布的藏青色襯托之下，粉紅色的刺繡顯得更加耀眼。

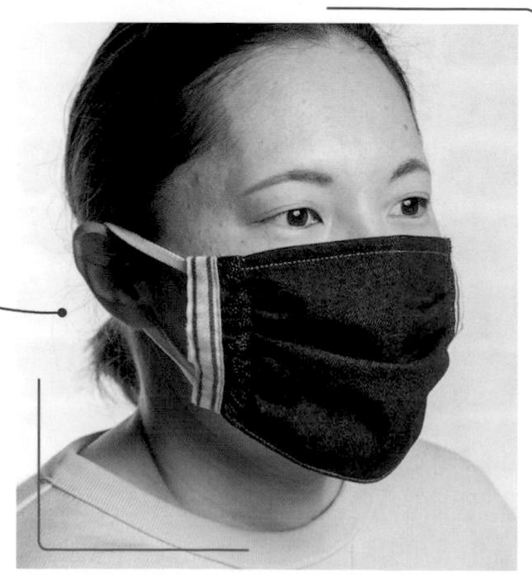

手提袋的後片與前片相同，皆於中間處接縫了拉鍊。由於其中內附夾層，因此雙面都能收納物品。

手提袋&口罩

●材料

手提袋（包含口罩表布） 各式拼接用布片 8至10盎司的丹寧布45×25cm（包含拉鍊端布、口罩表布部分）C用布25×15cm 單膠鋪棉、胚布各55×30cm 裡布110×30cm（包含夾層布部分）長20cm拉 2條 提把用寬2.5cm織帶50cm 寬1.5cm緞帶30cm 直徑0.5cm鈕釦5顆 喜愛的徽章、織帶各適量

口罩 紗布20×20cm 寬1.6cm亞麻織帶40cm 鼻用壓條15cm 寬0.6cm鬆緊帶35cm

◆作法順序

手提袋 進行平針壓線翻縫之後，製作布片B→於2片布片A與布片C上黏貼鋪棉，疊放上胚布之後，進行壓線、電腦刺繡→參照圖示進行縫製。

口罩的作法請參照圖示。

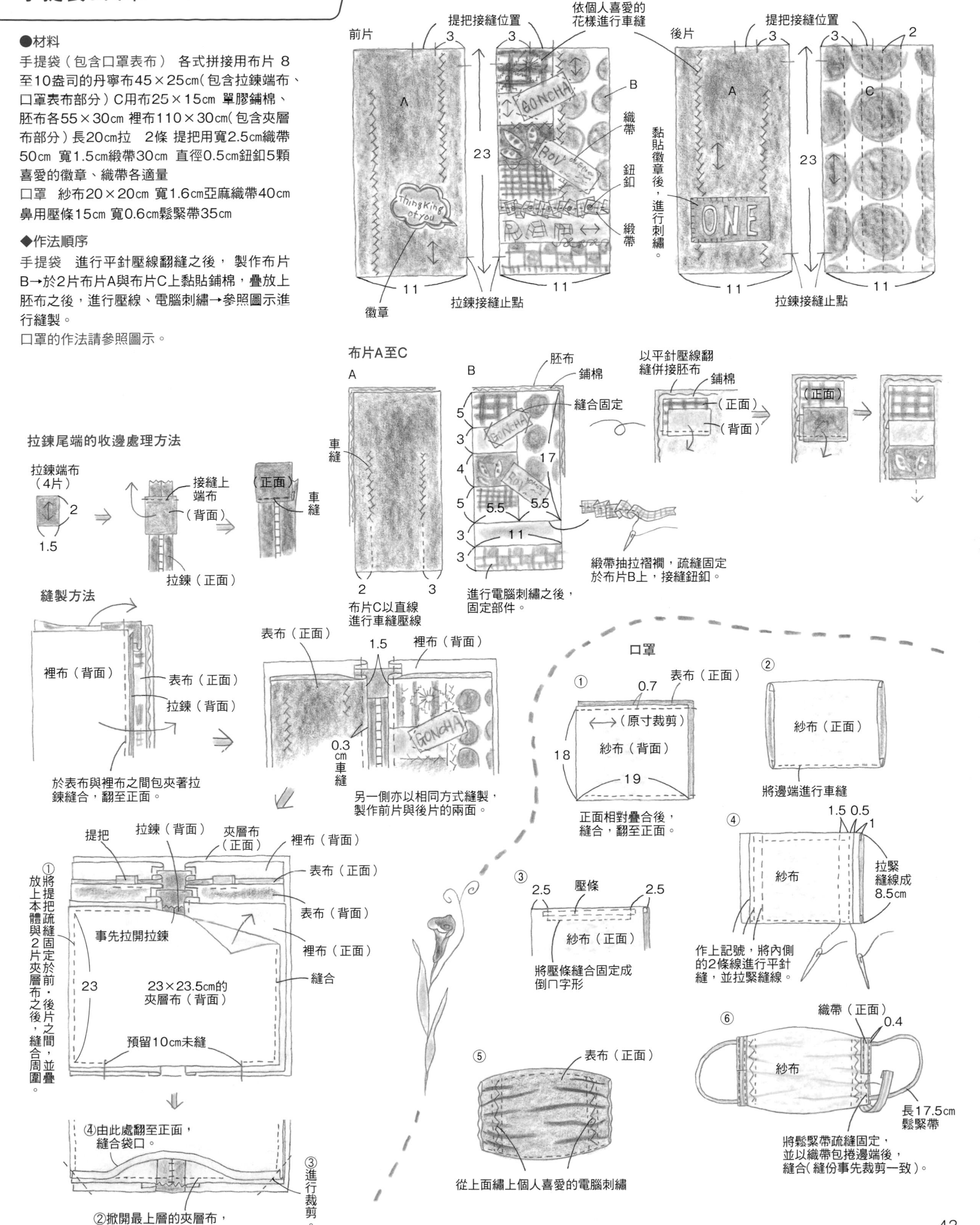

攝影／山本和正　插圖／木村倫子

製作新的錢包吧！

正值萬象更新的春天，不妨將每日使用的錢包也換新吧！
從長夾到零錢包，在此介紹各式各樣的款式。

口袋超多的長夾

於掀蓋的部分配置上以華麗花朵圖案印花布進行配色的「希臘的十字架」與「沙漠玫瑰」的表布圖案。就連存摺也放得下的較大尺寸。

設計・製作／西澤まり子
10×21.5cm　作法P.51

布料提供／株式會社moda Japan

羅曼蒂克色調的「貝殼」圖案，深深引人注目的設計。是一款可用拉鍊緊閉開口的款式。

設計・製作／辻 寿美
12.5×21.5㎝ 作法P.93

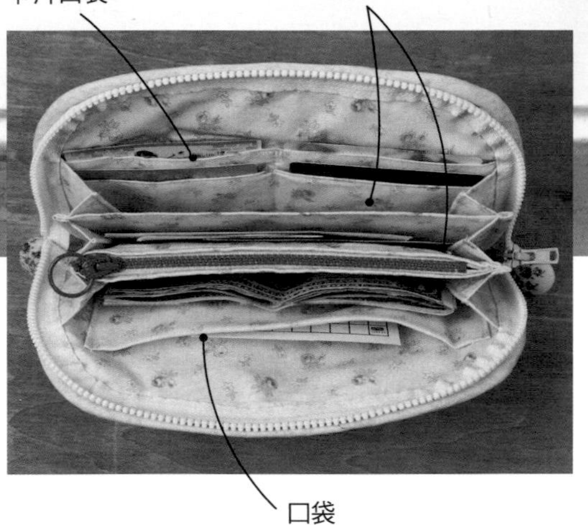

P.44的長夾內附零錢袋與大量的口袋。費盡心思盡可能地降低布料本身的厚度。

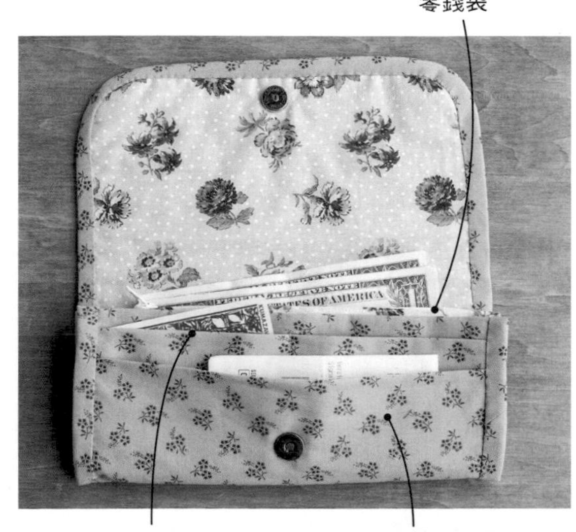

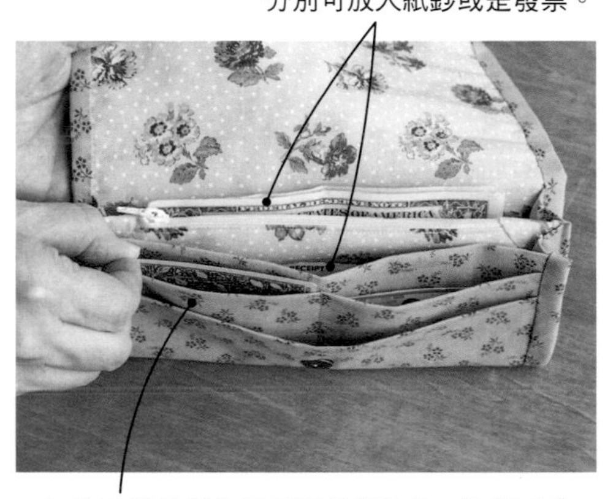

將零錢袋作成夾層使用，分別可放入紙鈔或是發票。

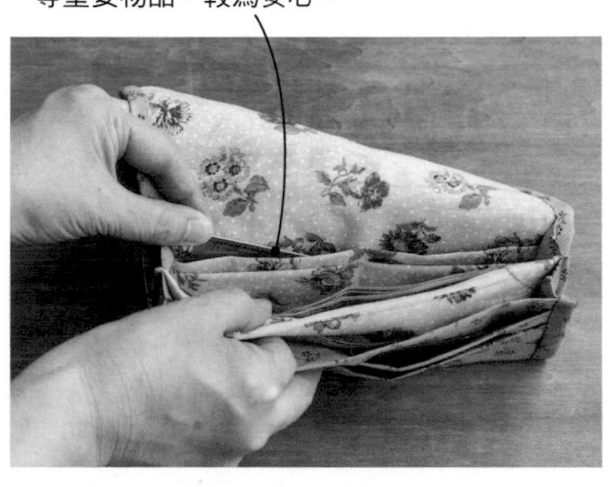

卡片口袋分別在裡側及前側2處。前側可收納集點卡等，裡側則可放入信用卡及金融卡等重要物品，較為安心。

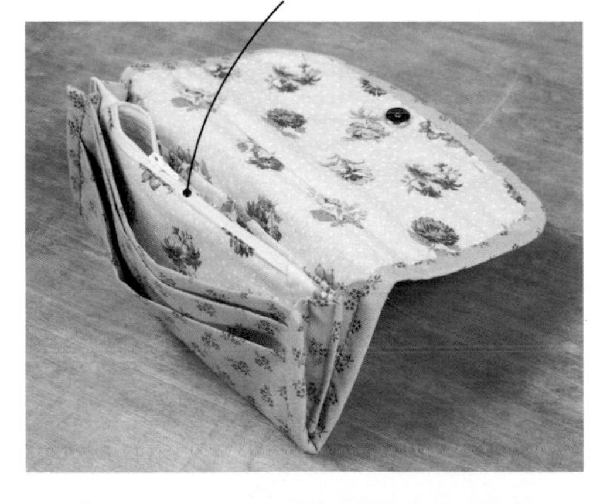

內附拉鍊的零錢袋接縫固定於蛇腹狀的側身上。

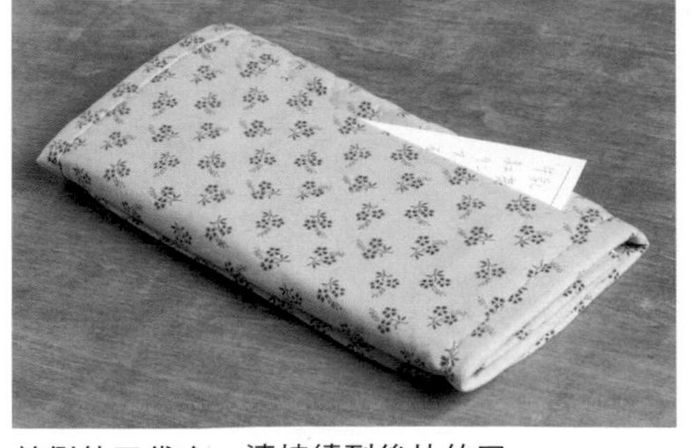

前側的口袋布一連接續到後片的口袋。內部可放入購物清單等，相當便利實用。

以白玉拼布（素壓）製作的高雅長夾，以及小小的六角形摺花與YOYO球裝飾的可愛兩摺錢包。將已壓線完成的布部分藏針縫固定於錢包的基底上製作而成。使用薄型的背膠鋪棉，縫製成清爽俐落的作品。

設計・製作／横田弘美
長夾　約10×20cm
兩摺錢包　約11.5×11.5cm
作法P.47

皮夾提供／
株式會社KAWAGUCHI

使用作為錢包基底的素材

使用（株）KAWAGUCHI手作的素系列，可以節省製作大量口袋，
以及接縫拉鍊的功夫，使錢包製作變得更為簡單。

長夾&兩摺錢包

●材料

長夾　表布、薄型單膠鋪棉各30×25㎝ 白玉拼布(素壓)用細圓繩適量

兩摺錢包　**No. 41** 各式拼接用布片 薄型單膠鋪棉30×15㎝

No. 42 各式貼布縫用布片、YOYO球用布片 台布、薄型單膠鋪棉各30×15㎝ 直徑0.5㎝珍珠8顆

●作法順序

長夾　於表布上黏貼鋪棉，進行壓線→於前片進行素壓(白玉拼布)→參照本頁下方，藏針縫於本體上。

兩摺錢包　**No. 41** 以六角形紙型板併接布片A，黏貼上鋪棉之後，進行壓線→參照本頁下方，藏針縫於本體上。

No. 42 於台布上進行貼布縫，黏貼上鋪棉之後，進行壓線→製作YOYO球，縫合固定→接縫珠子→參照本頁下方作法，以藏針縫縫於本體上。

※長夾的原寸壓線圖案&兩摺錢包的貼布縫圖案紙型A面①。

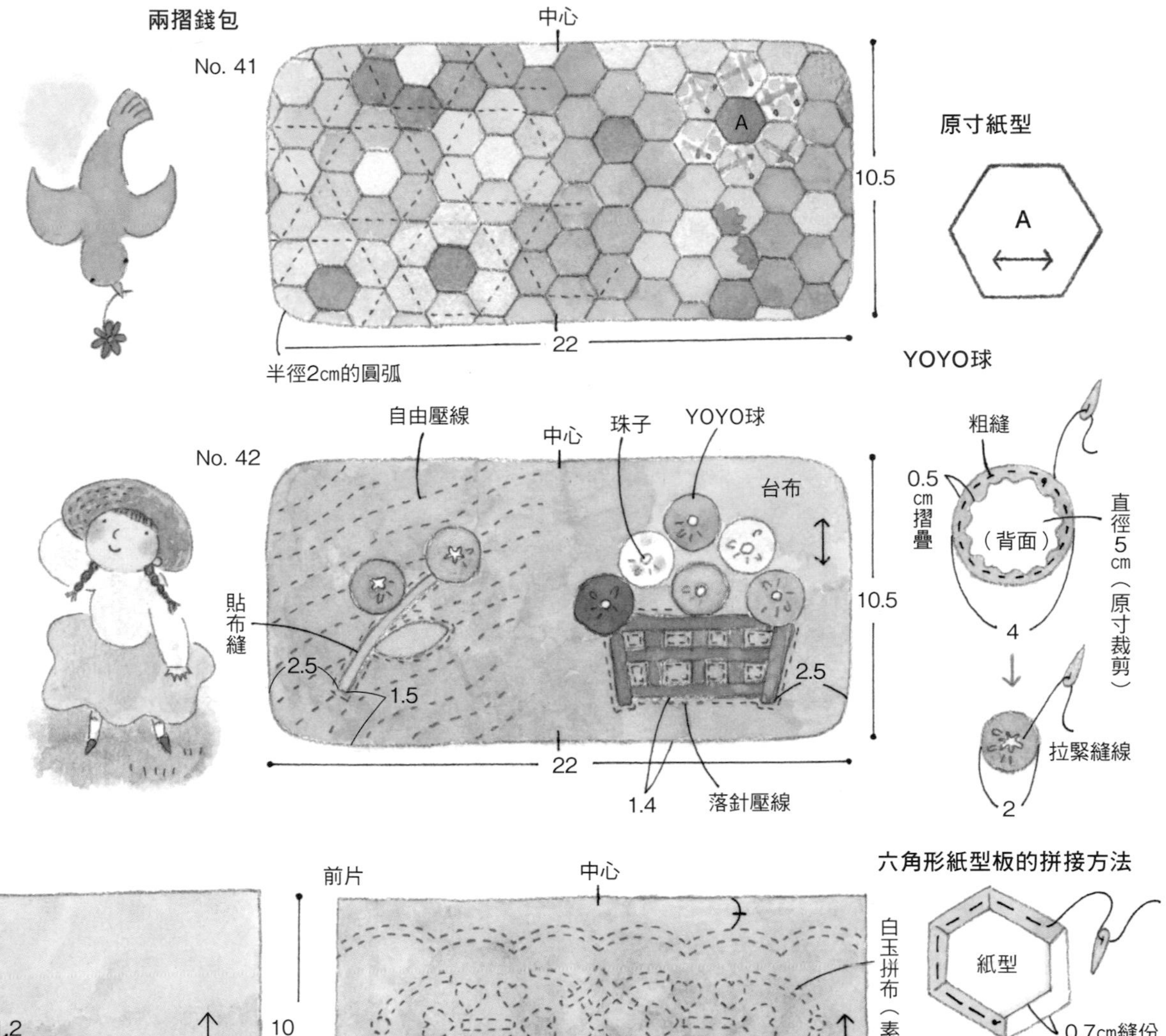

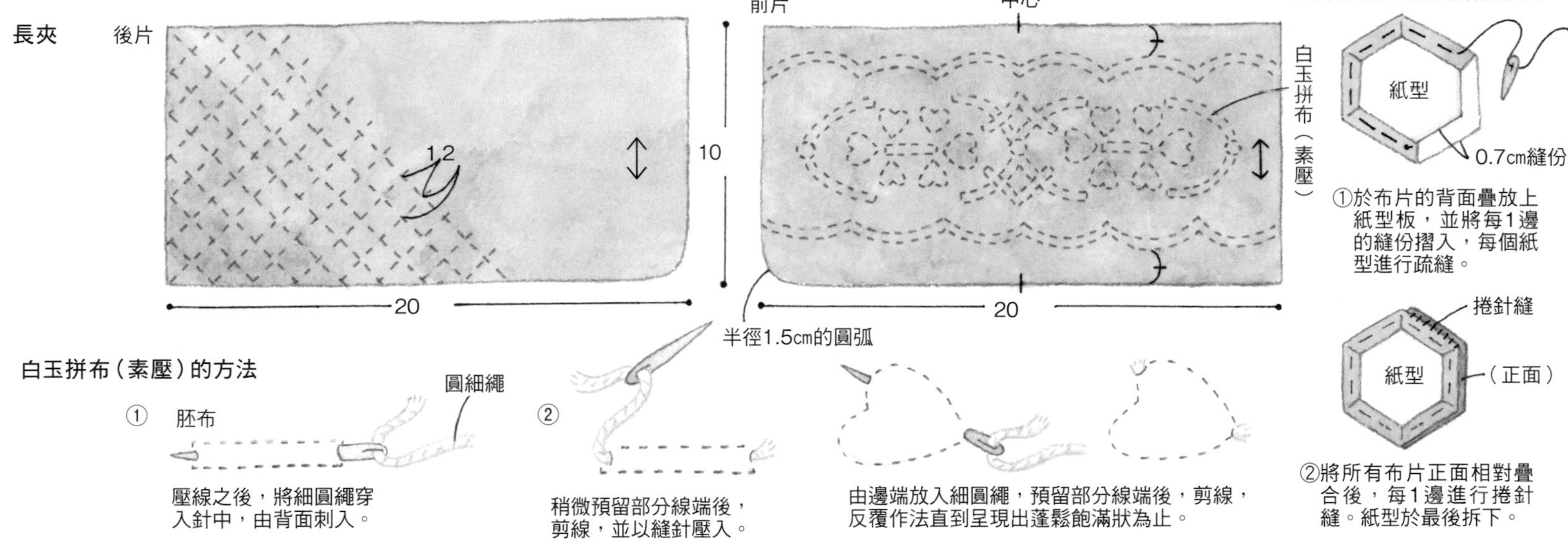

布片的藏針縫固定方法

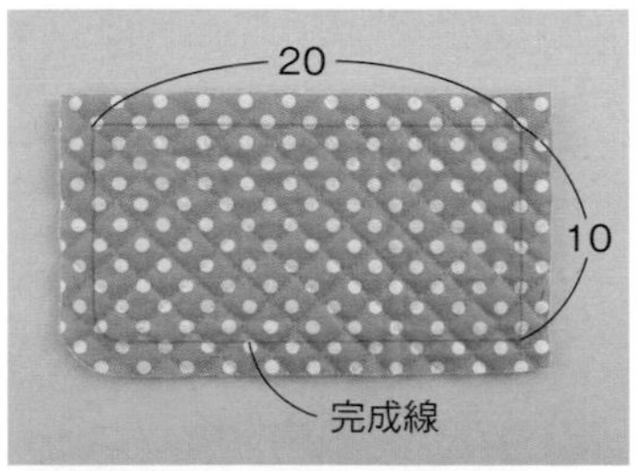

1

在已進行壓線的布片正面描繪上完成線，預留1.5至2㎝的縫份後，進行裁剪。於皮夾的正面置放上布片，並以布用雙面膠黏合固定。

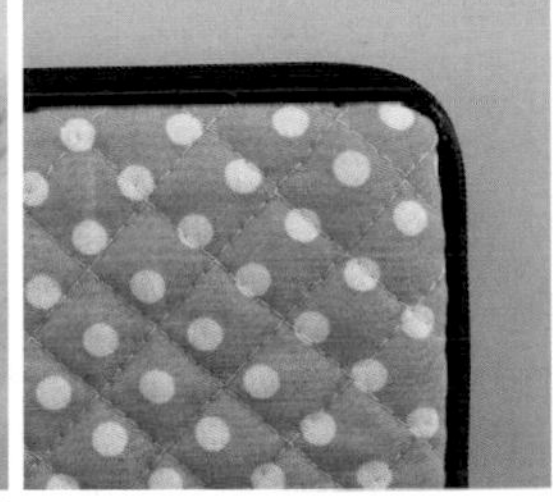

2

沿著包繩滾邊的邊緣摺入縫份，並以梯形縫縫合固定。挑針至針織布的部分時，於細圓繩的邊緣處入針；挑針至布片時，則於褶山稍內側入針。

● 曲針使用上相當便利 ●

挑縫皮夾的針織布部分時，只要使用曲針，即可輕鬆地進行藏針縫。

琳瑯滿目的零錢包

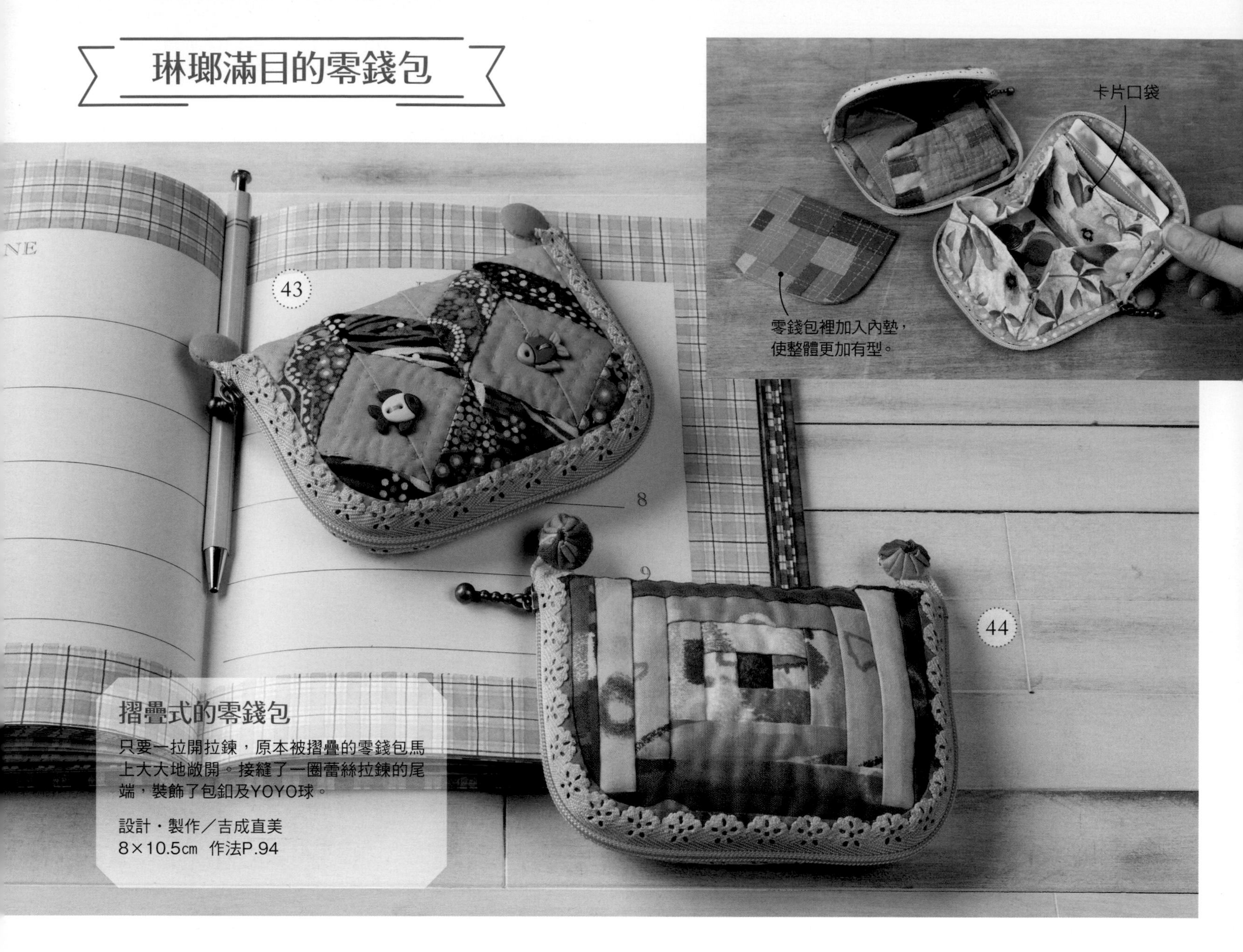

摺疊式的零錢包

只要一拉開拉鍊，原本被摺疊的零錢包馬上大大地敞開。接縫了一圈蕾絲拉鍊的尾端，裝飾了包釦及YOYO球。

設計・製作／吉成直美
8×10.5㎝ 作法P.94

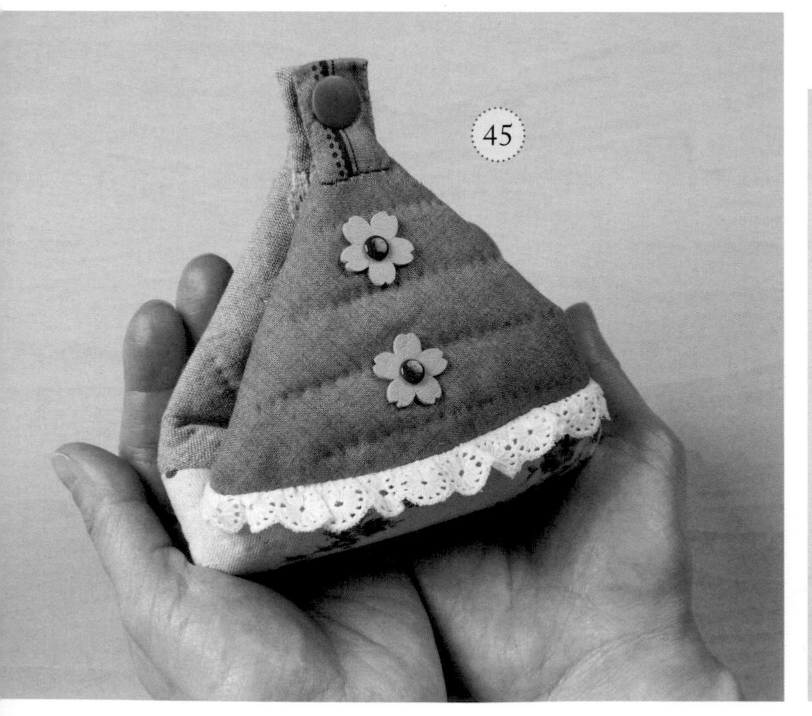

只要將接縫於兩端的四合釦
釦住固定，立即變成三角形。

三角形零錢包

將3片有如葉子般造型的布片併接後製作而成。由於開口處可以大大的敞開，因此相當有利於拿取零錢。

設計・製作／熊谷和子（うさぎのしっぽ兔子的尾巴）
10×11㎝ 作法P.92

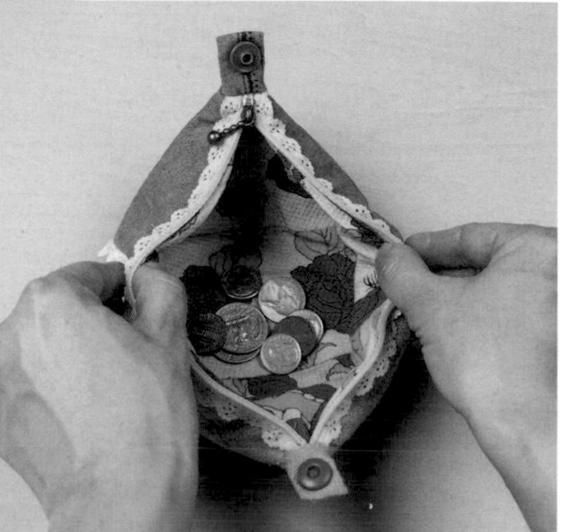

花籃圖案零錢包

在珠子及鈕釦上，將插飾著可愛花卉的花籃圖案進行了貼布縫。
表布使用薄型鋪棉營造俐落感，
裡布則黏貼上接著襯，縫製成耐用的作品。

設計・製作／井樋口尚美　10×10.5cm

零錢包

●材料

各式貼布縫用布片　表布25×20cm（包含拉鍊檔布部分）裡布25×25cm（包含口袋、側身部分）薄型背膠鋪棉、厚型接著襯各25×10cm 薄型接著襯15×15cm 創意型VISLON® 拉鍊（塑鋼拉鍊） 60cm拉鍊頭1個 直徑0.5cm鈕釦7顆 直徑0.3cm木珠11顆 25號繡線、茶色拼布手縫花線各適量

※人字繡與周圍的刺繡是使用拼布手縫花線。

1. 於表布上進行貼布縫、刺繡之後，再於背面黏貼上鋪棉，進行壓線。
2. 將表布的縫份摺入後，進行車縫（圓弧處縫合拉緊）。
3. 將口袋縫合固定於內布上，再於背面黏貼上接著襯，並將縫份摺入。

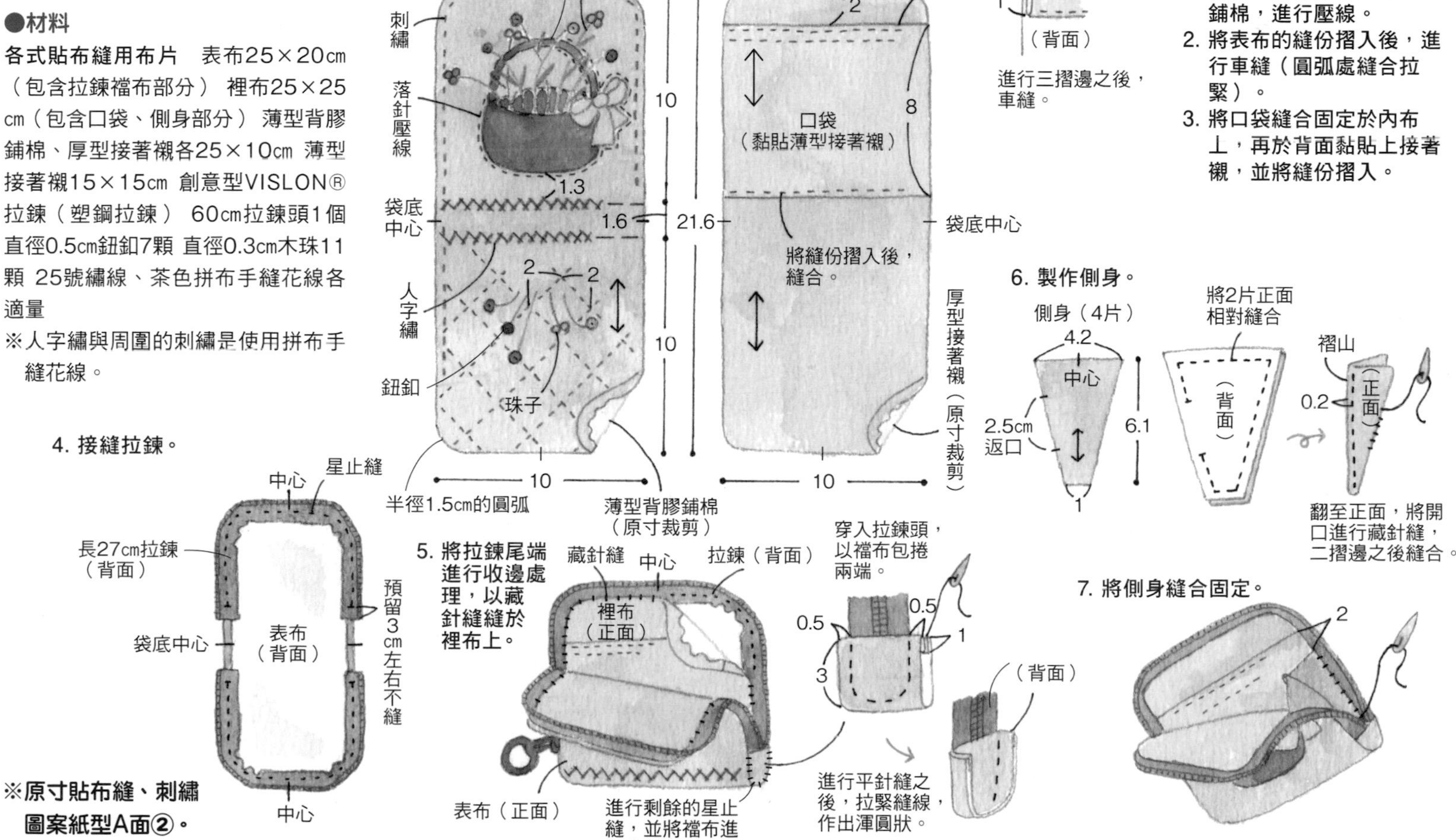

※原寸貼布縫、刺繡圖案紙型A面②。

可一併放入鈔票的零錢包

容納不下長夾的迷你手提袋中，
可裝入小小的零錢包。
形狀雖小，但口袋卻很多，
所以也可一併收納卡片及鈔票。
不妨活用喜歡的圖案或印花布製作
吧！

設計・製作／有岡由利子
No. 47　12.5×13.5cm
No. 48　8×11.5cm
作法P.95

一拉開拉鍊，蛇腹狀側身
隨即以恰好的角度打開，
內容物一目瞭然。

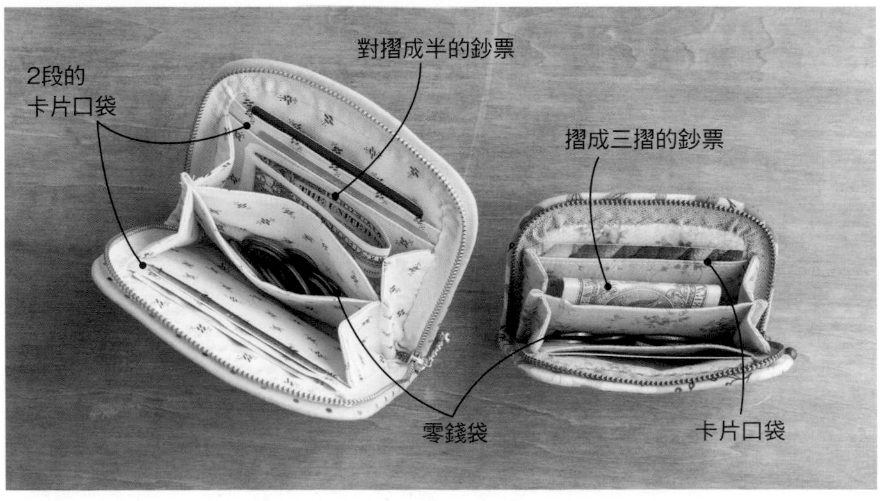

●P.44長夾的作法　指導／西澤まり子

●材料（1件的用量）

各式拼接用布片　F、G用布70×40cm（包含口袋ㄆㄇ、側身部分）　本體裡布70×30cm（包含零錢袋、口袋ㄅ、襠布部分）　滾邊用寬4cm斜布條90cm　鋪棉、胚布各25×25cm　薄型接著襯30×25cm　長15cm拉鍊1條　直徑1.5cm螺絲式磁釦1組　墊布適量。

※圖案的縫合順序請參照P.72（No. 37）、P.85（No. 38）。

※布片A至E'（EE'僅限No. 38）與側身、襠布的原寸紙型與壓線圖案請參照紙型A面⑧。

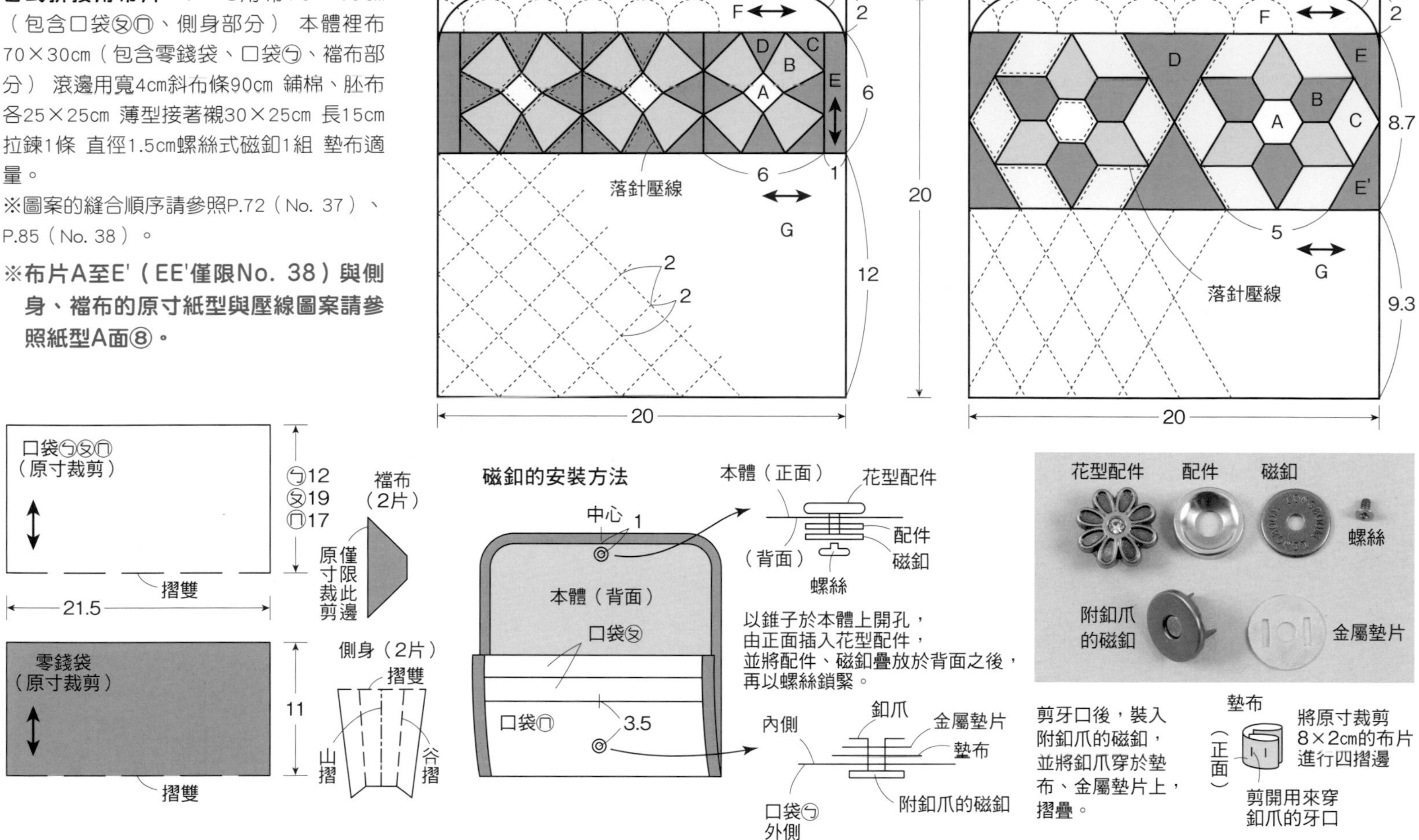

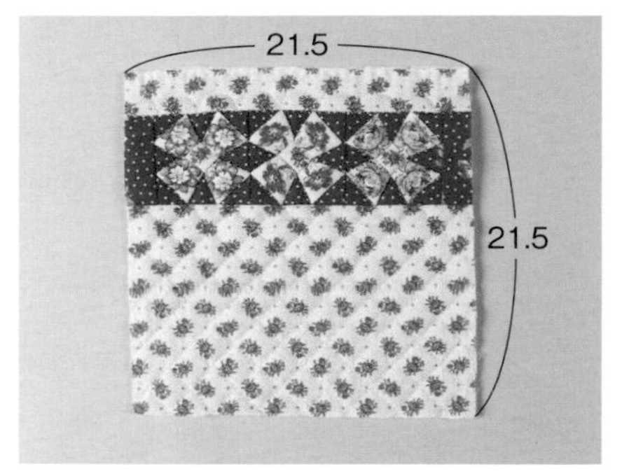

1　拼接布片之後，製作本體的表布，疊放上鋪棉與胚布之後，進行壓線。事先將布片一致裁剪成21.5×21.5cm。

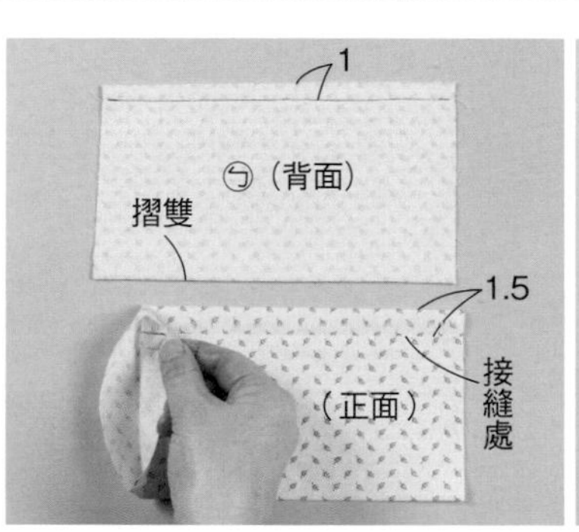

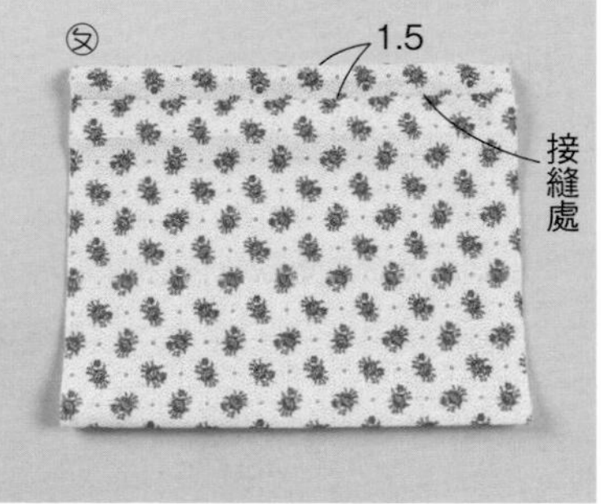

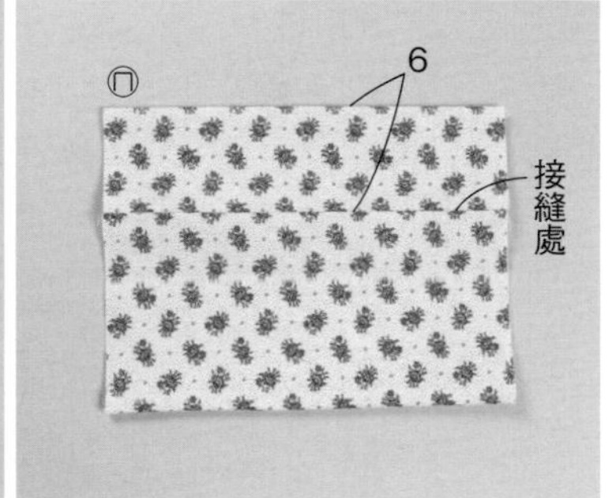

2　將口袋ㄅ布片正面相對摺疊後，縫合成筒狀，翻至正面，避開接縫處，以熨斗整燙。縫份倒向下側。口袋ㄆㄇ亦以相同方式製作。

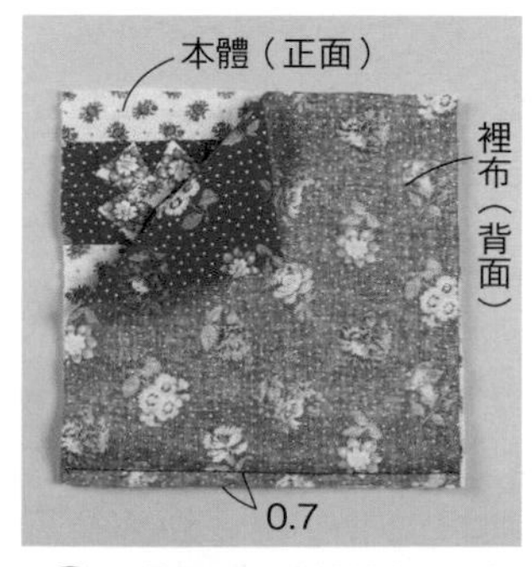

3　將相同尺寸的裡布正面相對置放於本體上，並車縫下部。

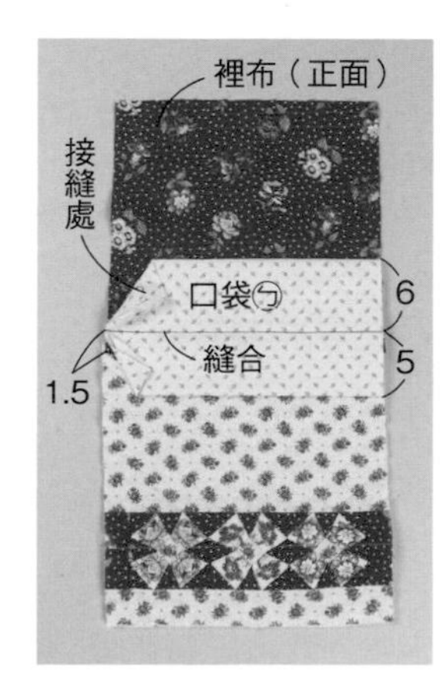

4　將裡布翻至正面，避開本體，將口袋ㄅ置放於如圖位置處（將口袋的接縫處朝向背面側），再車縫。

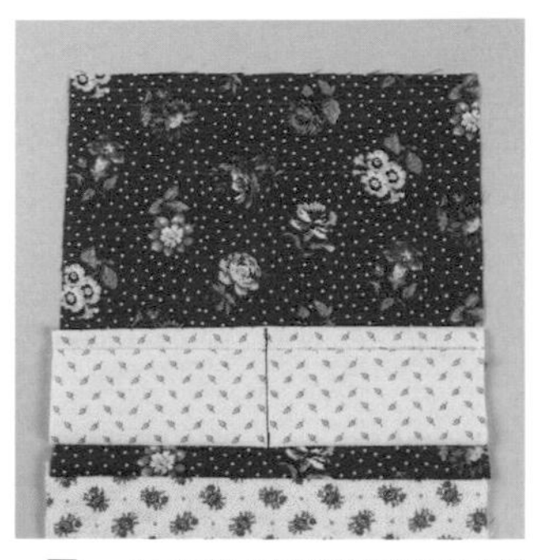

5　在步驟4的接縫處將口袋反摺，並車縫中心的夾層。

將本體縫份的鋪棉撕碎，減少厚度以利車縫。

6　於步驟3的縫份處將裡布反摺，覆蓋在本體上，再以強力夾固定，並於口袋的鄰近外側進行車縫。

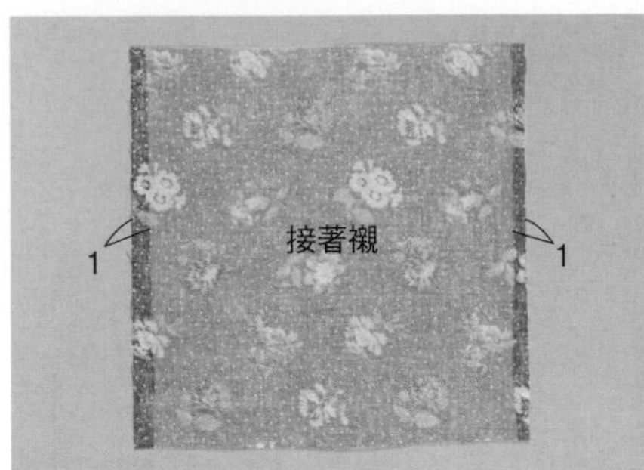

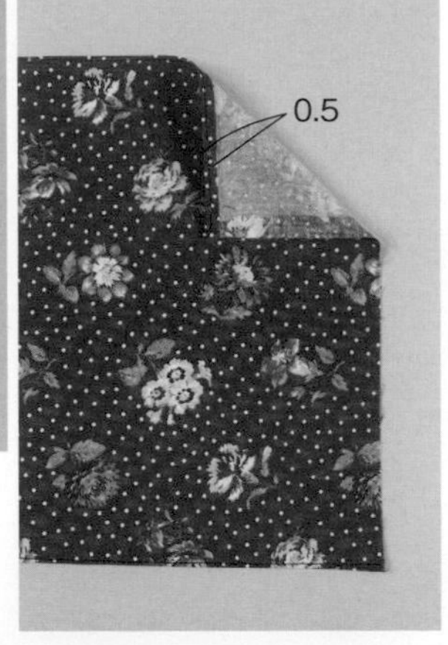

7 製作零錢袋。裁剪布片，兩側脇邊預留1cm之後，黏貼接著襯。將上下摺疊0.5cm，進行布邊縫。

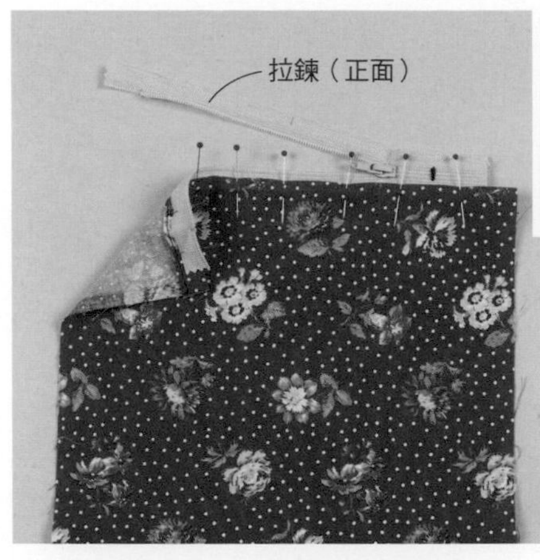

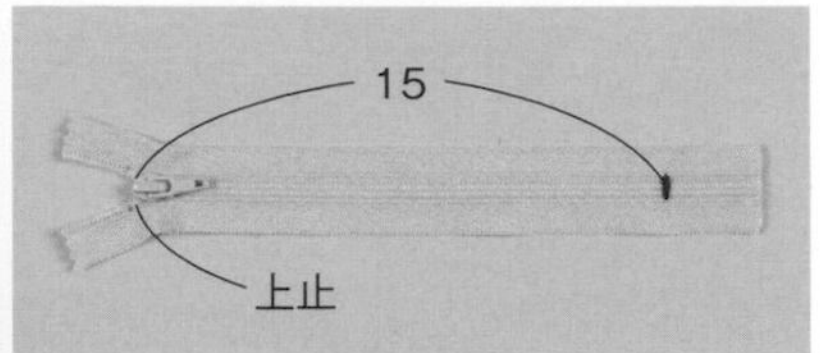

準備鍊齒為樹脂製的拉鍊，並於上止算起15cm的位置處渡線，當作下止。

8 將布邊縫的邊摺疊1.5cm，對齊中心處，貼放上拉鍊（將拉鍊的鍊齒露在布邊算起0.5cm外），並以珠針固定。

9 將縫紉機的壓布腳更換成拉鍊壓布腳，縫合布邊。珠針請於車縫前移除。於車縫途中移動拉鍊頭，縫合至最後。

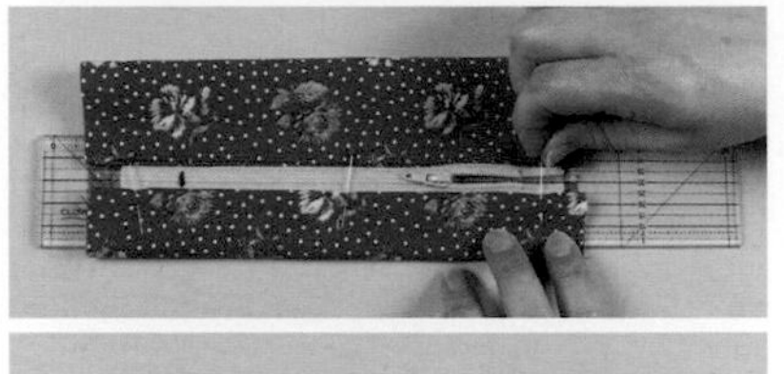

10 另外一片亦以珠針固定。由於呈現筒狀，因此只要如圖所示放入定規尺等工具加以固定，就不會挑針至下方的布片了！

11 拉開拉鍊，從打開的一側開始以縫紉機車縫。

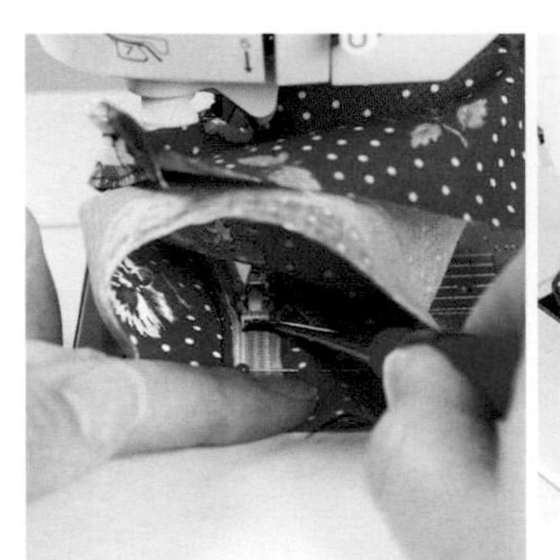

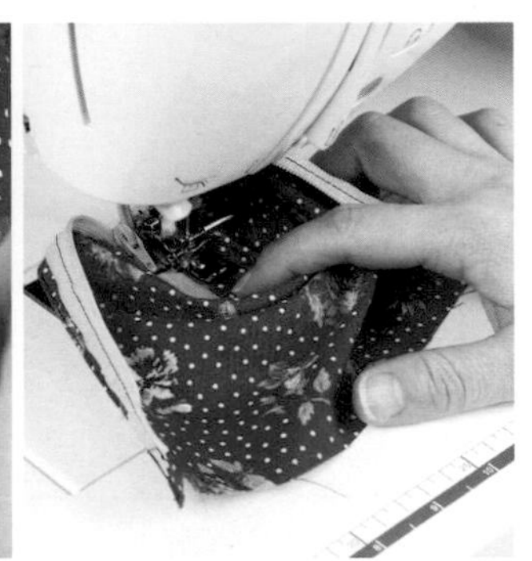

12 待縫至下止處大約3cm稍前側時，直接落針，抬起壓布腳，並將拉鍊頭往上移動（左圖）。只要使用前端為圓弧狀的錐子，比較方便作業。將前側的布片攤開，接下來一路縫合至最後。

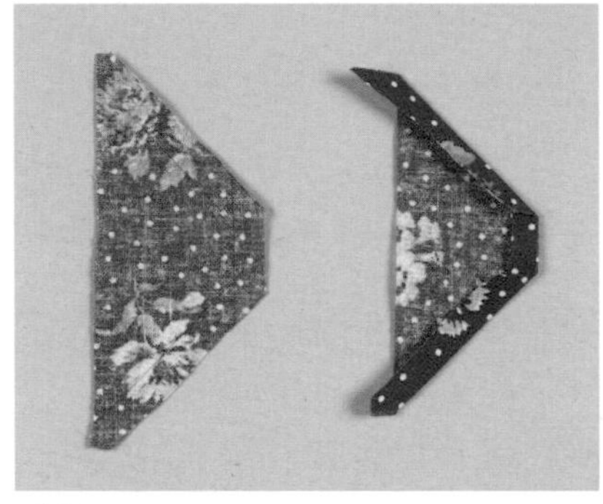

13 裁剪2片零錢袋的襠布，如圖所示摺疊3邊的縫份。

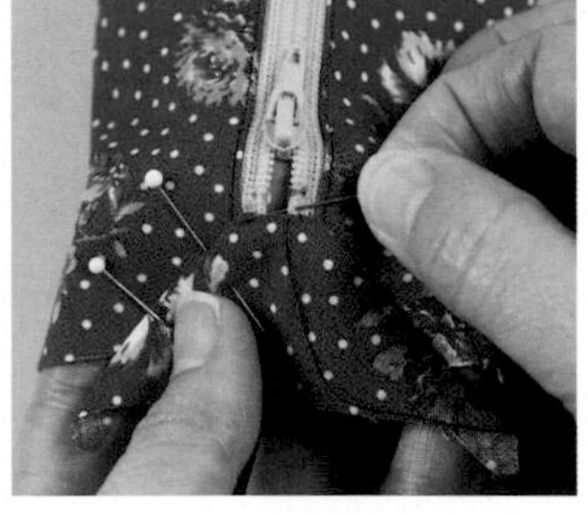

14 將襠布的短邊對齊零錢袋的拉鍊邊端放上去，並將3邊以藏針縫固定。

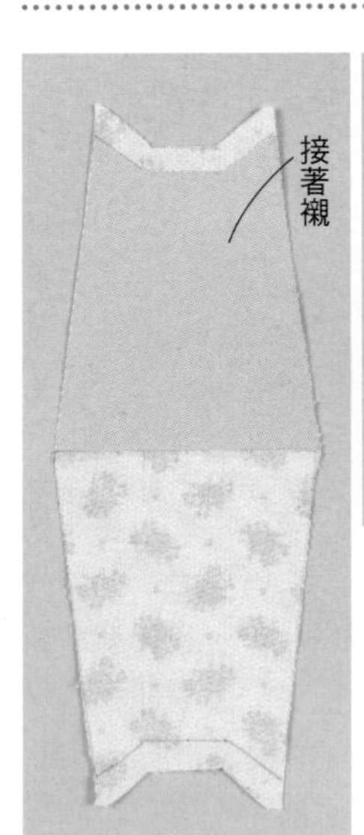

15 側身僅於上下側預留縫份後，裁剪，並於半邊黏貼上接著襯。正面相對摺疊，縫合下部，於凹入縫份處剪牙口。翻至正面，以熨斗整燙。

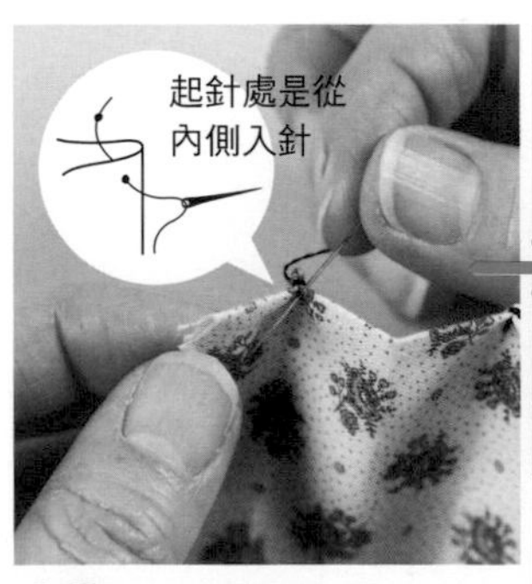

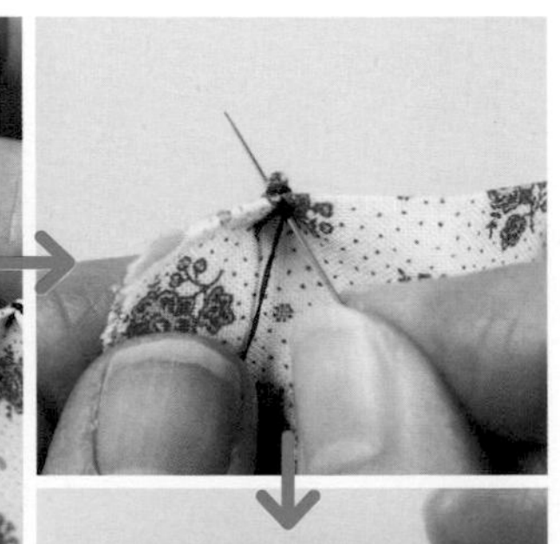

16 以熨斗燙摺，抓住谷摺的上端，以2股線捲針縫合3次，並於內側出針（上圖）。如右上圖所示，將針刺於褶山的外側，打止縫結固定，剪斷縫線。

17 側身完成的模樣。

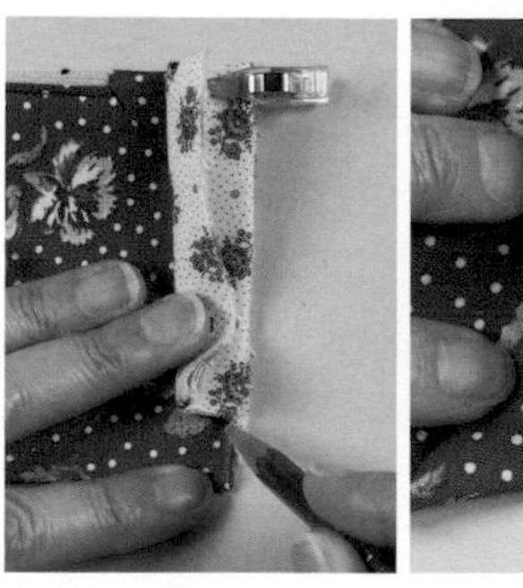

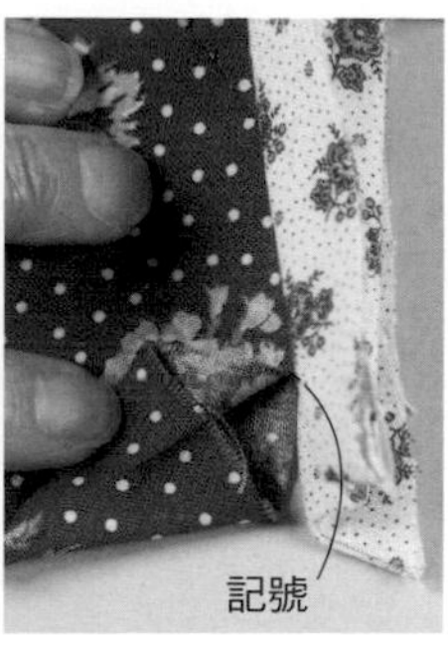

18 於側身處包夾零錢袋的兩側，對齊上部，以強力夾固定。在側身下部的貼放位置作記號，並以記號處為基準，如圖所示摺疊。

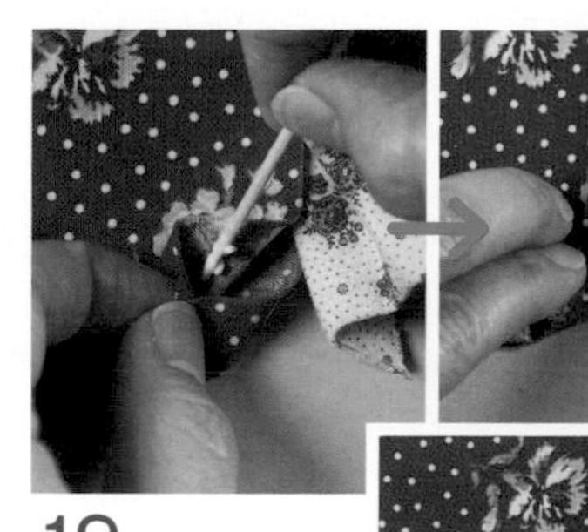

19 於背面與正面塗上白膠，加以黏合。

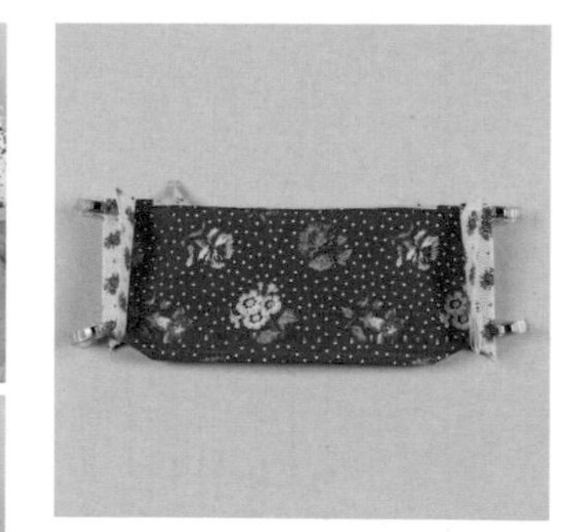

20 包夾至下部，並以強力夾固定。

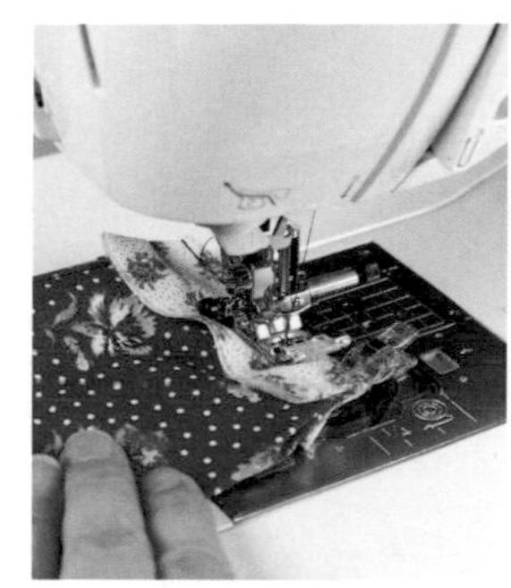

21 將已包夾部分的0.5cm內側進行縫合。從前側至邊端進行回針縫之後，再繼續車縫，即可縫得整齊美觀。

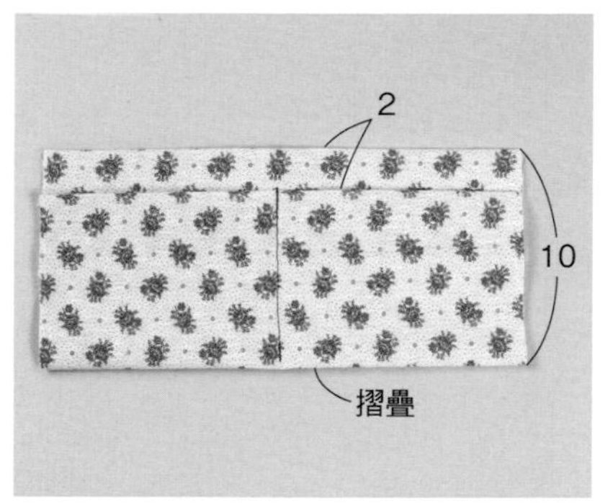

22 摺疊口袋㊛，並將夾層進行車縫。

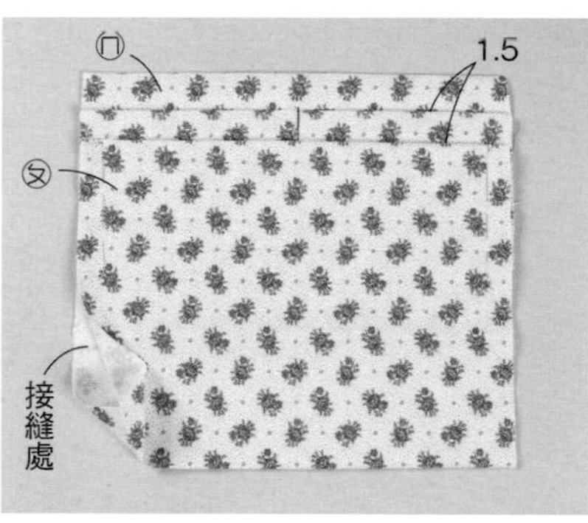

23 將口袋㊄置放於口袋㊛上，並於兩端進行疏縫。

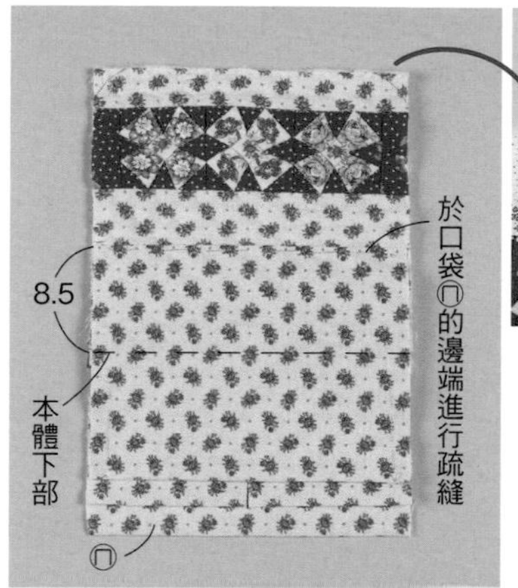

24 本體為了避免裡布移位，宜事先於周圍進行疏縫。將口袋㊛㊄置放於本體的正面，並將口袋㊄的邊端疏縫固定於本體下部算起8.5cm的位置上。

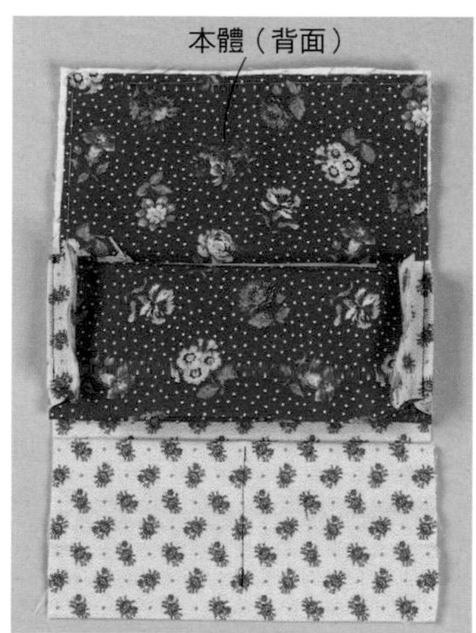

25 將零錢袋置放於本體背面側後，再將本體與零錢袋的下端對齊，疏縫固定於側身的一側。

26 將口袋㊛㊄與側身疊合，進行疏縫。

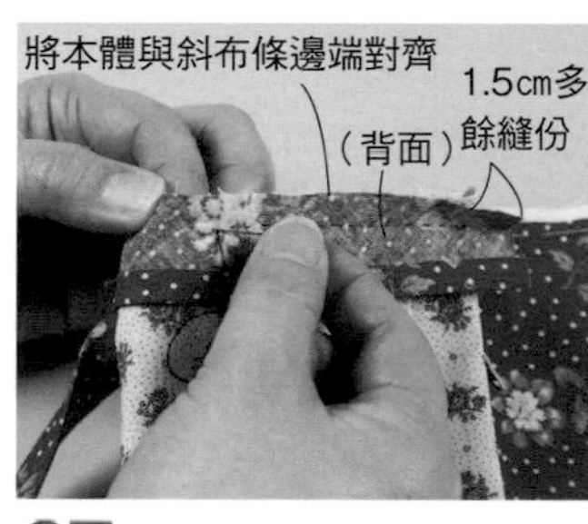

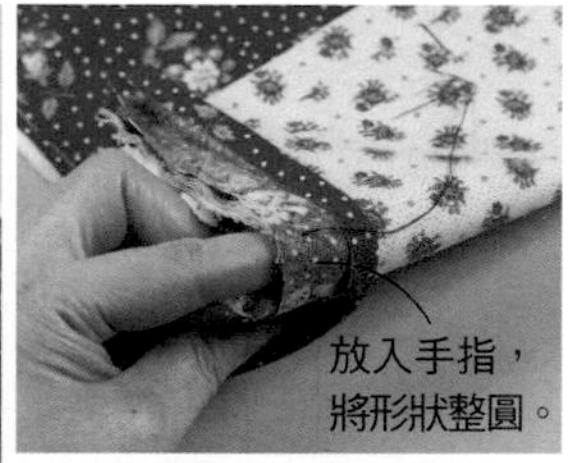

27 將周圍進行滾邊。使用滾邊器將寬4cm的斜布條進行四摺邊，並由口袋端開始縫合固定。一邊以珠針稍微固定，一邊沿著褶線縫合。

28 將斜布條一直縫合固定至口袋邊端時，再沿著斜布條裁剪掉圓弧的多餘縫份。為了防止布片歪斜，請於圓弧部分的斜布條縫份處剪牙口。

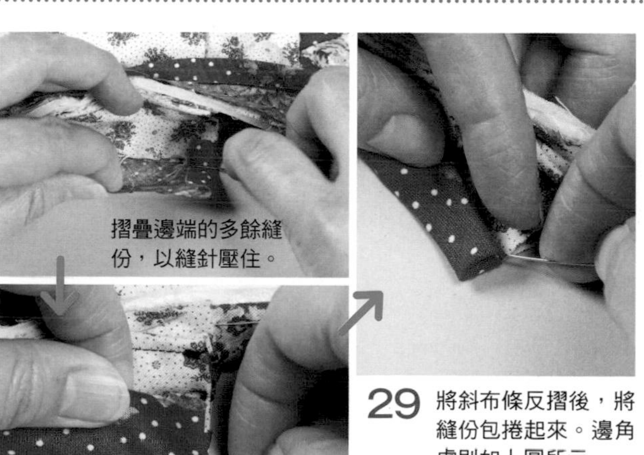

29 將斜布條反摺後，將縫份包捲起來。邊角處則如上圖所示。

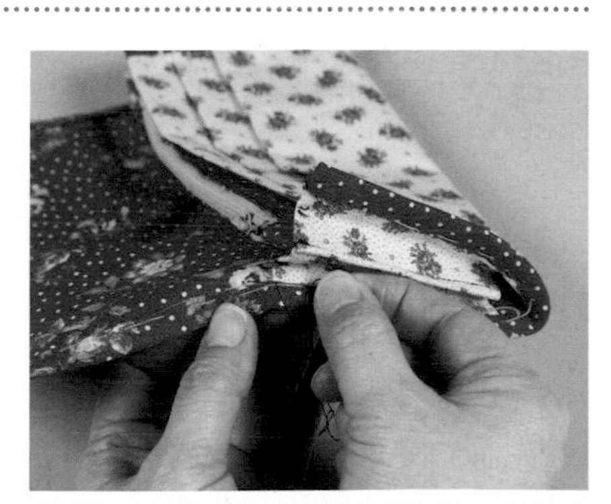

30 以接縫處為基準摺疊斜布條，並以疏縫線縫合固定，進行立針縫再安裝上磁釦即完成。

攝影／山本和正

生活手作小物

將屋內家飾搭配出明媚的春色

桌旗&抱枕

將3片有如葉子般造型的布片併接後製作而成。由於開口處可以大大的敞開，因此相當有利於拿取零錢。

桌旗設計・製作／熊谷和子（うさぎのしっぽ） 50×90㎝

作法 P.97

抱枕設計・製作／宮武由美子

40×40㎝ 作法 P.96

51

50

49

茶壺保溫罩&杯墊

以灰白色的配色進行統一的成組作品。保溫罩搭配上蕾絲，營造出高貴典雅的印象。杯墊則作成不同配色的四角形拼接的設計。

設計・製作／額田昌子
茶壺保溫罩　高21.5cm　杯墊直徑16cm

作法 P.111

大型的杯墊用來擺上馬克杯，
並於杯旁佐以點心使用，也相當時尚雅痞。

鬱金香壁飾

在黃色×黃綠色的配色上，以貼布縫縫上鬱金香及白兔圖樣的春天拼布。如同製作邊框般地將飾帶接縫於周圍。

設計・製作／山口千代子（指導／賀来陽子）
129×117㎝
作法P.98

54

茶杯圖案壁飾

以花朵圖樣印花布為主，排列上色彩繽紛的茶杯圖案的壁飾。即便是相同的茶杯圖案，但透過剪接布片，或是以蕾絲及刺繡方式進行裝飾後，即可漂亮地彩飾居家。

設計・製作／三浦民子　64×54㎝

作法 P.99

首飾盒

盒身內填充了棉花，使整體呈現出渾圓飽滿的狀態。為了讓飾品在置於內墊上方的狀態下，能夠關上盒蓋，因此稍微保有蓬鬆度製作而成。

設計・製作／嬉野礼子　13×7㎝

作法 P.102

裝飾於端午佳節的拼布

57

掛軸風壁飾

將頭盔與菖蒲花圖案進行貼布縫的掛軸風拼布。頭盔裝飾是將一部分另外縫製而成，作成立體狀裝飾。格紋及波浪般花樣的壓線線條將日本風的設計襯托得更有韻味。

設計・製作／重栖惠美子　63×33.5cm

作法 P.98

58

壁飾

以縱長圖案表現神態凜然的菖蒲花之美。使用紫色素色布及混染布作成帶有微妙色差的花瓣。添加了與表布圖案相同圖案的壓線。

設計・製作／山出妙　61×48cm

作法 P.96

使人心情愉悅的春天手作包

玫瑰手提袋&波奇包

在格子花樣的圍籬上，以貼布縫縫上粉紅色藤蔓玫瑰綻放的樣子。以基底的藍色印花布營造溫和柔美的印象。

設計・製作／中川幸子

手提袋 31×41㎝　波奇包 17.5×20㎝

作法 P.100

後片上接縫拉鍊口袋。

由於手提袋的袋口處接縫了釦絆，因此可方便關閉袋口。

扁平手提袋

以威廉莫里斯的工藝美學花樣為主角，搭配上直條紋、點點花樣及英文字印花布的摩登設計。漆皮的黑色提把完全吻合作品的形象。

設計・製作／きたむら恵子　39×32㎝

作法 P.104

抓褶手提袋

在柔和粉彩色調的四角形拼接上，加以組合綠色花朵圖案布的清爽手提袋。於袋口的中心處抓取褶襉，作成時尚的款式。

設計・製作／きたむら恵子　27×40㎝

作法 P.104

肩背包

將色調明亮的印花布拼接成布條狀，再以蕾絲裝飾固定其上。將肩帶作成白色蕾絲，呈現柔美的印象。

設計・製作／中村麻早希　27.5 × 25㎝

作法 P.102

後片上接縫與前片成組製作的同款布條拼接的口袋。

立體小圓包

以貼布縫作有櫻花圖案，吻合春天形象的立體小圓包。下側身將布片一一併接，成為重點設計。使用於花瓣上，帶有微妙色差的混染布顯得美麗出眾。由於脇邊接縫有D型環，因此亦可掛上肩帶，作為肩背包使用。

設計・製作／額田昌子　直徑20㎝

作法 P.105

使用拼布圖案的拼貼印花布製作拼布

由秋田廣子老師提案，利用Textile Pantry（JUNKO MATSUDA planning株式會社）發售的，於1組拼貼布上組合了9種基本花樣之拼貼印花布的拼布製作。考量作品製作再設計而成的印花布，可直接使用迅速地製作成大型作品，也可以像是復刻布一樣使用，相當的便利。

攝影／山本和正

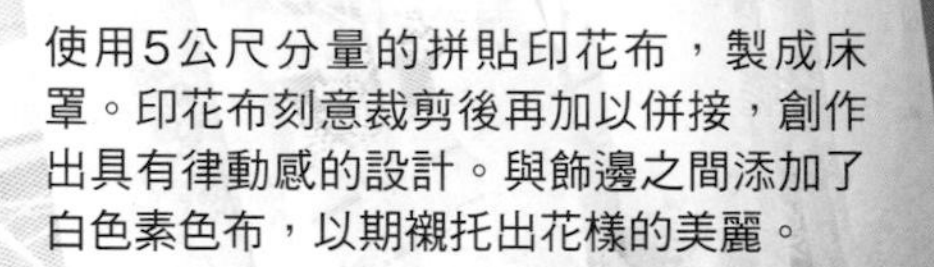

使用5公尺分量的拼貼印花布，製成床罩。印花布刻意裁剪後再加以併接，創作出具有律動感的設計。與飾邊之間添加了白色素色布，以期襯托出花樣的美麗。

設計・製作／秋田廣子
212×168cm　作法P.107

65

9個圖案皆為小碎花圖案，因此作為蘇姑娘貼布縫用布也十分合適！製作小巧可愛蘇姑娘拼布也會活用的圖案。滾邊布也使用飾邊印花布。

設計・製作／秋田廣子
48×37cm 作法P.108

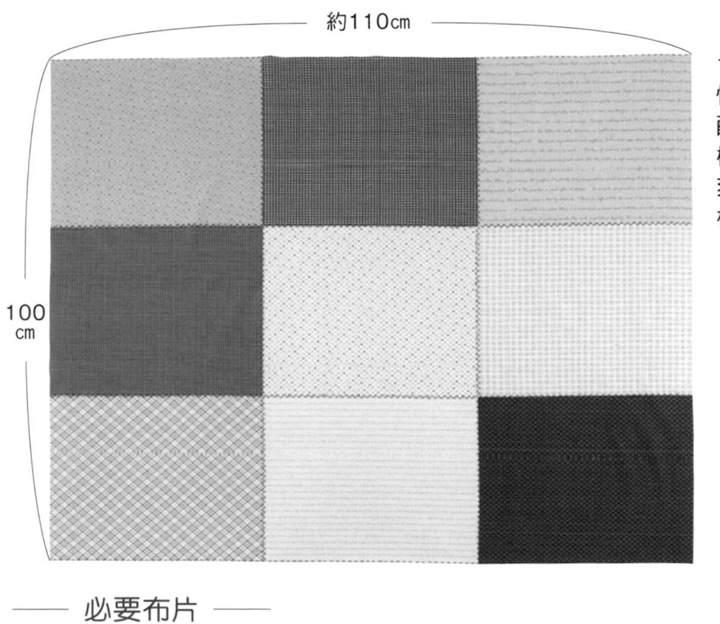

1個圖案的尺寸約33×36cm。以搭配性絕佳的花色組合，完成這9個圖案的配色。圖案接縫處描繪魚骨繡模樣，構成耀眼的視覺重點。製作床罩時，刻意裁開布片，進行接縫，活用針目模樣。

床罩用布片的裁剪方式

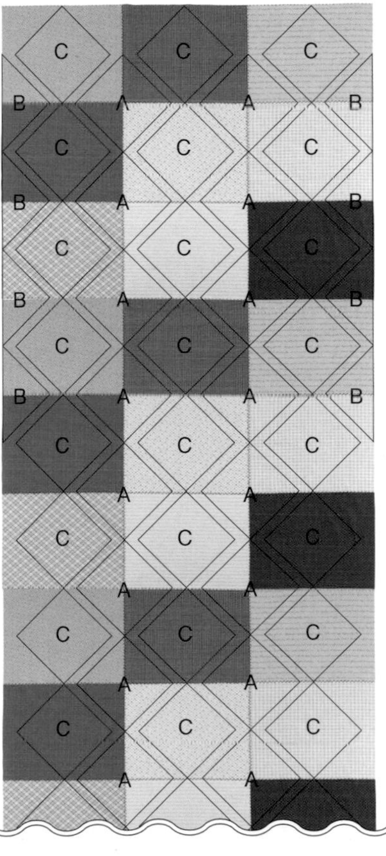

必要布片

C＝31片

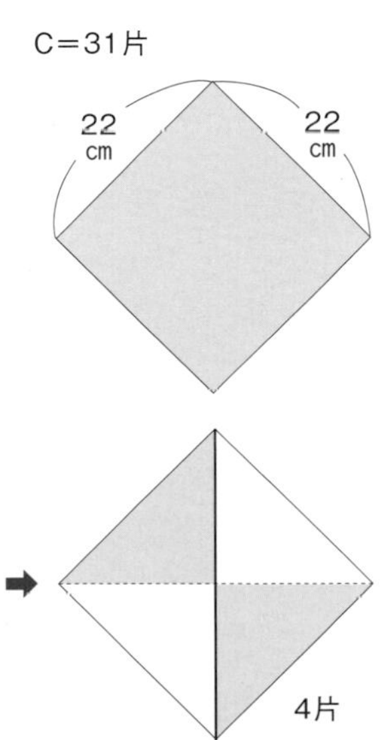

A＝28片

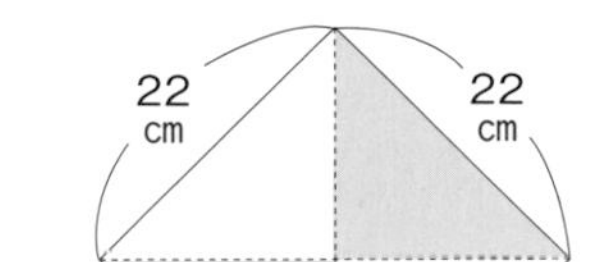

B＝8片（接縫成4片）

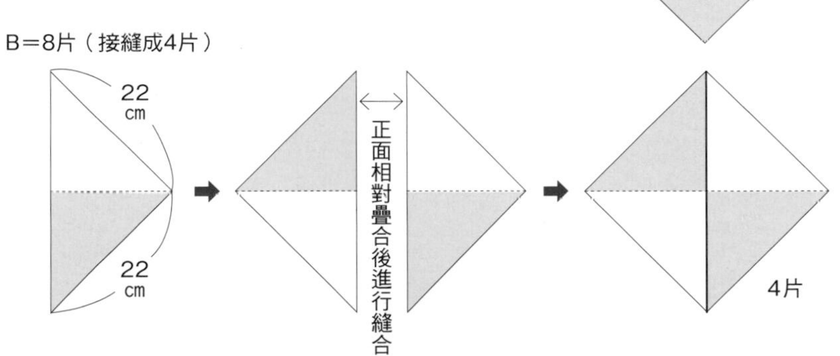

攝影／藤田律子　山本和正

狗骨頭

圖案難易度

顧名思義，這是以「狗狗骨頭」意象完成的圖案。以正方形與六角形布片組合構成連續圖案的精美設計。配色重點為使骨頭形狀浮起，而顯得更加突出耀眼。請緊密地接縫或突顯每一個主題圖案，盡情地享受富於變化的製作樂趣。

指導／後藤洋子

鋁製口金手提包

以色彩繽紛的印花布，完成華麗耀眼的手提包。以相同花色布片分別完成主題圖案，配色時交互表現主題圖案方向。若以不同花色布片，形成色彩差異，即便緊密接縫主題圖案，完成的配色也顯得十分協調亮眼。

設計・製作／後藤洋子　25.5×39㎝　作法P.103

67

橫向並排一片分量的主題圖案，完成後片袋身，與底色形成色彩差異，主題圖案形狀顯得更加鮮明耀眼。

袋口可如圖示般大大地敞開，這就是鋁製口金的最大特徵。袋口形狀挺立，外形漂亮的手提包。

適合出門散步使用的
手提肩背兩用包

與底色形成明顯的色彩差異，朝著相同方向配置主題圖案，精心配色使圖案浮出，完成大口袋，組合於前側袋身。前側袋身右邊安裝拉鍊作為袋口，上部抓褶，摺疊脇邊，完成優雅時尚外形。袋身與袋底以捲針縫進行接合。

設計・製作／西山幸子　　27.5 × 22㎝
作法P.67

接縫袋口布時，
夾縫D型環吊耳。

後側袋身組合4片主題
圖案貼布縫小口袋。

區塊的縫法

拼接A布片與4片B布片，完成4個八角形小區塊，拼接A布片後，周圍接縫C與D布片，彙整成正方形區塊。進行鑲嵌拼縫時，分別以珠針固定各邊，避開縫份，縫至記號。這是縫份重疊部分較多的圖案，縫份倒成風車狀會顯得更加清爽俐落。

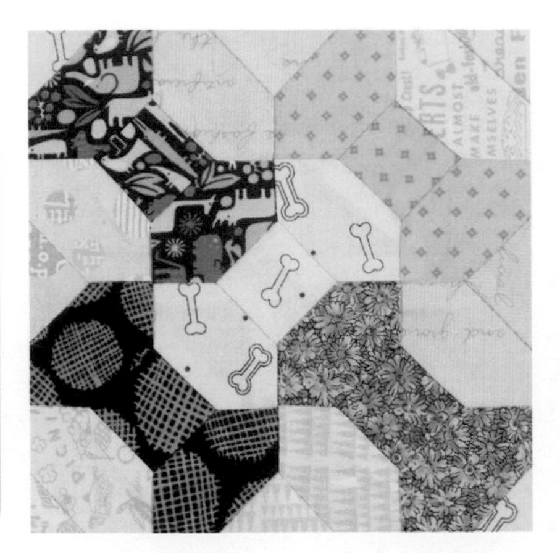

＊縫份倒向

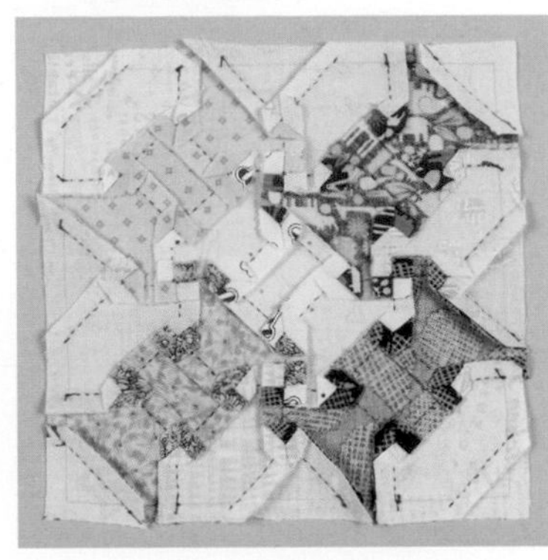

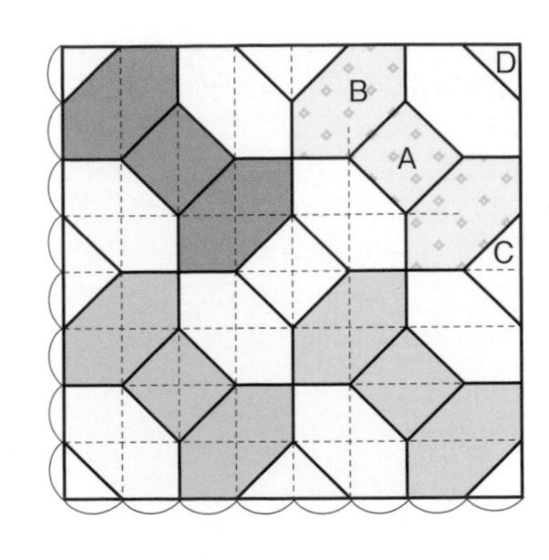

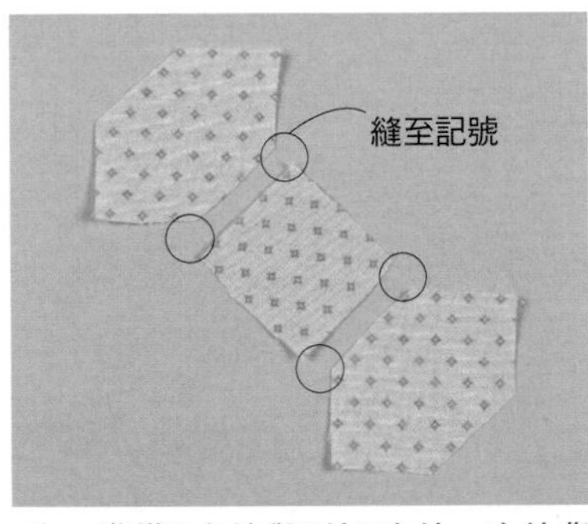

1 準備A布片與2片B布片。布片背面疊合紙型，以2B鉛筆或手藝用筆等作記號，預留縫份0.7㎝，進行裁布。

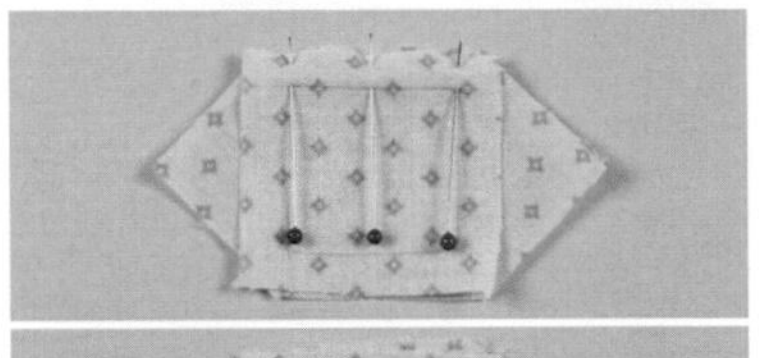

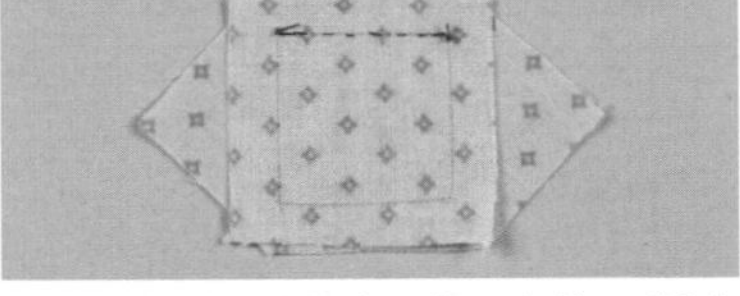

2 正面相對疊合A與B布片，對齊記號，以珠針固定兩端與中心。由記號開始，進行一針回針縫後，進行平針縫，縫至記號，再進行一針回針縫。

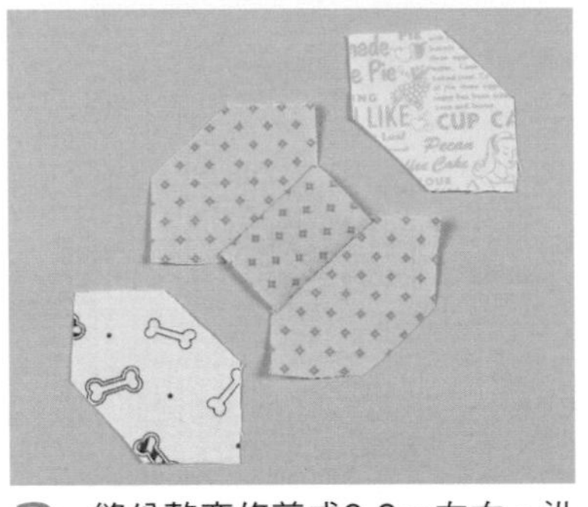

3 縫份整齊修剪成0.6㎝左右，沿著縫合針目摺疊後，倒向其中一側。縫份倒向A布片側。準備2片B布片，以鑲嵌拼縫進行接合。

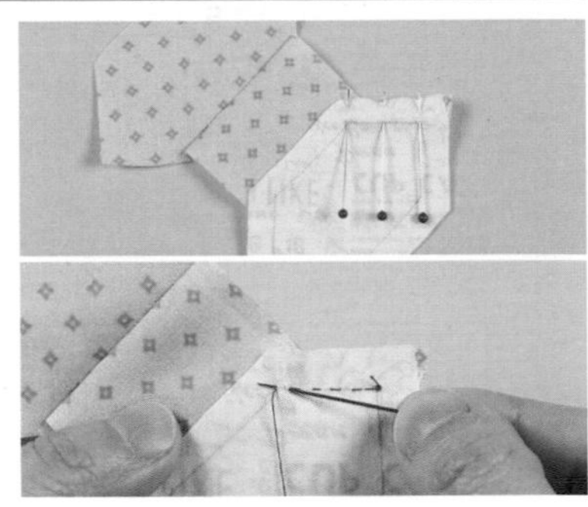

4 正面相對疊合小區塊與B布片，對齊一邊的記號，以珠針固定。由記號縫至角上記號為止，進行一針回針縫。

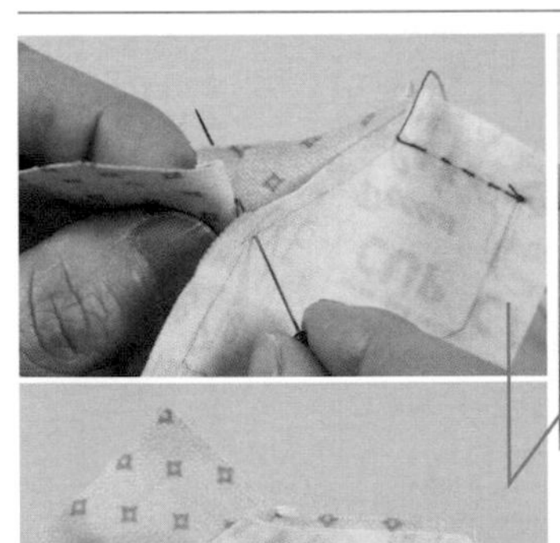

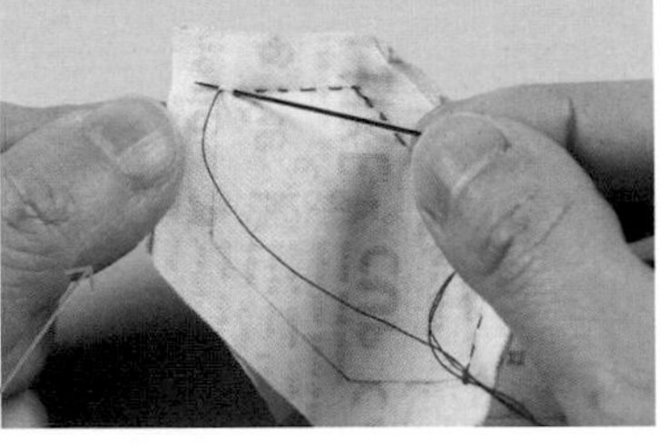

5 暫休針後，以珠針固定下一邊。避開A布片的縫份。縫至記號後，進行一針回針縫，再以相同方法對齊下一邊，以珠針固定，縫至記號，進行一針回針縫。

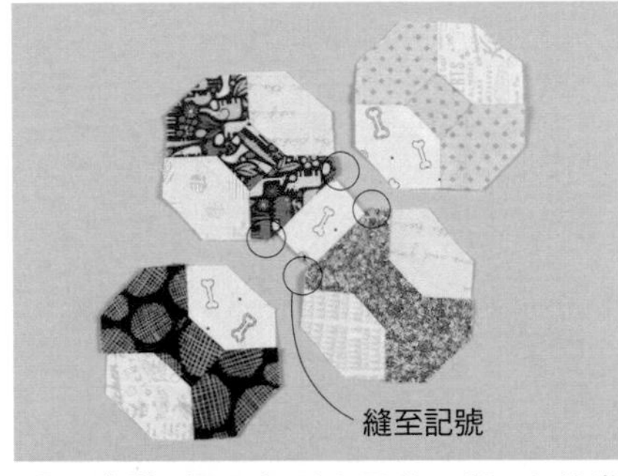

6 準備4個八角形小區塊，與A布片進行接合。首先接合2個對角狀小區塊與A布片，由記號縫至記號。縫份一起倒向小區塊側。接著進行鑲嵌拼縫，接合另外2個小區塊。

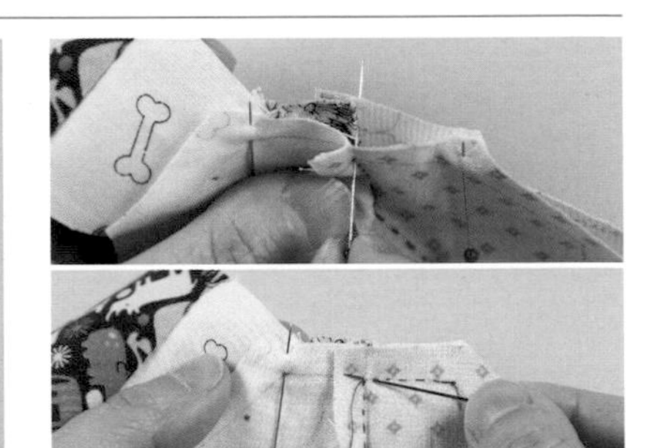

7 正面相對疊合A布片與小區塊，對齊一邊的記號，避開縫份，以珠針固定角上、接縫處。固定接縫處時，也看著正面。由記號開始縫起，接縫處進行一針回針縫。

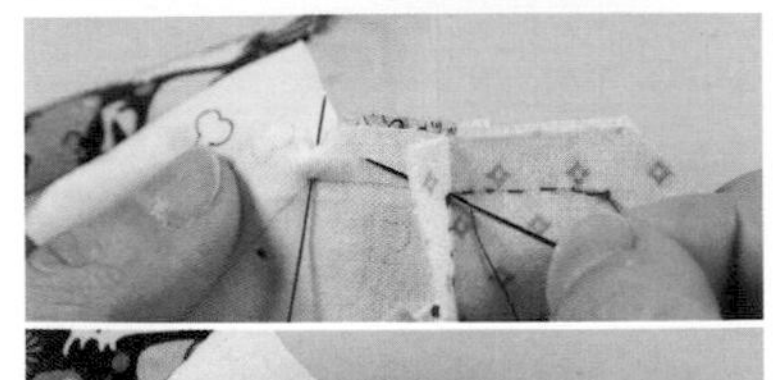

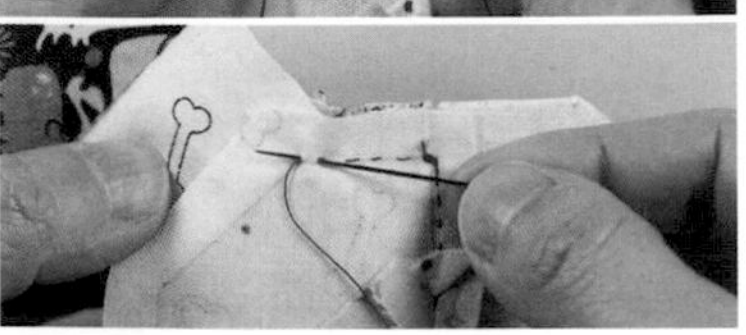

8 縫針由角上記號穿入，由下一邊的角上穿出，縫至記號後，進行一針回針縫。以相同作法接合另外兩邊。

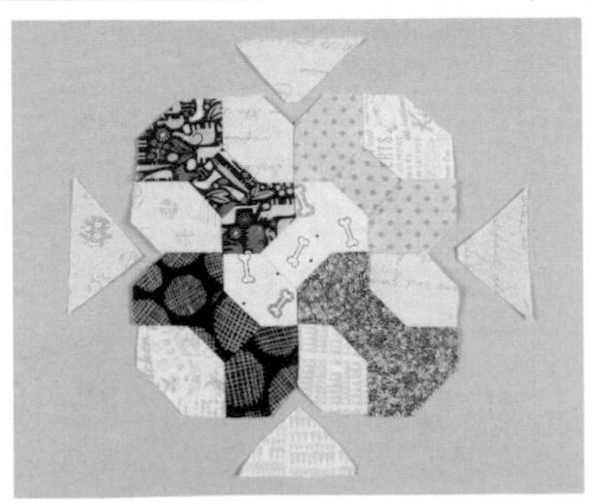

9 凹處以鑲嵌拼縫接合C布片。拼縫起點與終點由布端縫至布端也沒關係。

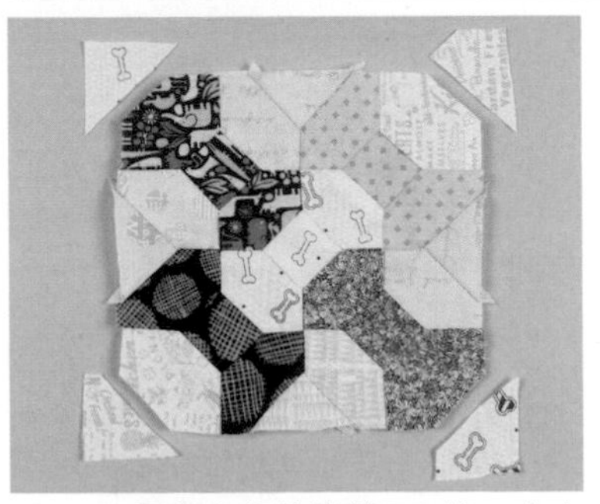

10 四個角上部位接縫D布片。由布端縫至布端。

接合多個區塊時

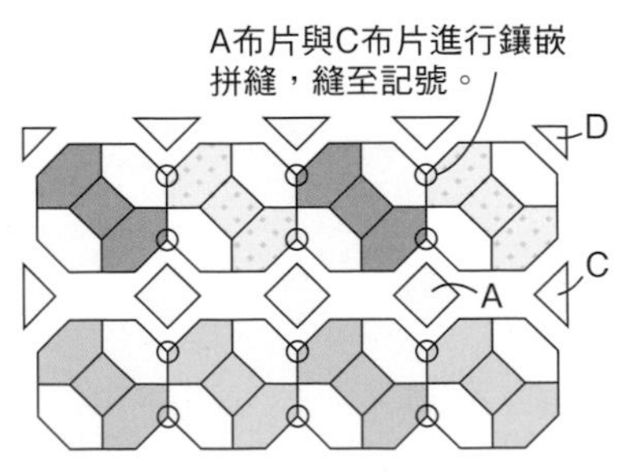

橫向接縫八角形小區塊，A布片與C布片進行鑲嵌拼縫，角上接縫D布片。

P.65 手提肩背兩用包

手提肩背兩用包裁布圖（單位：cm）
※除了註記為原寸裁剪外，其餘皆需外加縫份。

● 材料

各式拼接用布片　表布用圓點圖案布110×35cm（包含袋口布、吊耳部分）　鋪棉90×30cm　胚布100×30cm（包含底板用布部分）　滾邊用寬3.5cm斜布條120cm　接著襯20×5cm　內尺寸1.1cm D型環2個　寬2cm提把用織帶30cm　長130cm肩背帶1條　底板22×9cm　長25cm塑鋼拉鍊1條

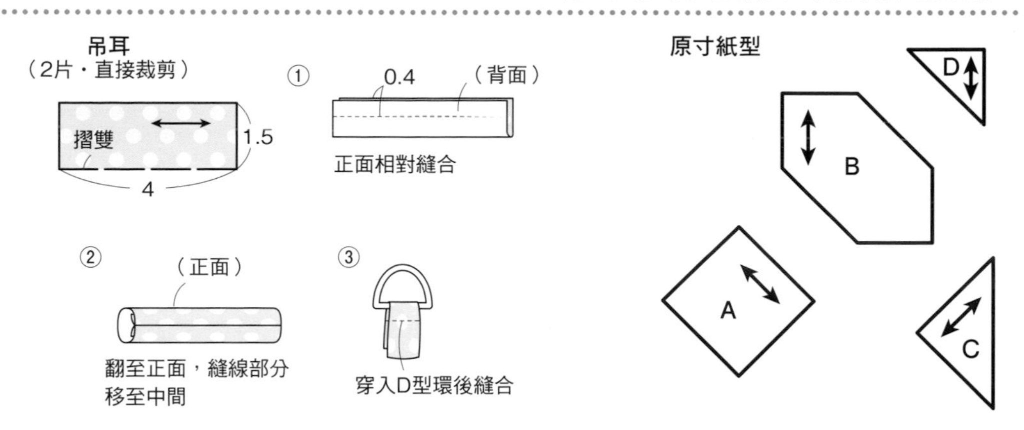

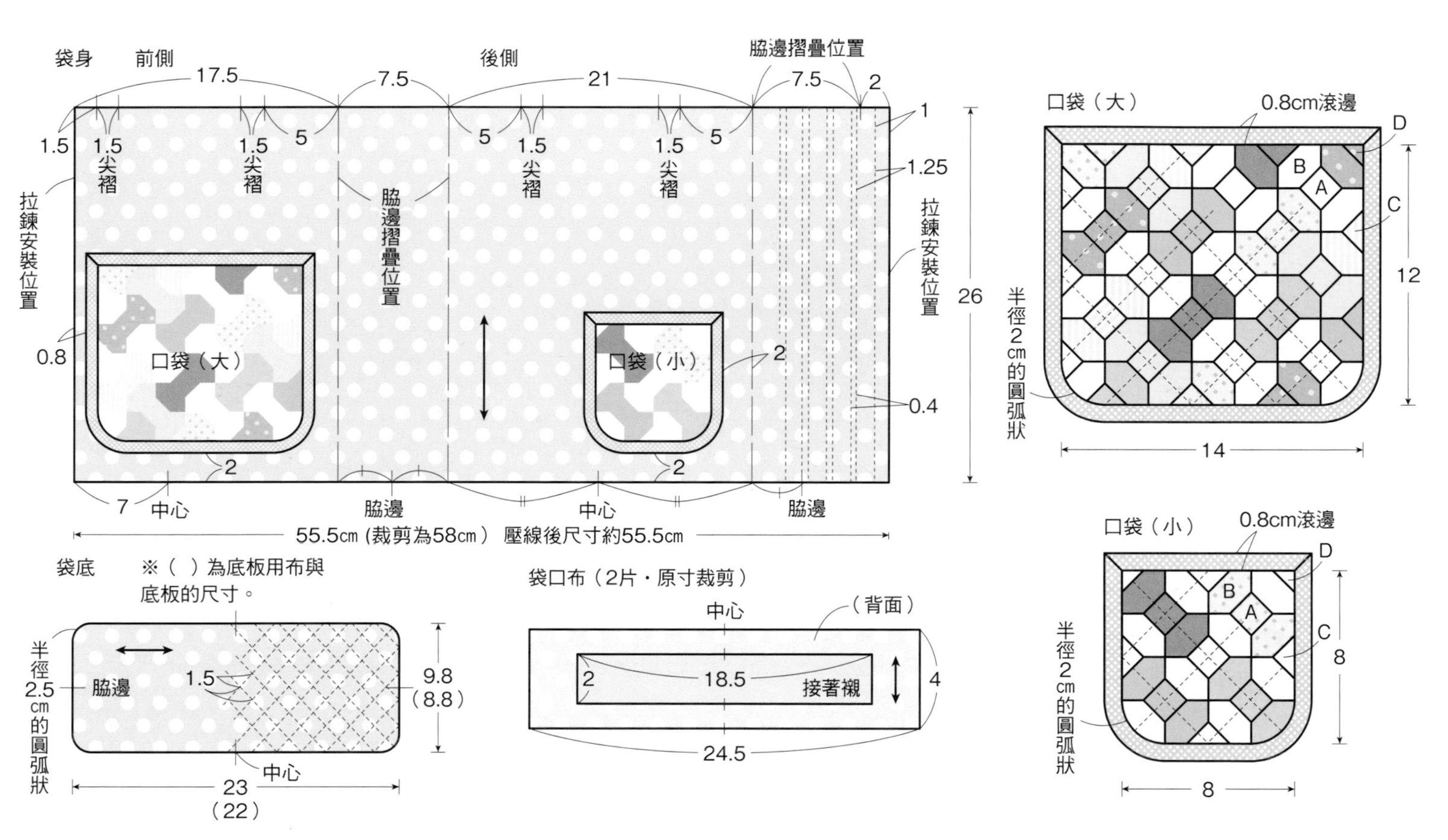

1　袋身描畫壓縫線。

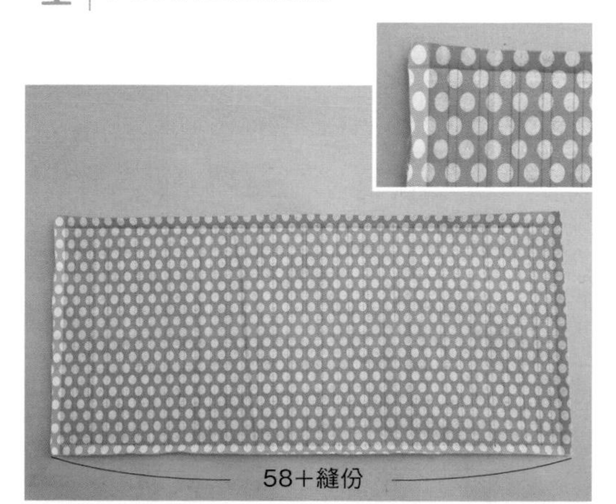

袋身用布背面描畫完成線，預留縫份，進行裁布。沿著完成線摺出褶痕，布片正面擺放定規尺，描畫壓縫線。

2　疊合3層進行縫合。

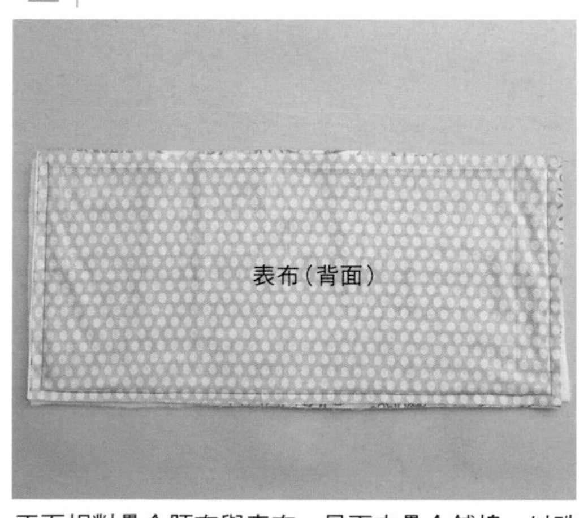

正面相對疊合胚布與表布，最下方疊合鋪棉，以珠針固定。預留上邊，沿著記號進行車縫。

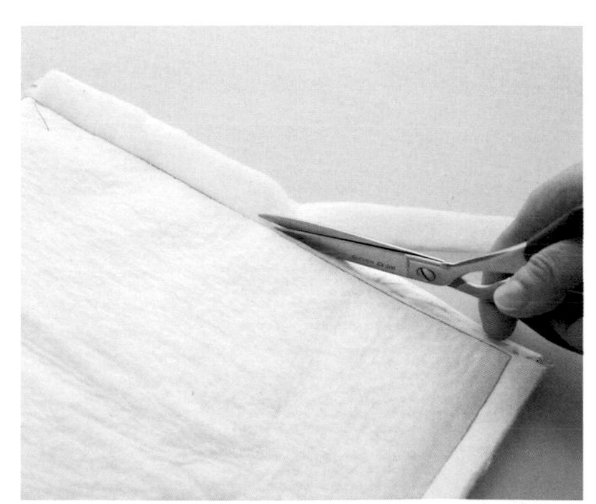

沿著縫合針目邊緣修剪鋪棉。

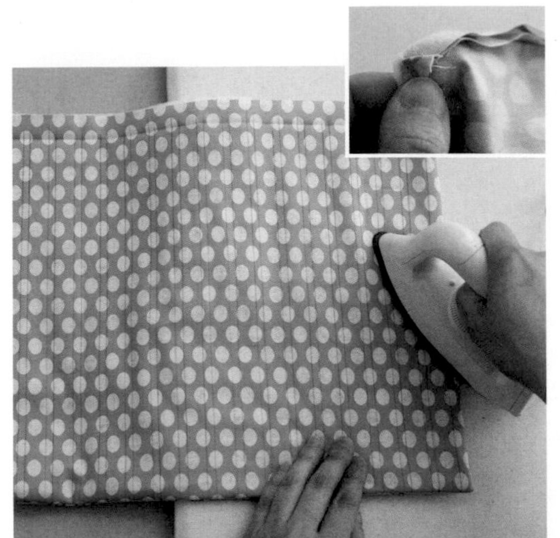

翻向正面，調整形狀，以熨斗壓燙，使縫份更服貼。沿著縫合針目摺疊角上縫份，以手指壓住，確實地翻向正面，角上部位翻得更漂亮。

3 進行疏縫。

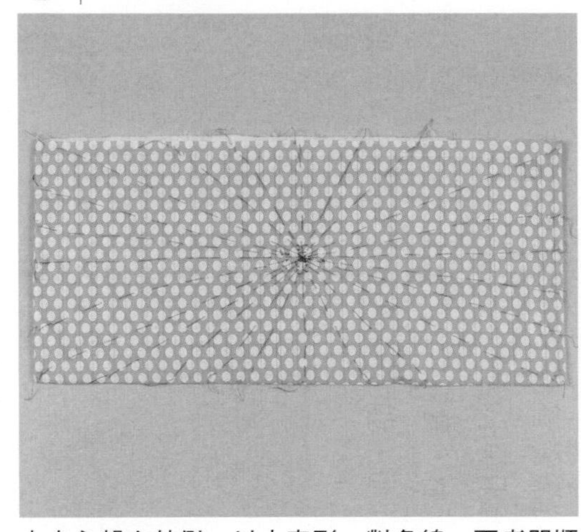

由中心朝向外側，以十字形→對角線→兩者間順序，依序進行疏縫。

4 進行壓線。

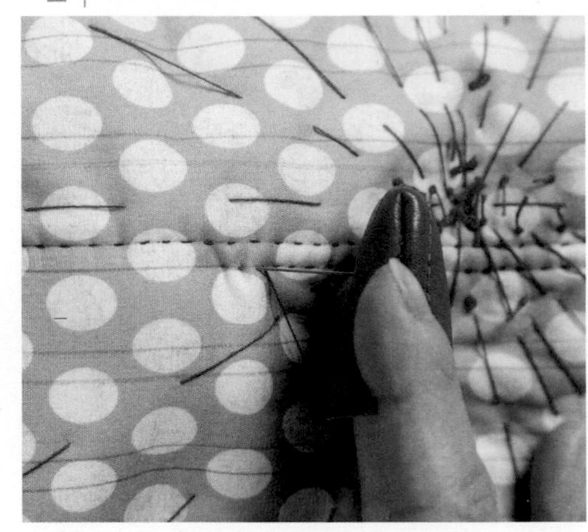

首先，由上往下沿著中心線完成1道壓線。接著進行右側、左側壓線。慣用手中指套上頂針器，一邊推壓縫針，一邊挑縫三層，更容易縫出整齊漂亮的針目。

5 製作袋底。

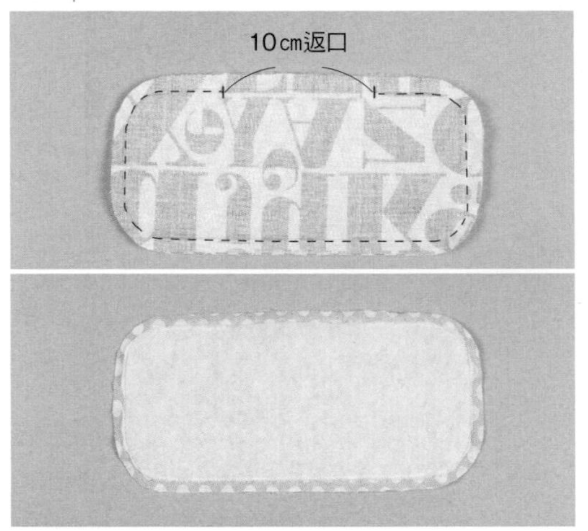

表布與胚布描畫壓縫線後，正面相對疊合，下方疊合鋪棉，預留返口，縫合周圍。沿著縫合針目邊緣修剪鋪棉。

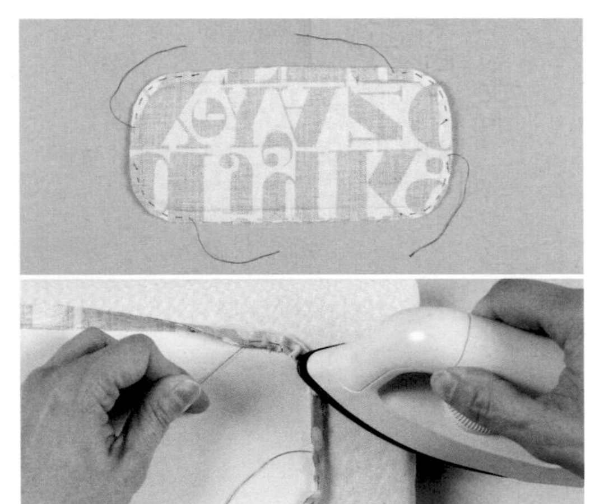

4個曲線部位縫份分別進行平針縫。疊合紙型，一邊拉緊縫線一邊壓燙，燙出縫份的褶痕。

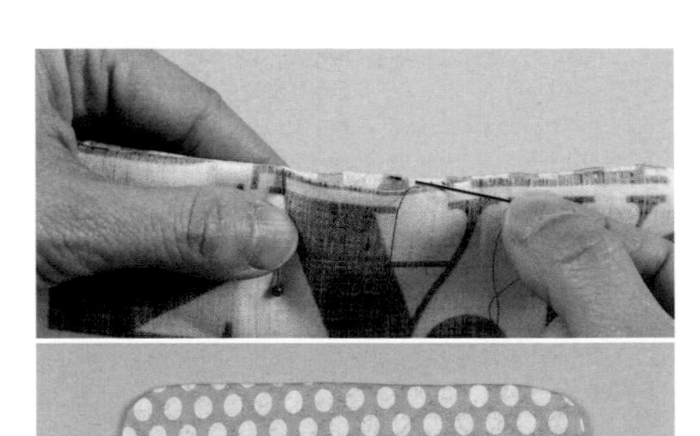
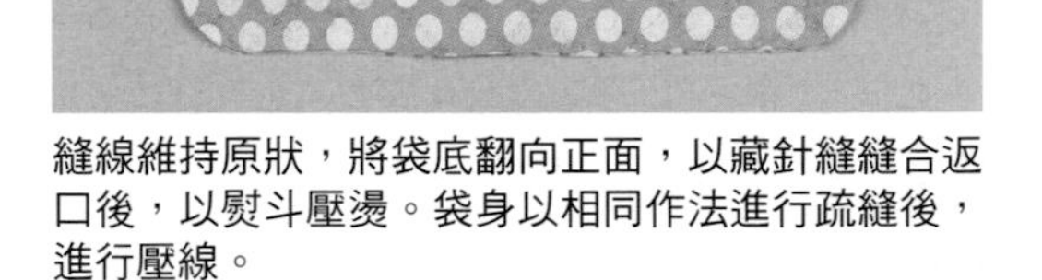

縫線維持原狀，將袋底翻向正面，以藏針縫縫合返口後，以熨斗壓燙。袋身以相同作法進行疏縫後，進行壓線。

6 製作口袋。

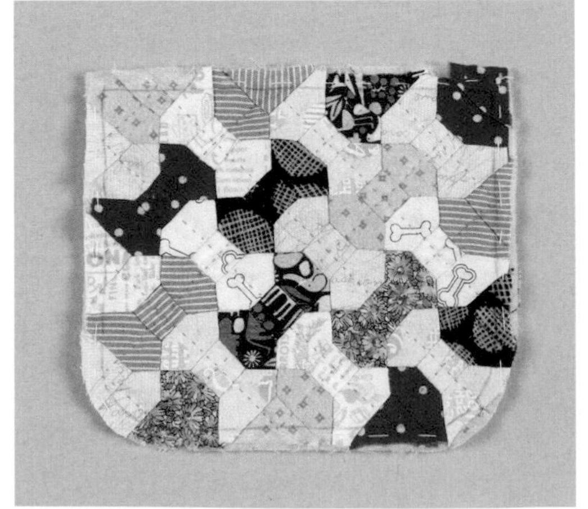

拼接A至D布片，完成表布。疊合鋪棉、胚布，進行疏縫，完成壓線，正面描畫完成線。

距離邊緣0.8㎝，在原寸裁剪成寬3.5㎝的斜布條背面描畫記號。正面相對疊合斜布條，對齊完成線與記號，以珠針固定。曲線部位請細密地固定珠針，斜布條邊端摺疊約1㎝。

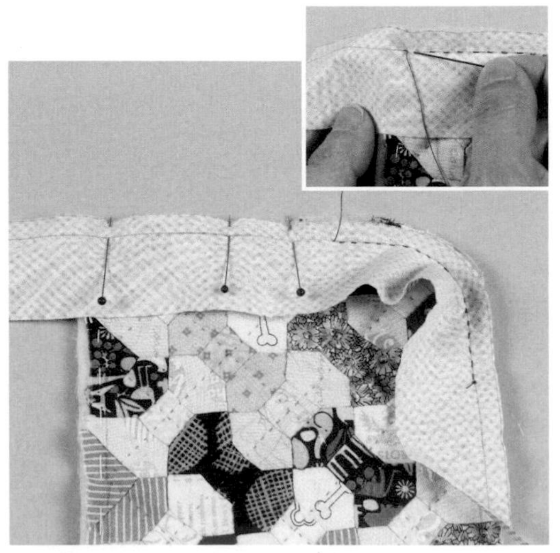

由距離斜布條邊端約7、8㎝處開始縫合。縫至角上部位後，進行一針回針縫。

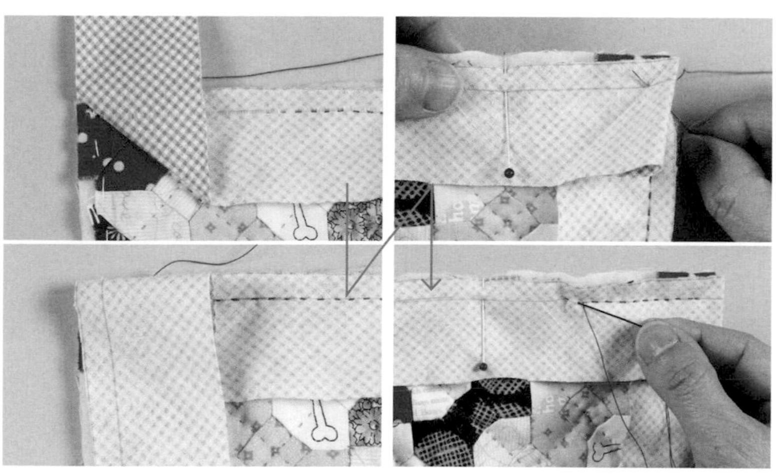

暫休針，斜布條往上摺疊成45度，沿著記號邊緣，確實地摺疊（左上），然後沿著下一邊摺疊（左下）。對齊記號，以珠針固定，縫針由記號穿出後開始縫合。

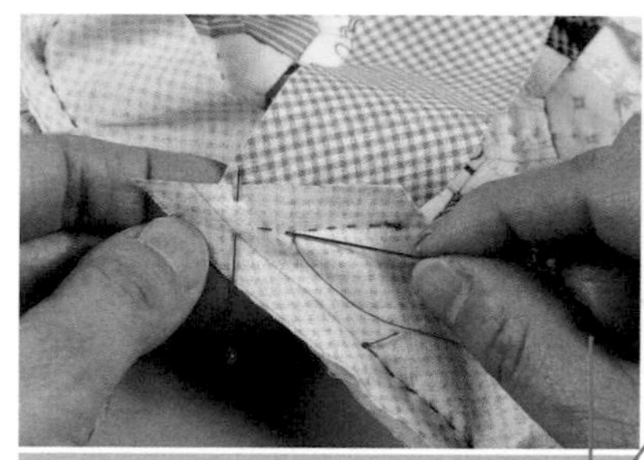

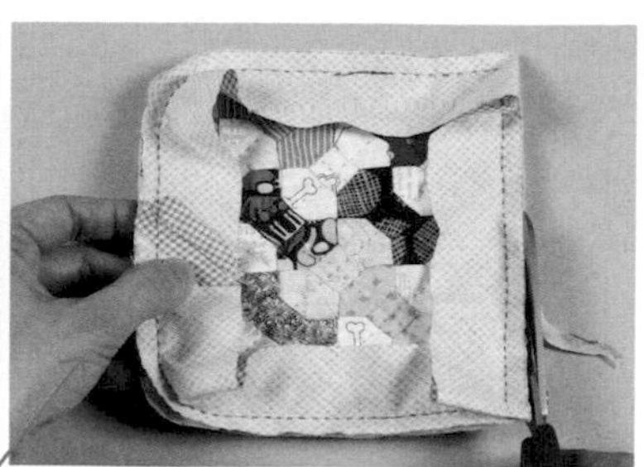

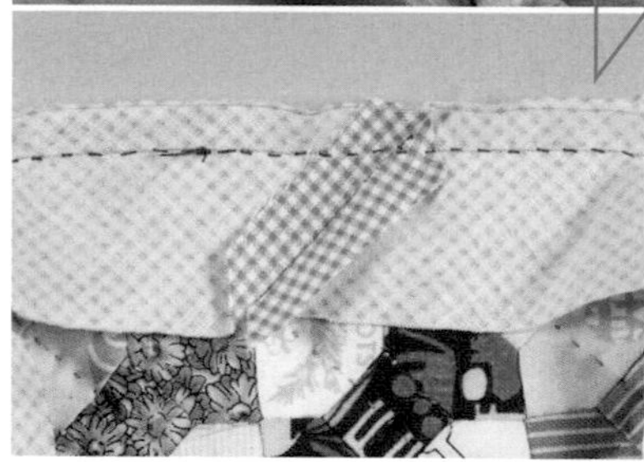

縫合一圈後，正面相對疊合斜布條的縫合起點，以珠針固定（左）。邊開縫份，裁掉多餘的部分後，縫至最後（左下）。沿著斜布條邊端裁掉多餘的縫份。

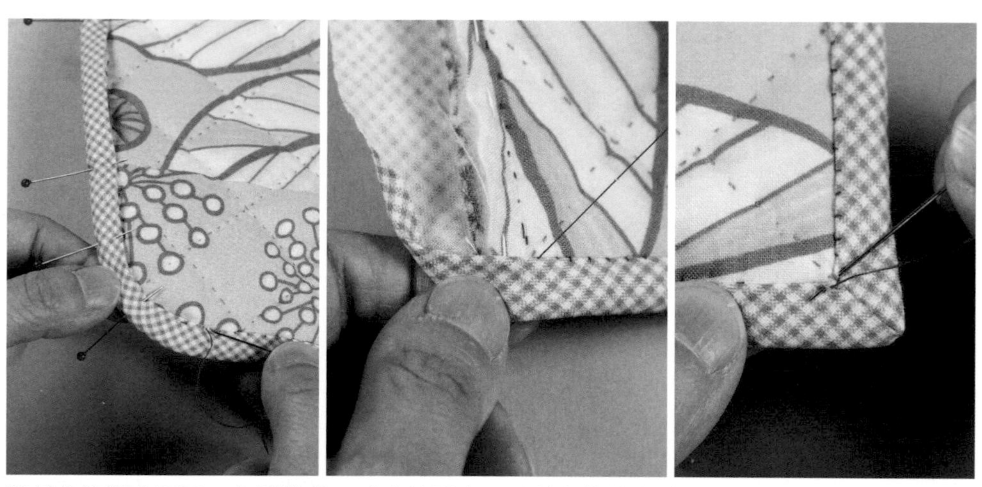

將斜布條翻向正面，包覆縫份，以珠針固定。以斜布條縫合針目為大致基準，進行藏針縫（左）。縫至角上部位後，暫休針，以相同作法包覆下一邊，重疊角上部位，調整為45度後，以珠針固定。在重疊部位挑縫一針後才進行後續縫合。

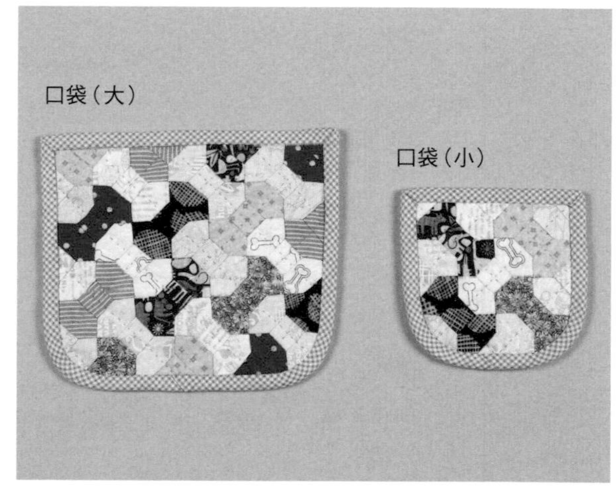

完成口袋（大）。以相同作法完成口袋（小）。

7 將口袋組合於袋身。

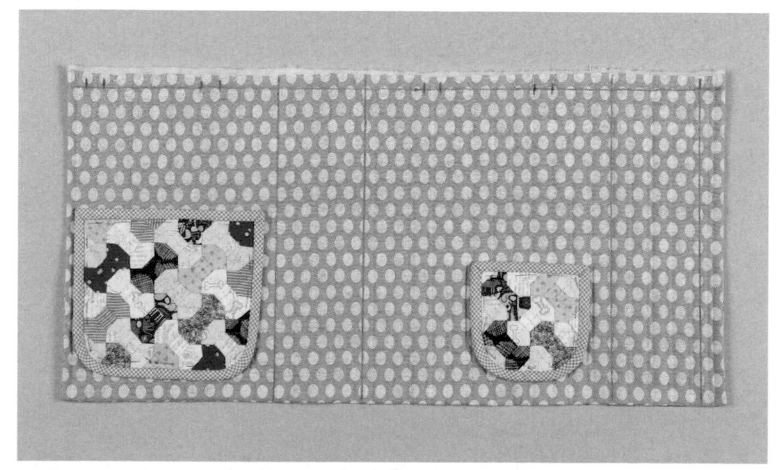

在袋身作記號，標註尖褶與脇邊的摺疊位置、口袋組裝位置。

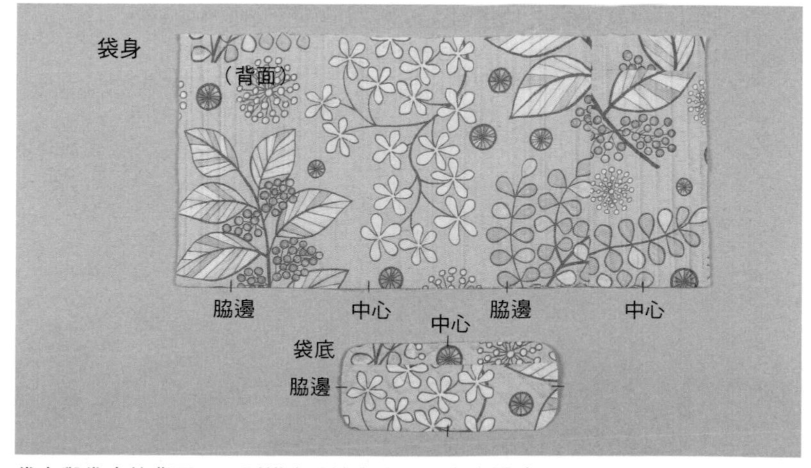

袋身與袋底的背面，分別描畫脇邊與中心的合印記號。

8 袋身安裝拉鍊。

在口袋滾邊部位邊緣挑針進行藏針縫。縫合袋口以外部分。維持疏縫狀態。

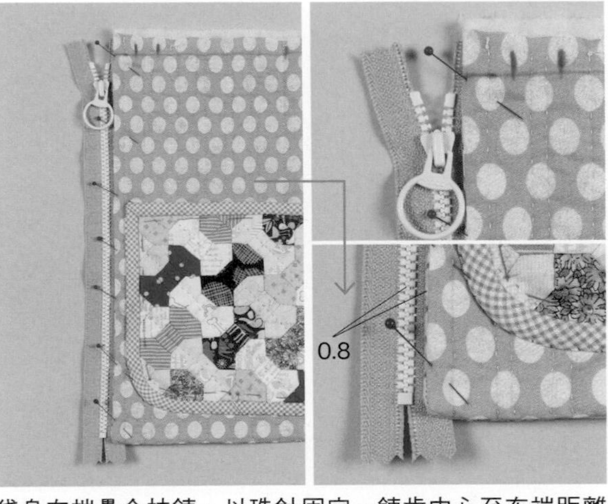

袋身左端疊合拉鍊，以珠針固定。鍊齒中心至布端距離0.8㎝，拉鍊的上止縫、下止縫與布端則位於大致相同的位置。

改換成拉鍊用壓布腳，進行車縫。車縫靠近時取下珠針。再將拉片往上錯開，縫至邊端。

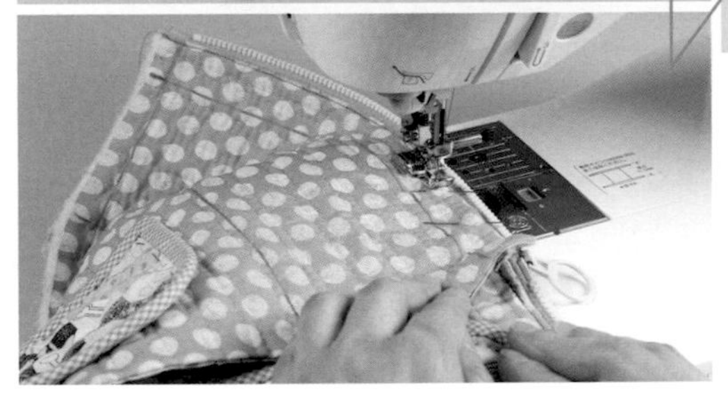

將袋身接縫成圈，右端疊合拉鍊，以珠針固定，進行車縫。袋身已接縫成圈，因此由拉開拉鍊側進行車縫稍微拉上拉鍊，以手拉撐袋身，避免車縫到旁邊部分，繼續縫至布端。

9 疏縫固定上部尖褶。

4處尖褶分別摺疊後疏縫固定。接著對齊脇邊記號，同樣摺疊後疏縫固定。

10 縫合袋身與袋底。

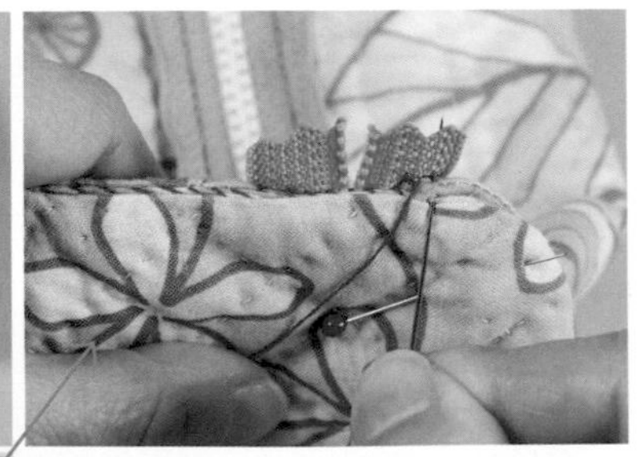

正面相對疊合袋身與袋底，對齊合印記號與兩者間，以珠針固定。只挑縫表布，進行捲針縫。縫針也穿縫拉鍊布，一起縫合固定。

11 製作底板，組合固定於袋底。

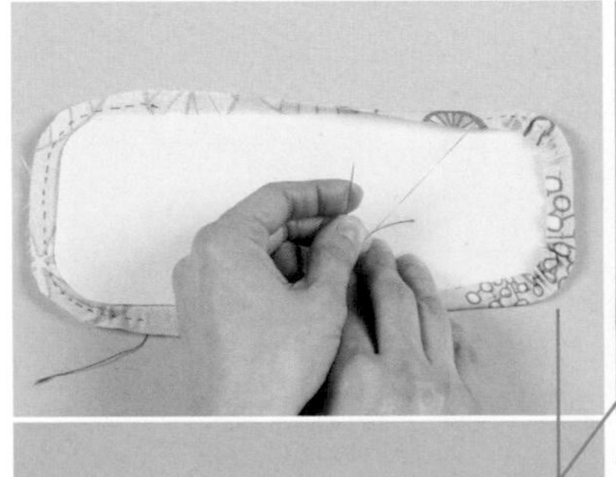

雙面膠帶

底板用布的曲線部位縫份進行平針縫，疊合底板，拉緊縫線後打結。黏貼布用雙面膠帶以固定底板與縫份。撕掉背紙，疊合於袋底後貼合。

12 袋口布接縫提把。

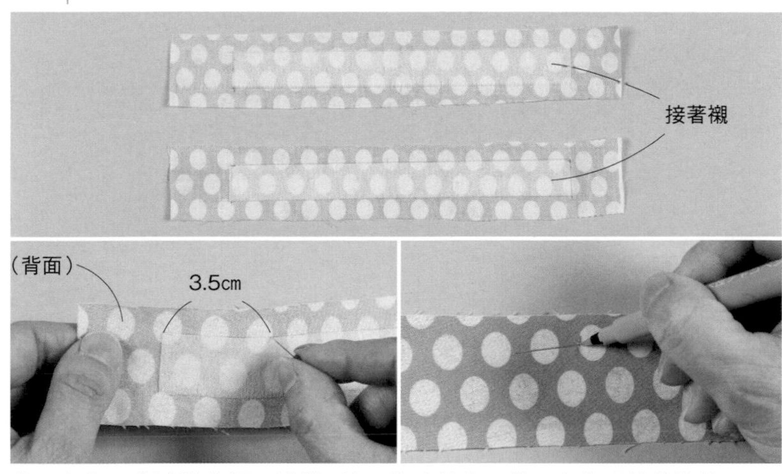

袋口布背面黏貼接著襯，準備2片。將珠針穿入袋口布背面接著襯的3.5cm處，接著以筆在正面作記號，標註提把接縫位置，另一側也以相同作法作記號。

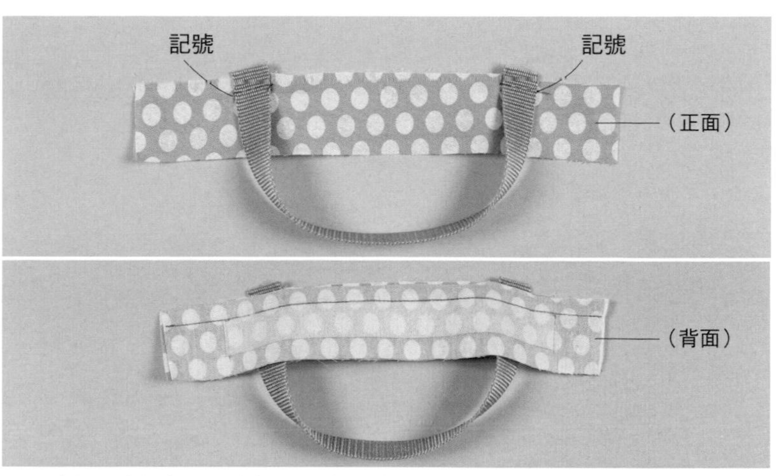

以記號為大致基準，疊合提把，進行疏縫。正面相對疊合另1片袋口布，沿著接著襯邊緣進行車縫，由布端縫至布端。

13 縫合袋身與袋口布。

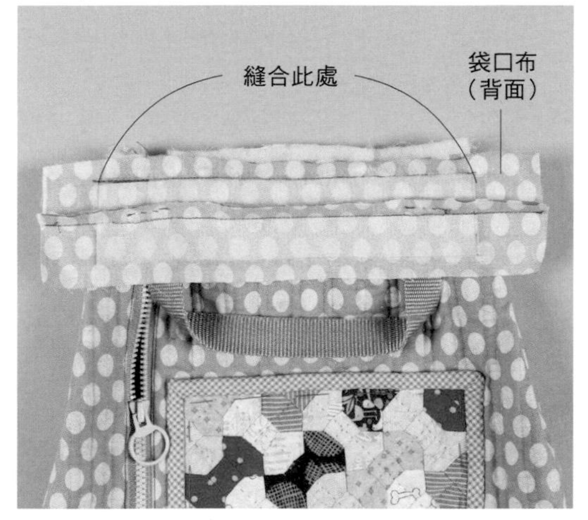

沿著縫合針目，將袋口布翻向正面，鋪平袋身，對齊袋口記號與接著襯邊端，以珠針固定，進行疏縫，沿著接著襯邊緣，進行車縫，由袋身的袋口邊端縫至邊端。

整齊修剪縫份，沿著縫合針目，將袋口布翻向正面。

沿著袋身的袋口，朝著內側摺疊袋口布邊端，以珠針固定。吊耳穿套D型環，疊合於中央，沿著D型環邊緣，進行疏縫固定。

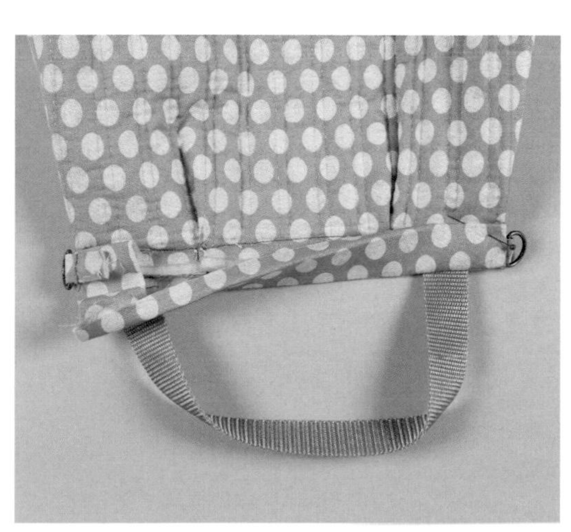

摺疊2片袋口布的接縫部分，沿著接著襯摺疊縫份，以縫合針目為大致基準，疊合後以珠針固定。

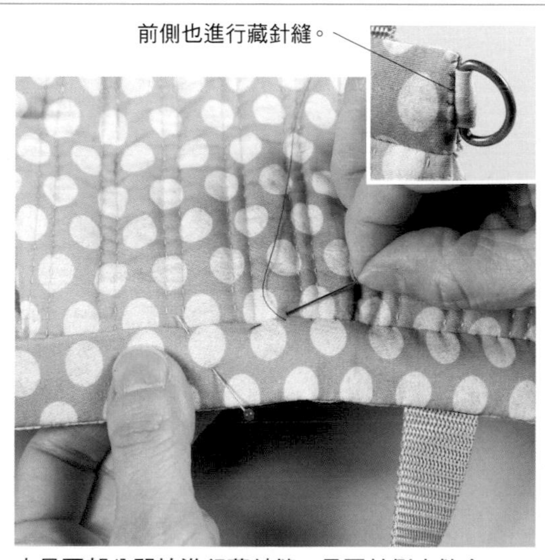

由吊耳部分開始進行藏針縫。吊耳前側也縫合。

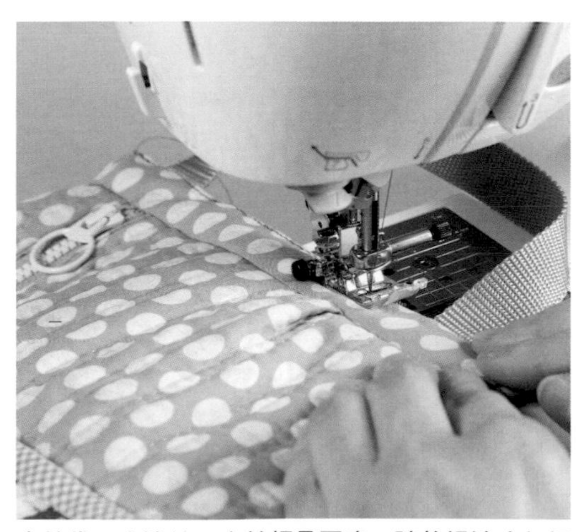

車縫袋口布邊端。由於頗具厚度，請放慢速度仔細地車縫。

••••••拼接教室•••••• P44 希臘的十字架

如同花朵般漂亮的十字形圖案。配色時突顯梯形與正方形布片。以A至C布片拼接中心區塊，B至D布片完成2個對角區塊，再以鑲嵌拼縫彙整成一個圖案。進行鑲嵌拼縫時，分別以珠針固定每一邊，角上進行一針回針縫，完成角上部位完美接縫的漂亮圖案。

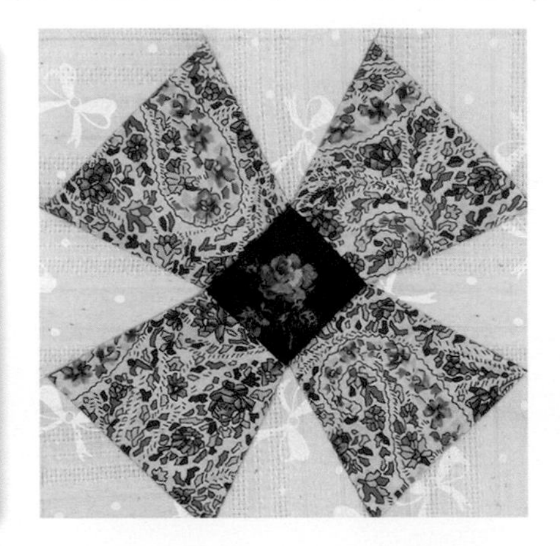

縫份倒向

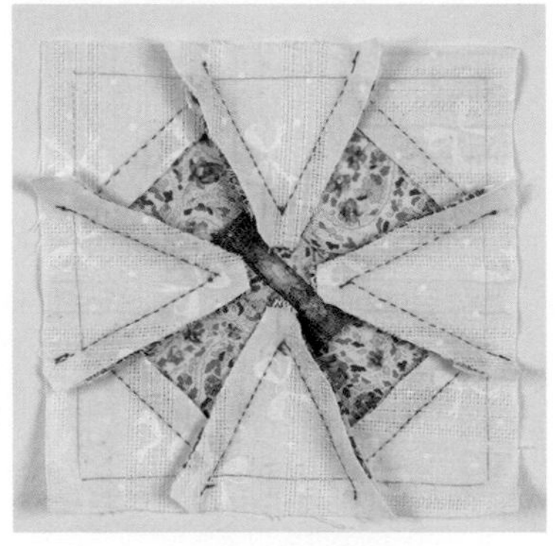

製圖方法

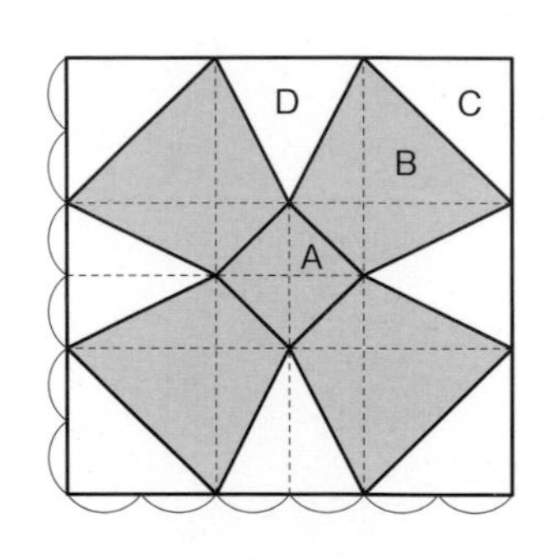

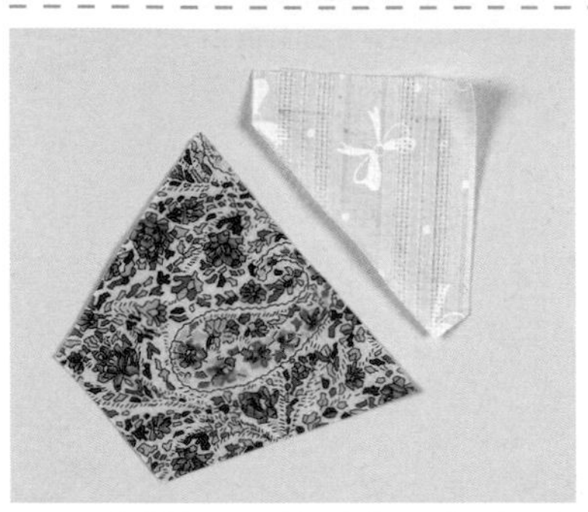

1 準備梯形B布片與三角形C布片。

2 正面相對疊合2片，以珠針固定兩端的記號、中心、兩者間，進行平針縫，由布端縫至布端。縫合起點與終點進行一針回針縫。縫份倒向B布片側。

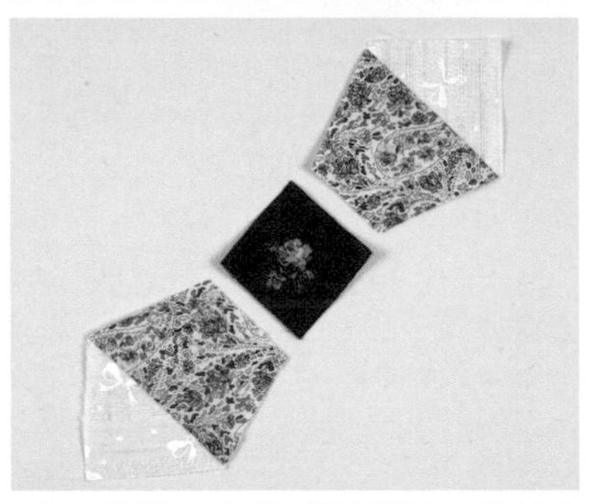

3 依圖示完成4個小區塊，將其中2片接縫於A布片兩側。

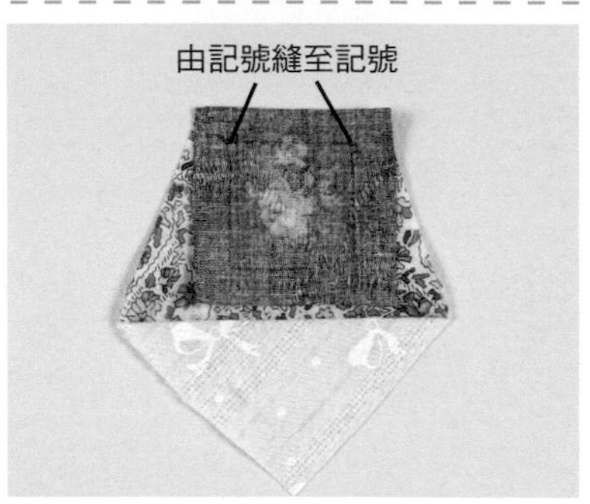

4 正面相對疊合步驟（2）的小區塊與A布片，由記號縫至記號。縫份一起倒向B布片側。

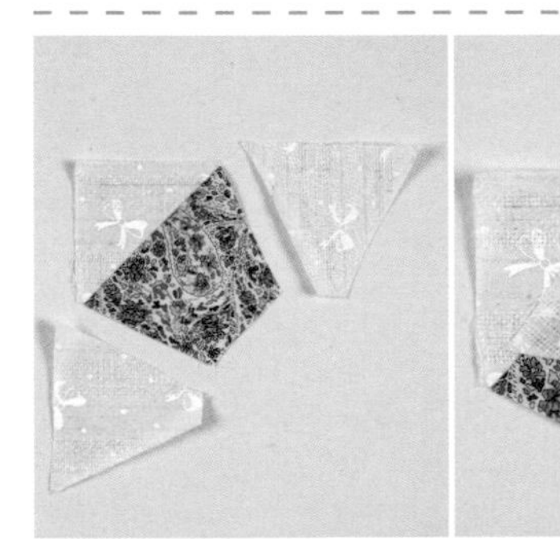

5 步驟2的小區塊兩側分別接縫D布片。正面相對疊合。由記號縫至布端。縫份倒向B布片側。

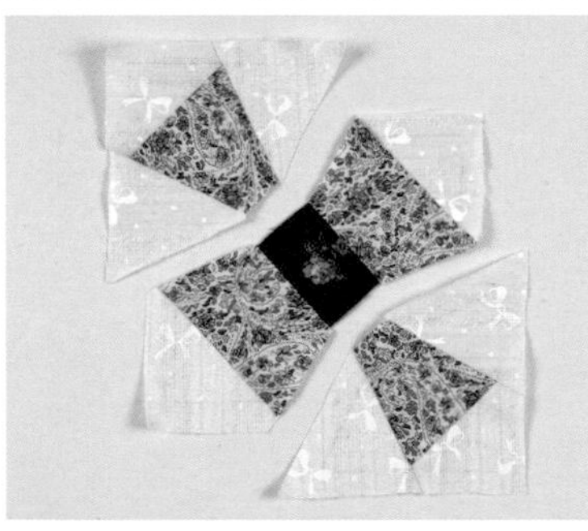

6 完成2片步驟5的小區塊，進行鑲嵌拼縫，縫於中心區塊的兩側，完成大區塊。

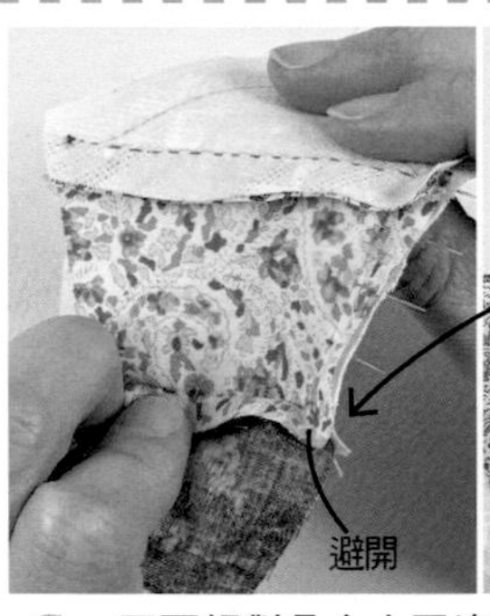

7 正面相對疊合大區塊，對齊第一邊，以珠針固定。此時避開中心區塊的縫份。

8 由布端縫至角上記號。角上進行一針回針縫。

9 暫休針，以珠針固定第二邊。縫針由角上記號穿入，由第二邊的角上穿出。

10 如同第一邊作法，縫合第二邊，角上進行一針回針縫。

11 縫針由第三邊角上穿出，縫至布端。縫份倒向中心區塊側。

P6 東西南北

將拼接2片三角形布片的區塊，配置於中心布片的四邊，區塊中三角形像箭頭似地指向東西南北的圖案。B布片拼接A布片，完成2個小區塊，接縫成4個正方形區塊，接合C布片，完成帶狀區塊，彙整成圖案。以珠針固定時，也確認正面，避免B布片缺角。配色時突顯B布片。

縫份倒向

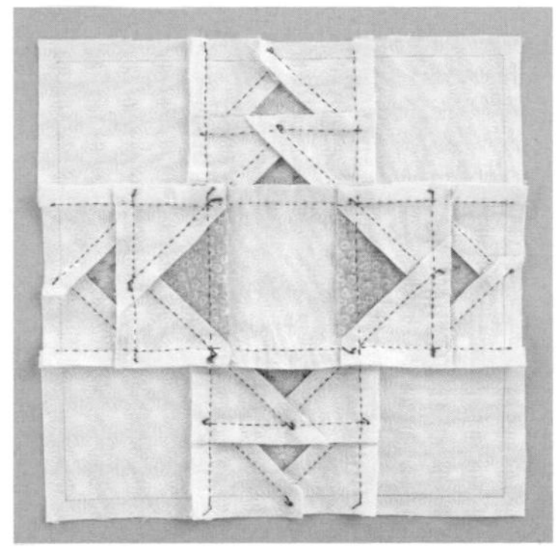

製圖方法

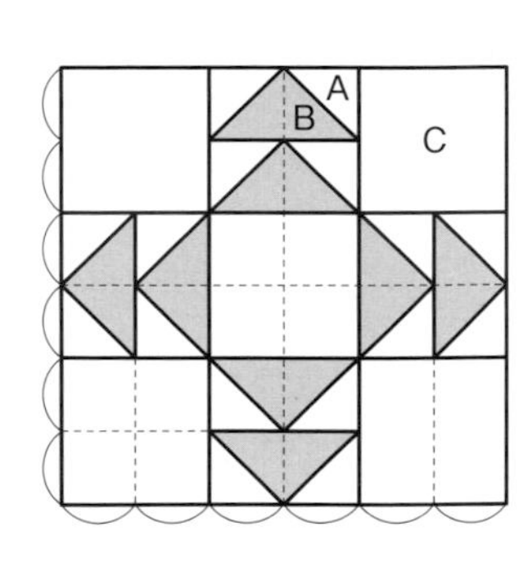

1 布片背面疊合紙型，作記號後，預留縫份0.7cm，進行裁布，完成2片A布片，1片B布片。

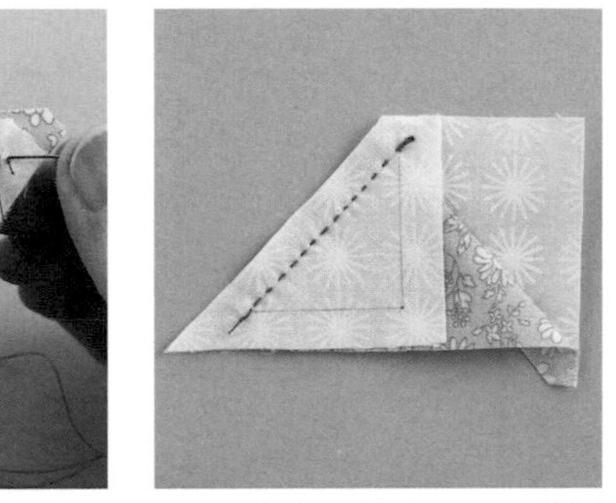

2 正面相對疊合A布片與B布片，對齊記號，以珠針固定兩端與中心。進行平針縫，由布端縫至布端。縫合起點與終點進行一針回針縫。

3 整齊修剪縫份，一起倒向B布片側後，正面相對疊合另一片A布片，以相同作法進行平針縫。

4 縫份一起倒向B布片側。依圖示完成2個小區塊。

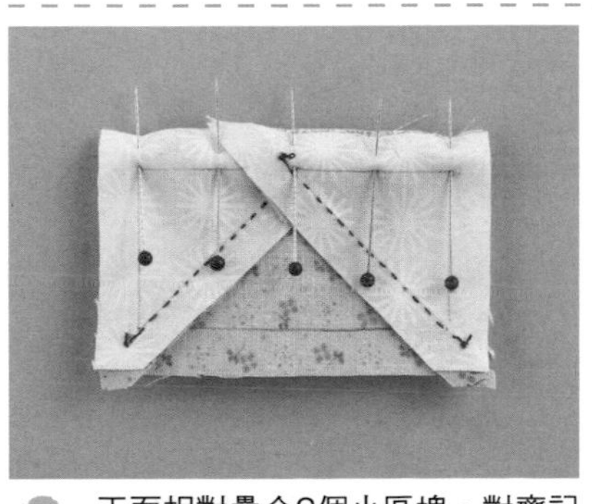

5 正面相對疊合2個小區塊，對齊記號，以珠針依序固定兩端、中心、兩者間。固定中心時，也看著正面，避免B布片缺角。

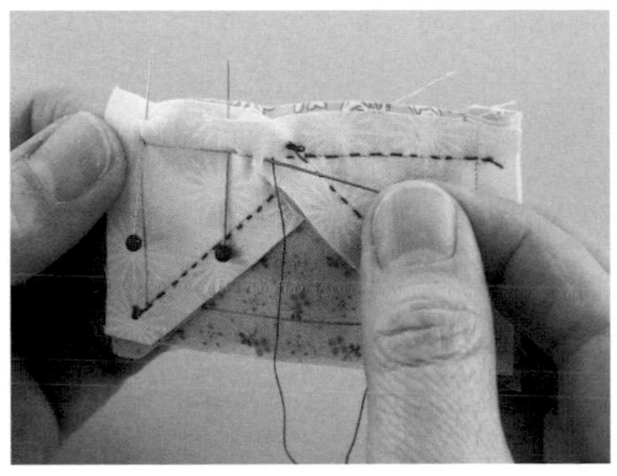

6 進行平針縫，由布端縫至布端。縫份倒向上方的小區塊。完成4個小區塊。

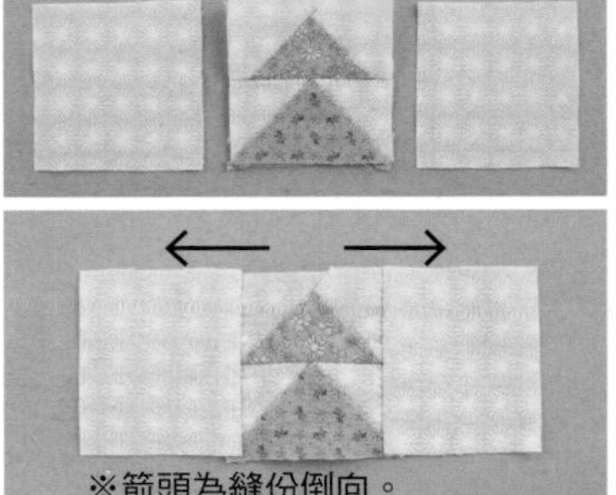

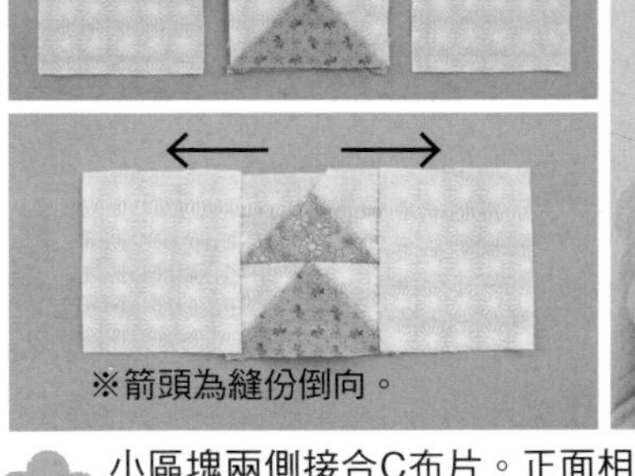

※箭頭為縫份倒向。

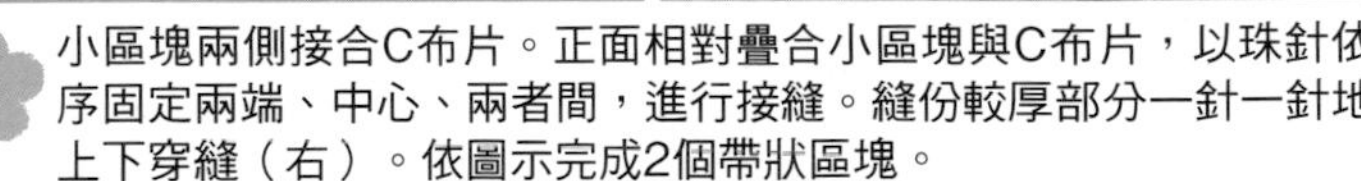

7 小區塊兩側接合C布片。正面相對疊合小區塊與C布片，以珠針依序固定兩端、中心、兩者間，進行接縫。縫份較厚部分一針一針地上下穿縫（右）。依圖示完成2個帶狀區塊。

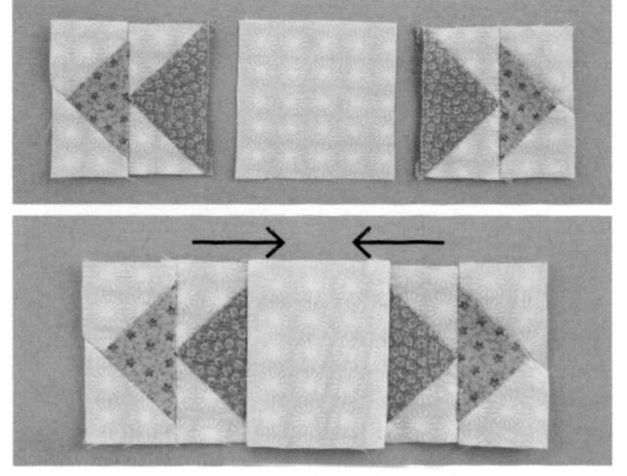

8 2個小區塊之間接合C布片。注意區塊方向，請不要弄錯。

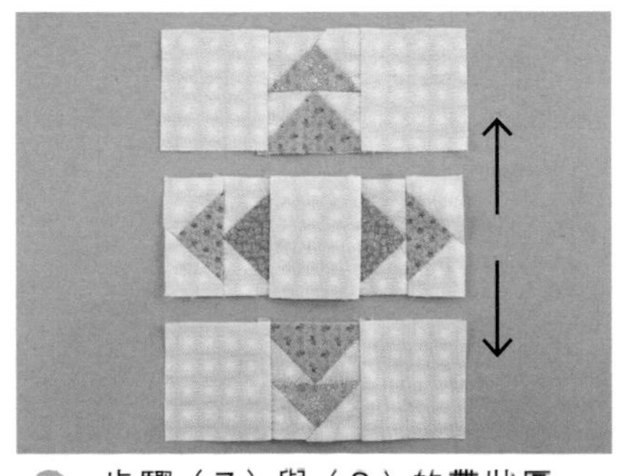

9 步驟（7）與（8）的帶狀區塊，依圖示並排後進行接合。

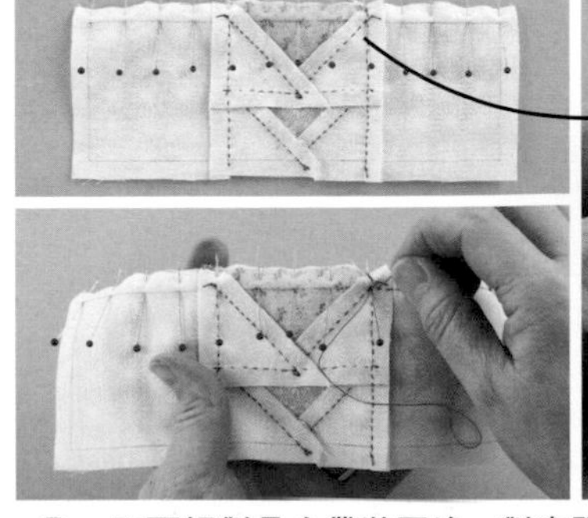

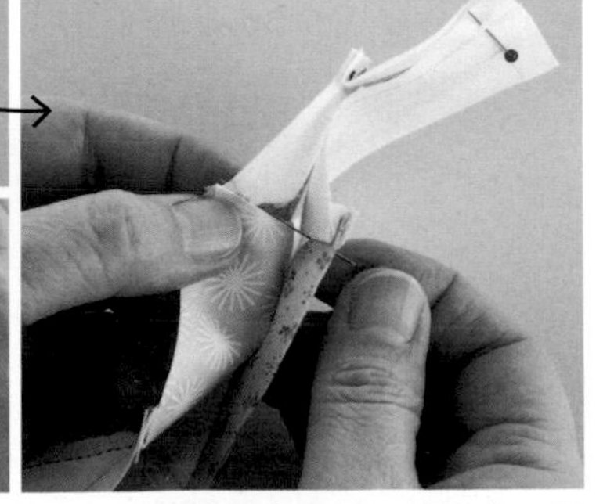

10 正面相對疊合帶狀區塊，對齊記號，以珠針固定兩端、接縫處、兩者間。固定接縫處時，也確認正面，避免錯開位置（右）。由布端縫至布端，接縫處進行一針回針縫。較厚部分上下穿縫。

小編直擊！

人氣手作家 Shinnie的拼布小屋

作品設計、製作、示範教學、作法文字、圖片提供／Shinnie
情境、採訪攝影／MuseCat Photography 吳宇童
執行編輯、單元企劃／黃璟安

推開白色的大門，庭園種植著各式花草，是Shinnie母親每日辛勤照顧的作品。

以可愛的貼布縫圖案手作，擄獲眾多拼布粉絲的心，激盪起大家對於貼布縫的喜好，再度帶動起全台「貼布瘋潮」的Shinnie，在2021年的春天出版了最新著作《Shinnieの拼布禮物》。

據說許多讀者翻出珍藏的小布片，開始在家認真拼縫專屬自我風格的手作心意，都在網路上的手作社團與同好們分享每一件喜悅呢！

本期特別企劃前往人氣手作家Shinnie位於台北市永康街的手作小屋，一探作品們溫馨的家，跟著小編一起發現更多貼布縫的設計小角落吧！

Shinnie
網路作家・拼布職人
部落格：blog.xuite.net/shinnieshouse/twblog
粉絲頁：www.facebook.com/ShinniesQuiltHouse
購物網：www.shinniequilt.com/

與人氣手作家 Shinnie 的對話日常

（編＝小編　S=Shinnie）

編：何時開始接觸拼布？覺得貼布縫的魅力在於？

S：回首接觸拼布也有20多年的光景了，一個興趣能維持這麼長久的時間，一定有她獨特的魅力，拼布的魅力，對我來說莫屬貼布縫，從早期接觸的日式風格，到後來鍾情的美式鄉材風格，因為是手作，所以吸引我的注目與想嘗試的心，一頭栽進去，動手縫了二十年的光景，依舊魅力無限，想法源源不絕，我覺得貼布縫的魅力在於可以貼近生活，從生活中取材，每一個角落，每一個光景，都是一幅圖，將圖轉成手作，用心體會，用手力行，也能憑藉貼布縫將最美的光景留在身邊， 很開心也很滿足，我在貼布縫這塊花了時間與心思，能擁有一項喜歡的嗜好，持續不斷向前行進，無形中為生活增添了許多的繽紛色彩，在為生活奔波的同時，能夠靜下心，動動手，當下的平靜實屬可貴，願與你我共勉之。

編：創立拼布有約的初衷？為何會想要建立此活動？

S：接觸拼布後，便想在網路世界中，尋找拼布相關資訊。當時正流行著友誼拼布的活動，由版主提供作品主題，參加者依主題利用自己的布作出相同尺寸的作品，再交給版主，由版主組合成大作品，完成後捐給慈善單位義賣。這樣的作法，讓原本互不相識的大家，藉由拼布凝聚許多拼布同好，我也因而啟發與大家相約縫拼布的想法，讓分散在各地且互不相識的網友，藉由拼布這媒介聚在一起，共同分享手作。拜網路所賜，造就了這個可能，拼布有約至今已經舉辦了十多年！有舊友也有新友，每年的活動，不斷刺激與喚醒我們對拼布的熱情，經由一群熱愛貼布縫的朋友，希望能一年又一年的辦下去，提供給喜歡貼布縫的朋友們，持續向前的動力與舞台。

《Shinnieの拼布禮物》新書作品陳列於小屋內的展示櫃，讓前往參觀的訪客也能一睹作品風采。

出版的兩本著作《Shinnie的Love手作生活布調》、《拼布友約！Shinnieの貼布縫童話日常》。（雅書堂文化出版）

編：此次新書想要表達給讀者的想法，有想對讀者說的話嗎？

S：正當拼布這項手工藝正在世界快速退燒時，不僅台灣，相信在世界各地的拼布同好，應該都有感，或許是因為世界在變化，或是因為疫情的關係，原本大家喜愛的事，好像沒那麼愛了，很多想作的作品，在退燒的同時，也沒有動力繼續向前，此時因為出版社的邀約，又再次將我對拼布的熱情燃起，腦海裡開始構思著新書內容與方向，又有了莫名動力，在規劃作品，並享受手作過程時，將一件件作品完成，期待能讓大家有耳目一新的感覺，終於在今年初順利上市了，大家還滿意嗎？希望藉由這本新書，讓你的手作魂再度燃起，記得要去買書支持，唯有你們的支持才是我源源不絕的手作動力喔！（笑）

編：Shinnie作過特別的拼布禮物嗎？

S：說實話，我的作品都被收藏著，但隨著年紀漸長，就有了捨得的想法，周媽喜歡揹拼布包，天天揹，常常洗，就容易髒與舊，但無所謂，轉個念頭，動動手，一款新包就完成，現在對於手作有了不同的認知，不再不捨，而是在享受著手作的過程，還有收到禮物者的開心與感謝，未來的每一個節日，都會是你我拼布創作的無限動力。

▶採訪的這天，Shinnie與姐姐、媽媽共聚一堂，恰巧本期出刊時間適逢母親節，所以是格外有意義的開心合照。

▶本期特別收錄2021拼布有約的全新圖案，請見P.78-P.79。包包的作法請參考新書<<Shinnie的拼布禮物>>

編：接下來的手作計劃？

S：拼布有約活動持續進行中，每年也都會持續舉辦，歡迎舊雨新知一同共襄盛舉。另外我也即將參加年底的拼布展，計劃著將展攤變成shinnie的小小展覽場，既然是展覽場，當然要提出一些讓大家驚豔的新作品，這足夠讓我的下半年更加忙碌，但也是開心滿足的工作。這次新書中的插畫是我的初次嘗試，也讓我對插畫產生了興趣，並思考著與拼布連結，希望未來有新成果能和大家分享，計劃很多，希望能一一實現，期盼大家在shinnie的創作過程中，不要缺席喔！

編：如何參加Shinnie的拼布有約？

S：活動進行的方式為一年一期，每年預計製作4至6件作品，年初會在我的FB公告活動相關資訊，活動以FB的社團方式進行，沒有資格的限制，報名即可參加，但需在作業完成期限內完成作業，才能進入下一件作品，活動過程中只有出局，不能中途加入，想參加的朋友，一定要把握活動開始時間，按時繳交作業，就能在社團中大顯身手，與大家相互砌磋，共同成長喲！一起來玩貼布縫吧！

▶在社團裡分享圖案，讓喜愛Shinnie風格的粉絲們都能一起玩拼布，是創作人的社交樂趣，而Shinnie也將圖案們集結作成壁飾作品。

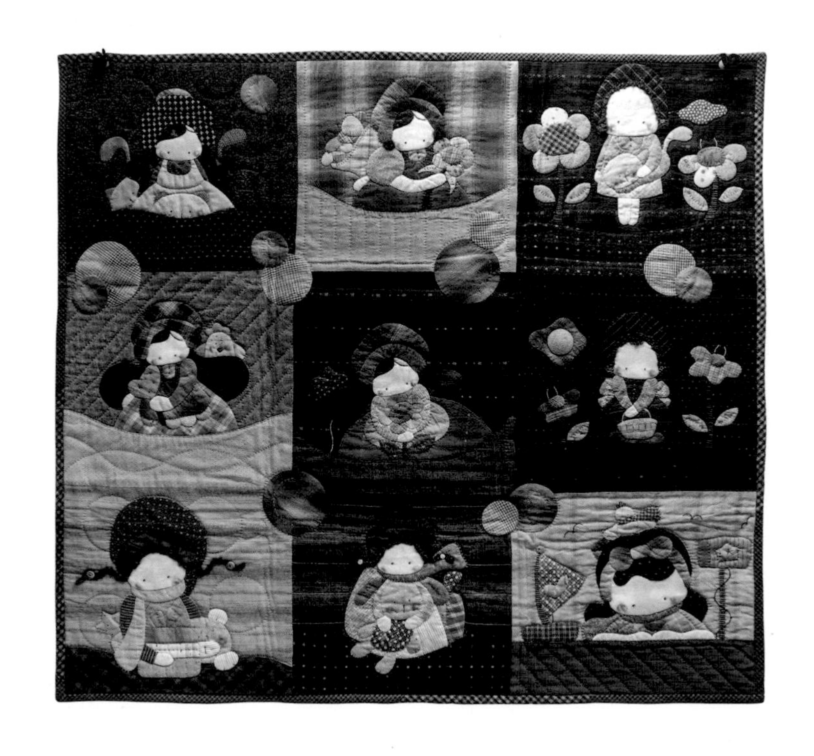

原寸圖案

本期雜誌附錄Shinnie2021年拼布有約的圖案，邀請讀者也一起來玩貼布縫！
（請影印圖案後再描下使用，可依作品尺寸決定圖案自行縮放大小。）

Shinnie's Quilt House

台北市永康街23巷14號1樓
TEL:02-3343-3626

來店建議先預約連絡。目前沒有開放授課，未來或許會（規劃中）。作品的展示空間，販售著Shinnie的著作及限量材料包。周媽是義工，所以開放時間很短，每周二至周日，PM12:00~PM15:00，時間上若無法配合，也可來電與周媽約時間，沒有販售許多拼布相關商品，欲參觀Shinnie的手作品，歡迎您的來訪。

2021年
最新著作
超人氣販賣中！

Shinnie的拼布禮物
40件為你訂製的安心手作

一定要學會の拼布基本功

基本工具 

針

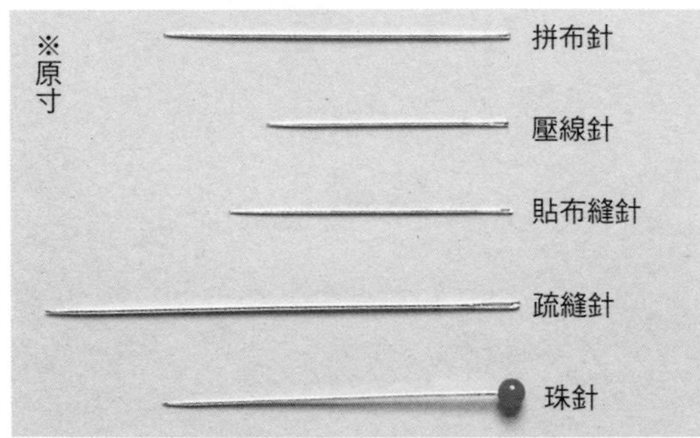

配合用途有各式各樣的針。拼布針為8至9號洋針，壓線針細且短，貼布縫針像絹針一樣細又長，疏縫針則比較粗且長。

線

拼布適用60號的縫線，壓線建議使用上過蠟、有彈性的線。但若想保有柔軟度，也可使用與拼布一樣的線。疏縫線如圖示，分成整捲或整捆兩種包裝。

記號筆

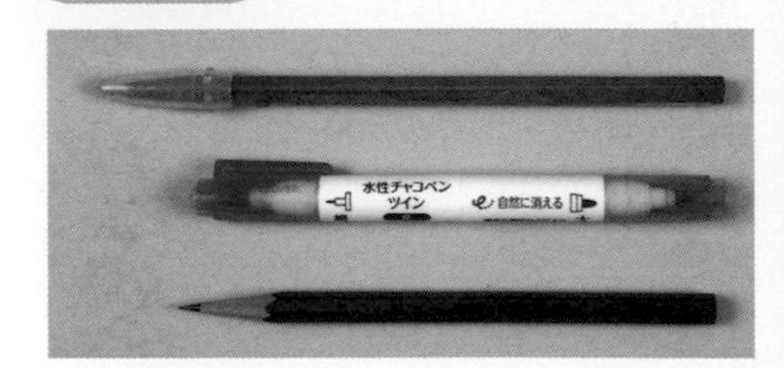

一般是使用2B鉛筆。深色布以亮色系的工藝用鉛筆或色鉛筆作記號，會比較容易看見。氣消筆或水消筆在描畫壓線線條時很好用。

頂針器

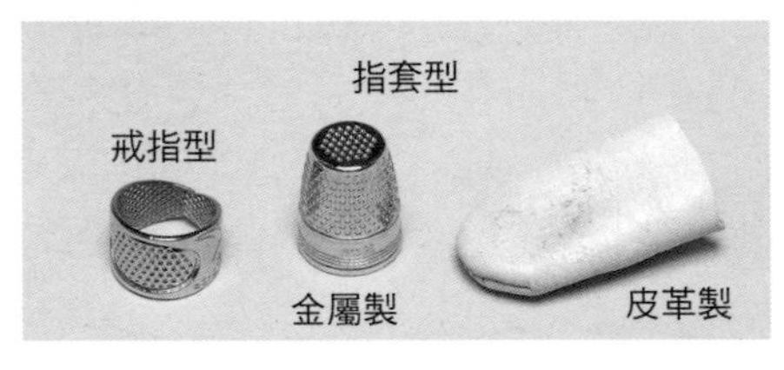

平針縫與壓線時的必備工具。一旦熟練使用，縫出的針趾就會漂亮工整。戒指型主要用於平針縫，金屬或皮革製的指套則用於壓線。

壓線框

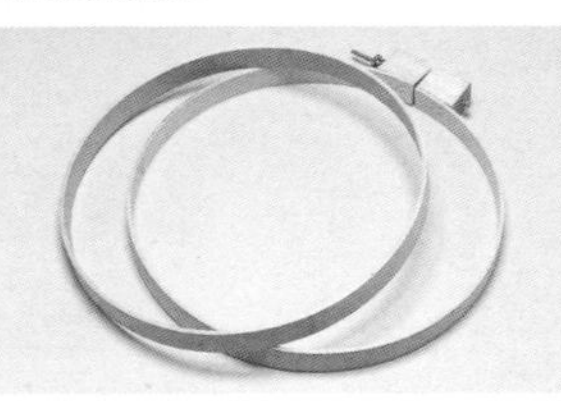

繡框的放大版。壓線時將布框入撐開。直徑30至40cm是好用的尺寸。

拼布用語

◆圖案（Pattern）◆
拼縫三角形或四角形的布片，展現幾何學圖形設計。依圖形而有不同名稱。

◆布片（Piece）◆
組合圖案用的三角形或四角形等的布片。以平針縫縫合布片稱為「拼縫」（Piecing）。

◆區塊（Block）◆
由數片布片縫合而成。有時也指完成的圖案。

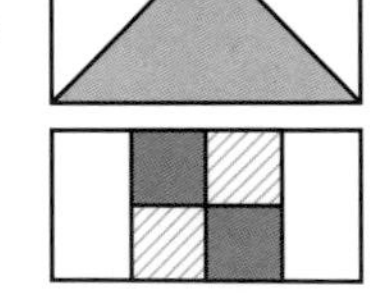

◆表布（Top）◆
尚未壓線的表層布。

◆鋪棉◆
夾在表布與底布之間的平面棉襯。適用密度緊實的薄鋪棉。

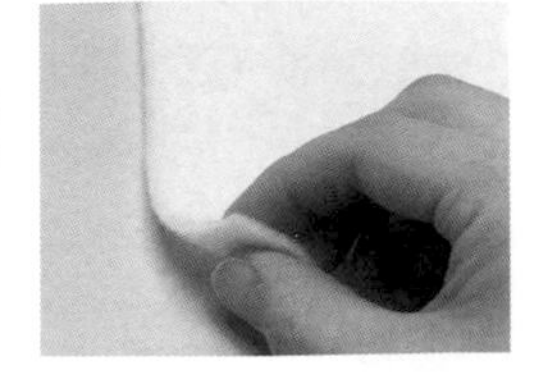

◆底布◆
鋪棉的底布。夾在表布與底布之間。適用織目疏鬆、針容易穿過的材質。薄布會讓壓線的陰影無法漂亮呈現於表層，並不適合。

◆貼布縫◆
另外縫合上其他的布。主要是使用立針縫（參照P.83）。

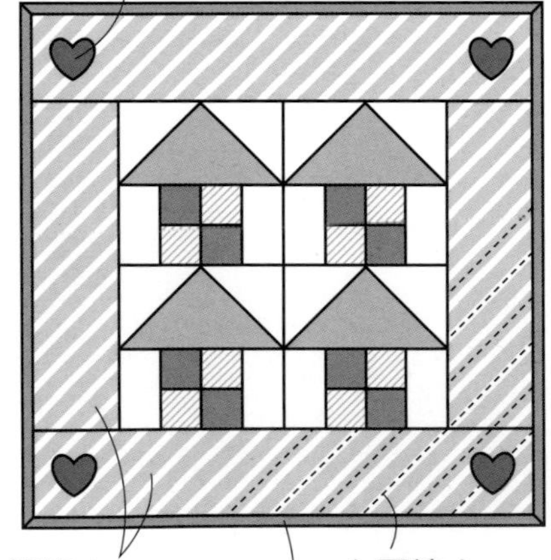

◆大邊條◆
接縫在由數個圖案縫合的表布邊緣的布。

◆壓線◆
重疊表布、鋪棉與底布，壓縫3層。

◆包邊◆
以斜紋布條包覆完成壓線的拼布周圍或包包的袋口縫份。

◆壓線線條◆
在壓線位置所作的記號。

主要步驟

製作布片的紙型。

使用紙型在布上作記號後裁布，準備布片。

拼縫布片，製作表布。

在表布描畫壓線線條。

重疊表布、鋪棉、底布進行疏縫。

進行壓線。

包覆四周縫份，進行包邊。

拼縫前準備工作

下水

新買的布在縫製前要水洗。即使是統一使用相同材質的布拼縫，由於縮水狀況不一，有時作品完成下水仍舊出現皺縮問題。此外，以水洗掉新布的漿，會更好穿縫，且能預防褪色。大片布就由洗衣機代勞，洗後在未完全乾燥時，一邊整理布紋，一邊以熨斗整燙。

關於布紋

原寸紙型上的箭頭所指方向代表布紋。布紋是指直橫交織而成的紋路。直橫正確交織，布就不會歪斜。而拼布不同於一般裁縫，布紋要對齊直布紋或橫布紋任一方都OK。斜紋是指斜向的布紋。與直布紋或橫布紋呈45度的稱為正斜向。

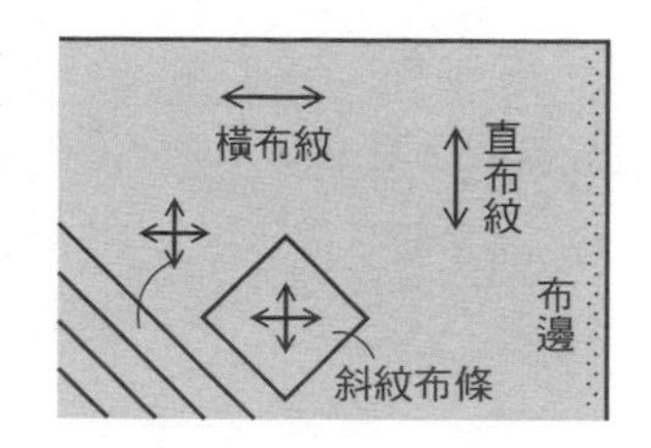

製作紙型

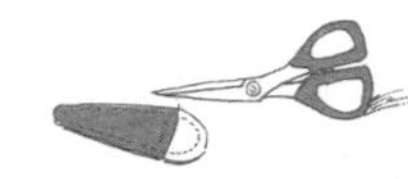

將製好圖的紙，或是自書本複印下來的圖案，以膠水黏貼在厚紙板上。膠水最好挑選不會讓紙起皺的紙用膠水。接著以剪刀沿著線條剪開，註明所需數量、布紋，並視需要加上合印記號。

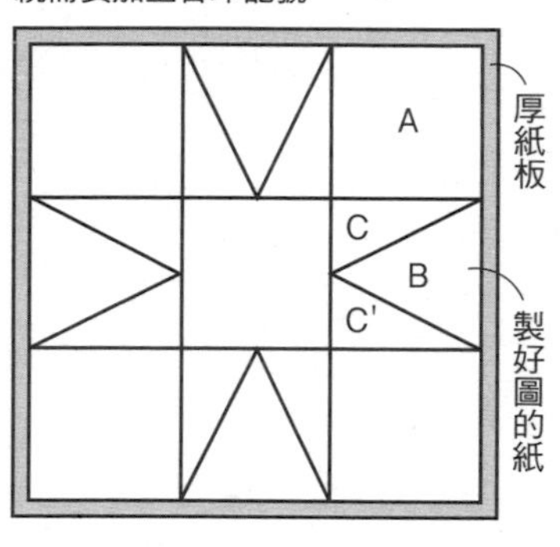

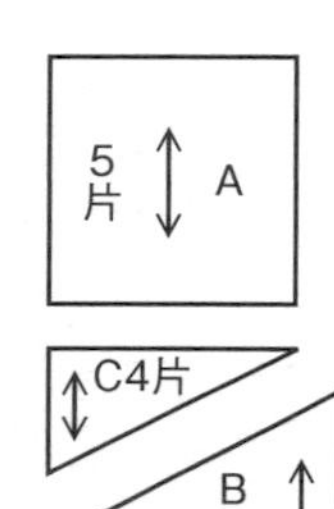

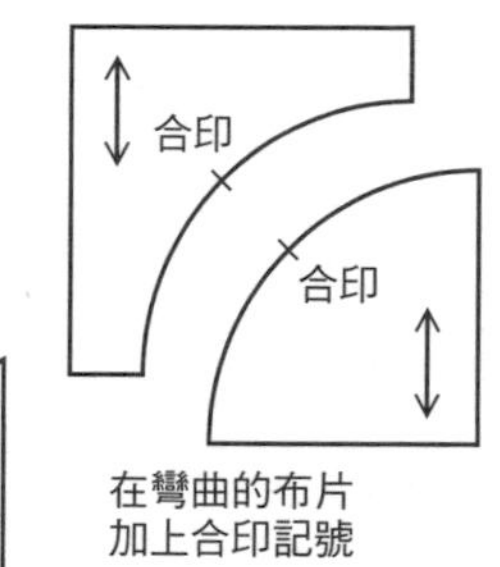

在彎曲的布片加上合印記號

作上記號後裁剪布片

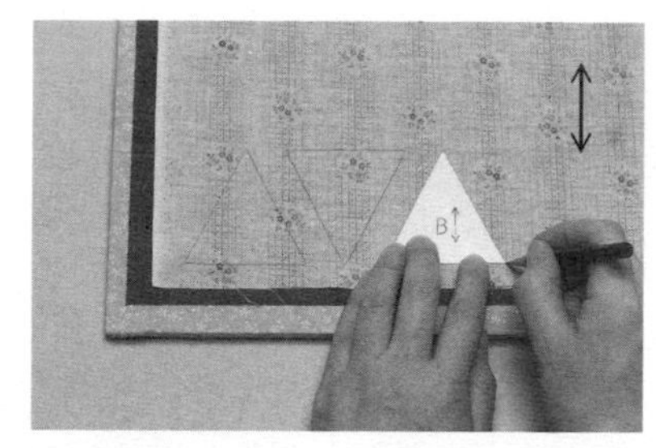

紙型置於布的背面，以鉛筆作上記號。在貼上砂紙的裁布墊上作記號，布比較不會滑動。縫份約為0.7cm，不必作記號，目測即可。

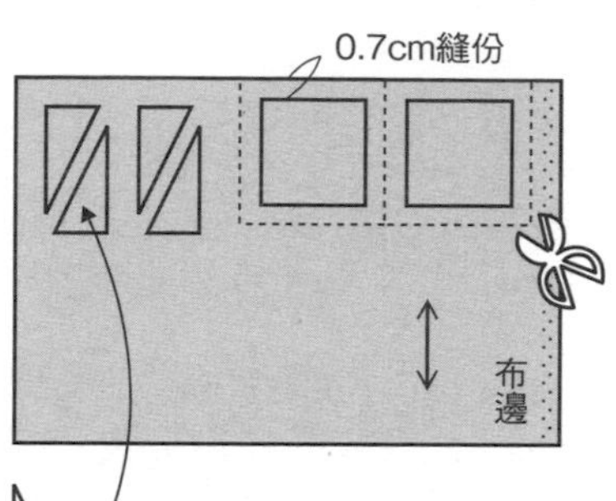

形狀不對稱的布片，在紙型背後作上記號。

拼縫布片

◆始縫結◆

縫前打的結。手握針，縫線繞針2、3圈，拇指按住線，將針向上拉出。

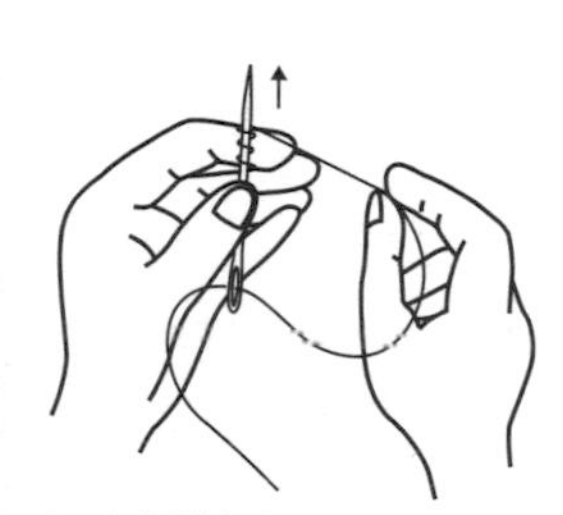

1 2片布正面相對，以珠針固定，自珠針前0.5cm處起針。

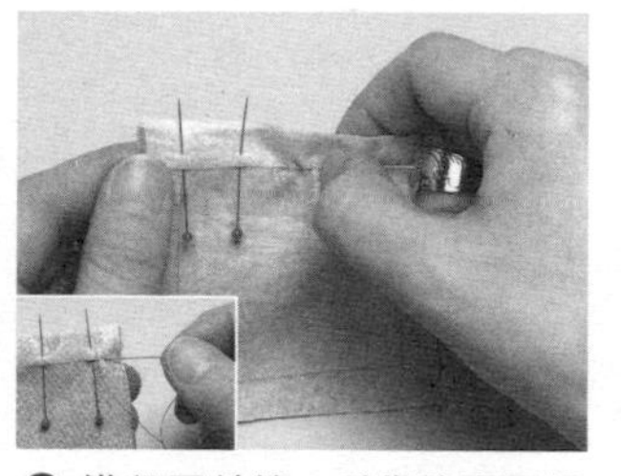

2 進行回針縫，手指確實壓好布片避免歪斜。

3 以手指稍微整理縫線，避免布片縮得太緊。

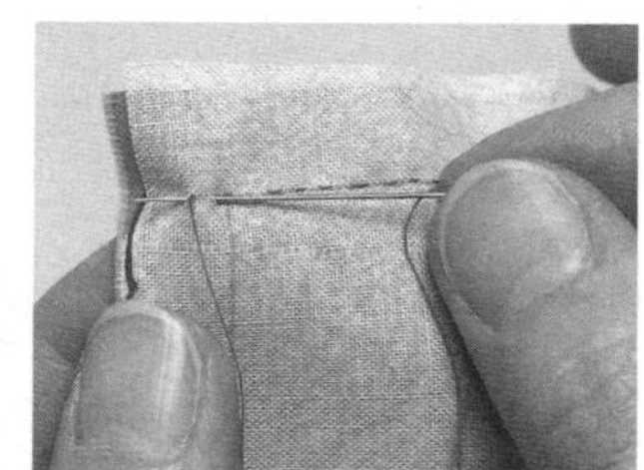

4 在止縫處回針，並打結。留下約0.6cm縫份後，裁剪多餘布片。

◆止縫結◆

縫畢，將針放在線最後穿出的位置，繞針2、3圈，拇指按住線，將針向上拉出。

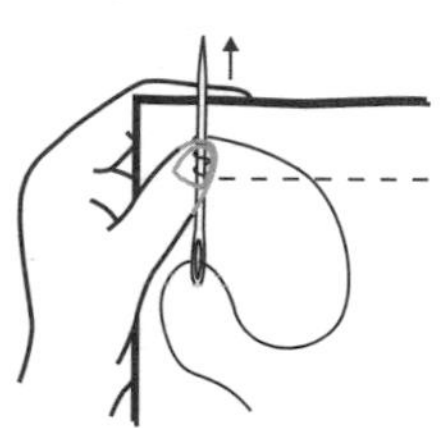

◆分割縫法◆

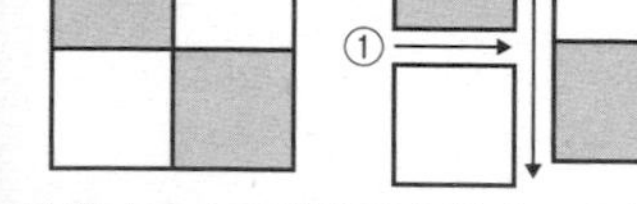

直線方向由布端縫到布端時，分割成帶狀拼縫。

◆鑲嵌縫法◆

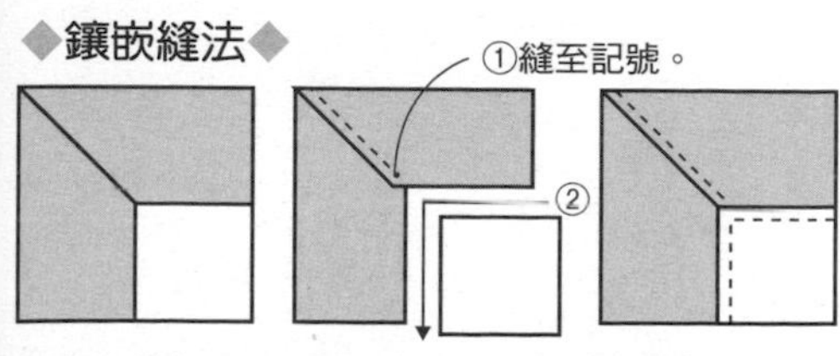

無法使用直線的分割縫法時，在記號處止縫，再嵌入布片縫合。

各式平針縫

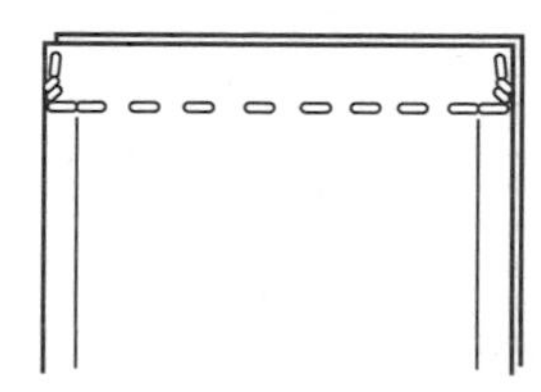

由布端到布端
兩端都是分割縫法時。

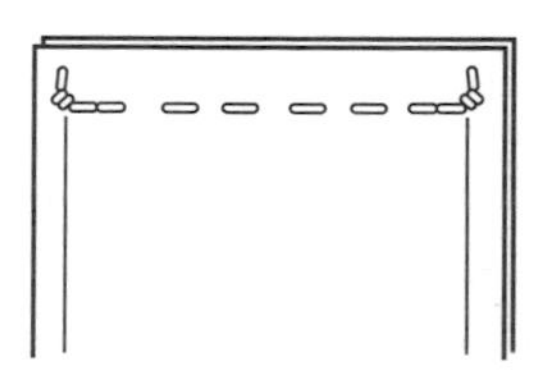

由記號縫至記號
兩端都是鑲嵌縫法時。

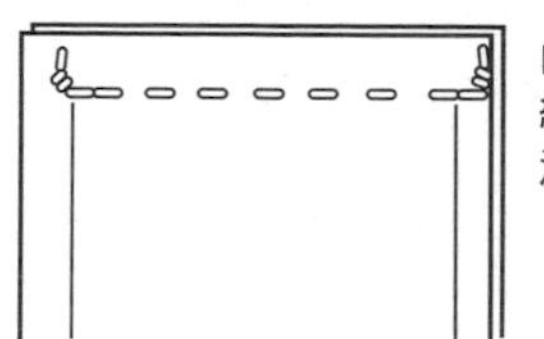

由布端縫至記號
縫至記號側變成鑲嵌縫法時。

縫份倒向

縫份不熨開而倒向單側。朝著要倒下的那一側，在針趾向內1針的位置摺疊縫份，以指尖往下按壓。

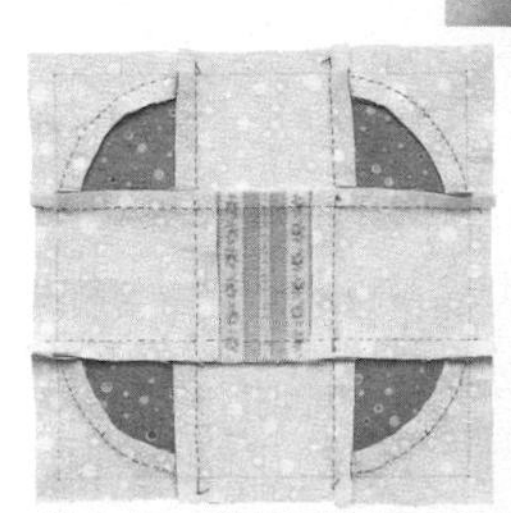

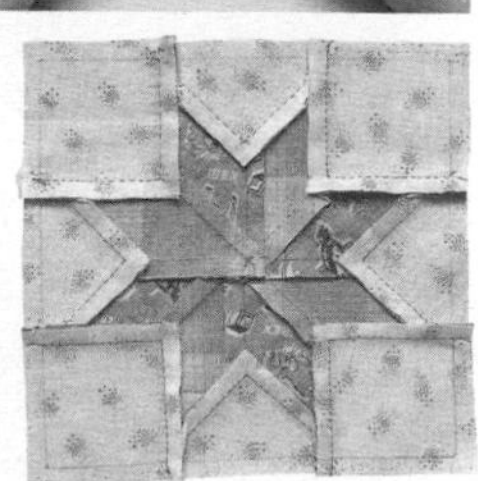

基本上，縫份是倒向想要強調的那一側，彎曲形則順其自然的倒下。其他還有全部朝同一方向倒下，或是倒向外側等，各式各樣的倒向方法。碰到像檸檬星（右）這種布片聚集在中心的狀況，就將菱形布片兩兩縫合成縫份倒向同一個方向的區塊，整合成上下的帶狀布後，再彼此縫合。

描畫壓線線條，進行疏縫

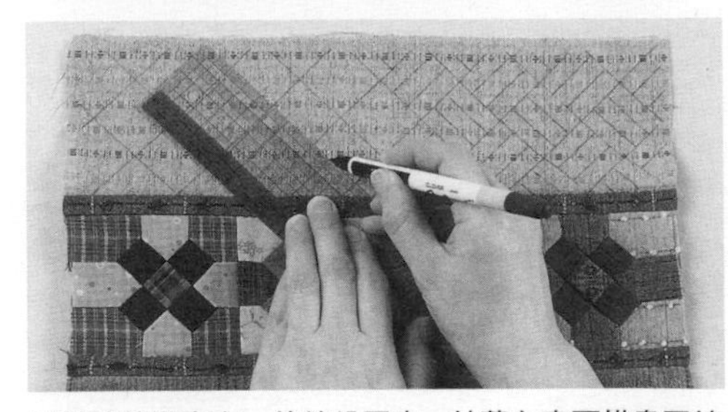

以熨斗整燙表布，使縫份固定。接著在表面描畫壓線記號。若是以鉛筆作記號，記得不要畫太黑。在畫格子或條紋線時，使用上面有平行線及方眼格線的尺會很方便。

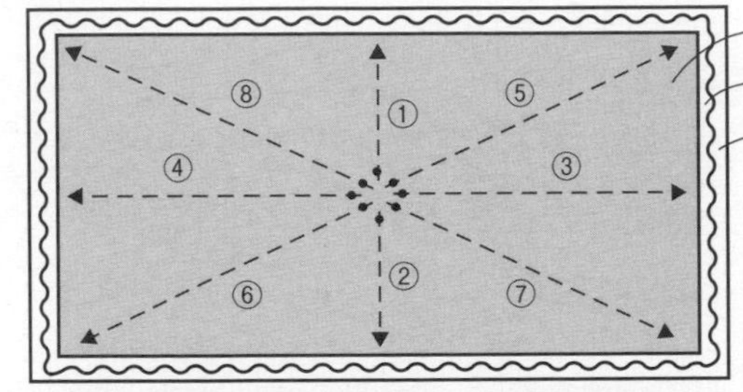

準備稍大於表布的底布與鋪棉，依底布、鋪棉、表布的順序重疊，以手撫平，再以珠針重點固定。由中心向外側進行疏縫。上圖是放射狀疏縫的例子。

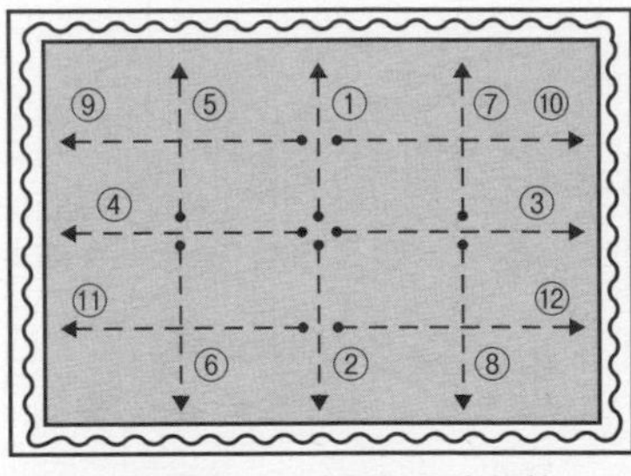

格狀疏縫的例子。適用拼布小物等。

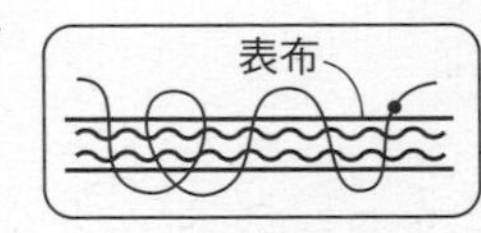

止縫作一針回針縫，不打止縫結，直接剪掉線。

壓線

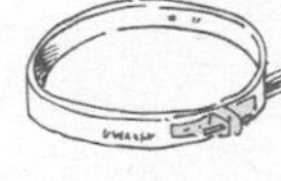

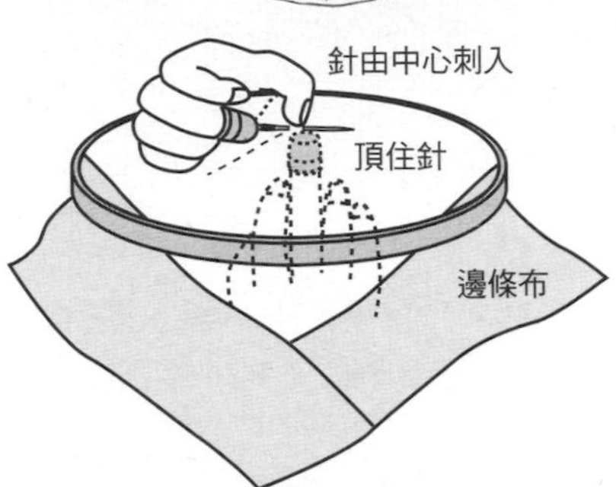

由中心向外，3層一起壓線。以右手（慣用手）的頂針指套壓住針頭，一邊推針一邊穿縫。左手（承接手）的頂針指套由下方頂住針。使用拼布框作業時，當周圍接縫邊條布，就要刺到布端。

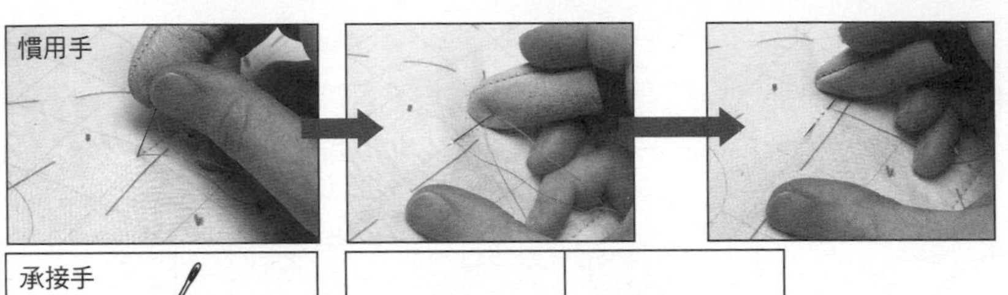

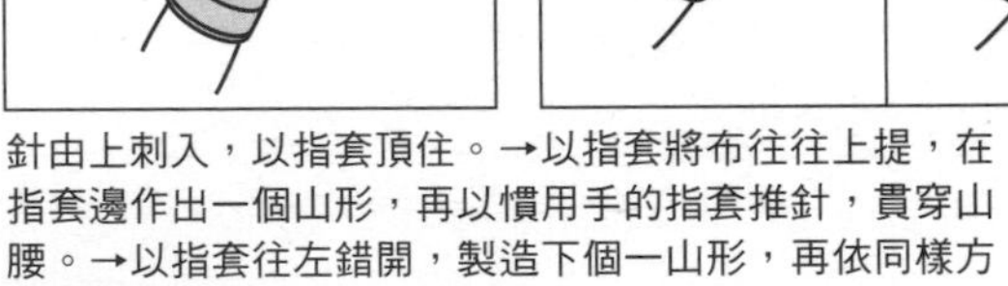

針由上刺入，以指套頂住。→以指套將布往往上提，在指套邊作出一個山形，再以慣用手的指套推針，貫穿山腰。→以指套往左錯開，製造下個一山形，再依同樣方式穿縫。

每穿縫2、3針，就以指套壓住針後穿出。

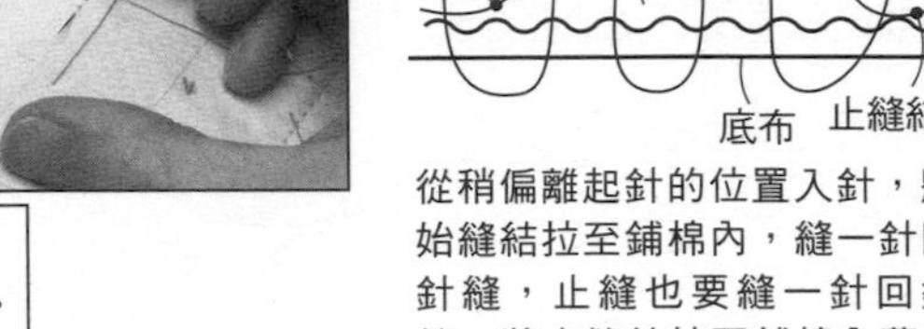

從稍偏離起針的位置入針，將始縫結拉至鋪棉內，縫一針回針縫，止縫也要縫一針回針縫，將止縫結拉至鋪棉內藏起來。

包邊

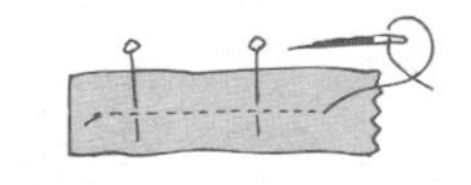

畫框式滾邊

所謂畫框式滾邊，就是以斜紋布條包覆拼布四周時，將邊角處理成及畫框邊角一樣的形狀。

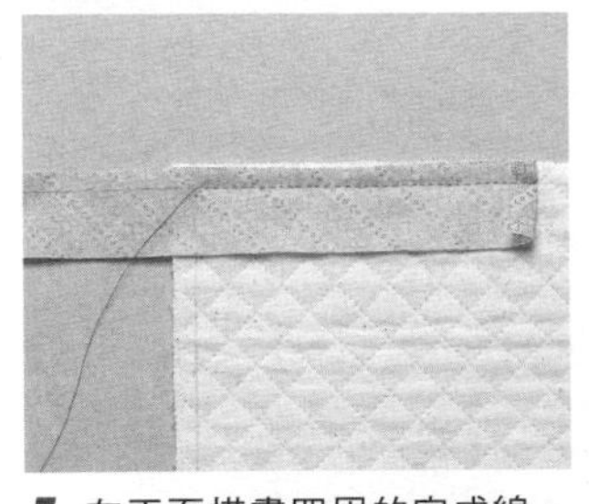

1 在正面描畫四周的完成線。斜紋布條正面相對疊放在拼布上，對齊斜紋布條的縫線記號與完成線，以珠針固定，縫到邊角的記號，在記號縫一針回針縫。

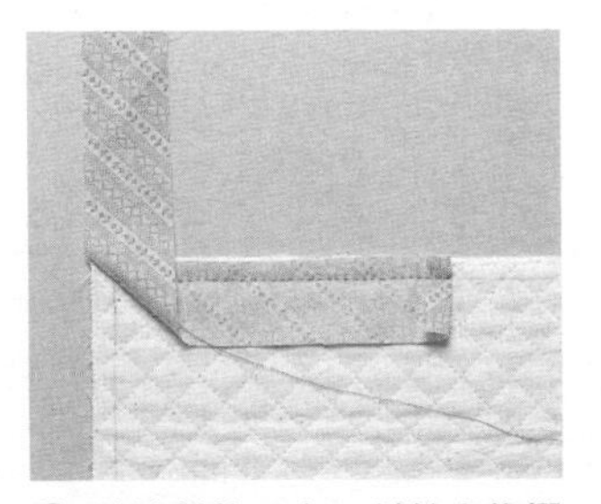

2 針線暫放一旁，斜紋布條摺成45度（當拼布的角是直角時）。重要的是，確實沿記號邊摺疊成與下一邊平行。

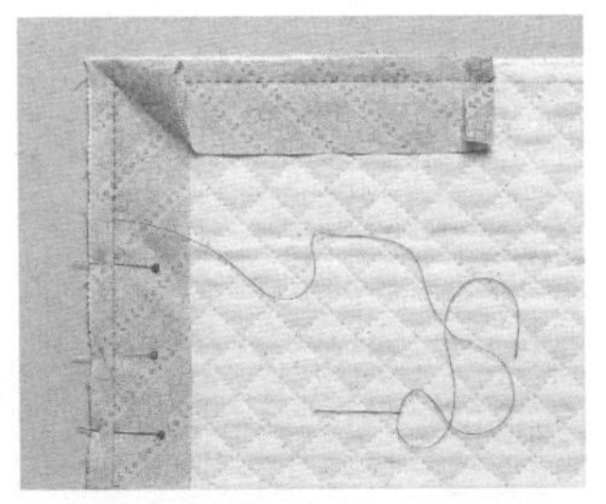

3 斜紋布條沿著下一邊摺疊，以珠針固定記號。邊角如圖示形成一個褶子。在記號上出針，再次從邊角的記號開始縫。

4 布條在始縫時先摺1cm。縫完一圈後，布條與摺疊的部分重疊約1cm後剪斷。

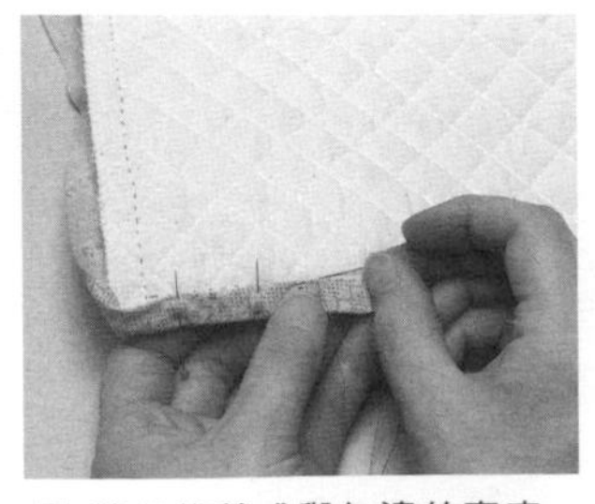

5 縫份修剪成與包邊的寬度，布條反摺，以立針縫縫合於底布。以布條的針趾為準，抓齊滾邊的寬度。

6 邊角整理成布條摺入重疊45度。重疊處縫一針回針縫變得更牢固。漂亮的邊角就完成了！

斜紋布條作法

◆量少時◆

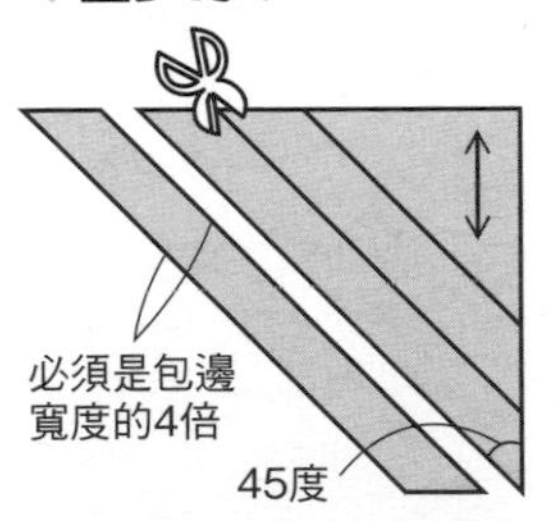

布摺疊成45度，畫出所需寬度。1cm寬的包邊需要4cm、0.8cm寬要3.5cm、0.7cm寬要3cm。包邊寬度愈細，加上布的厚度要預留寬一點。

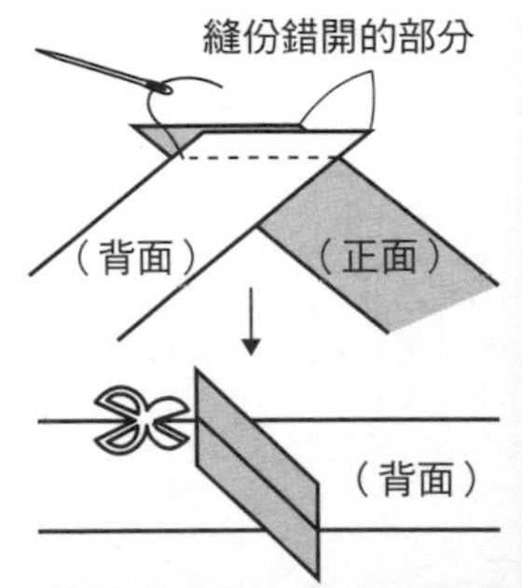

接縫布條時，兩片正面相對，以細針目的平針縫縫合。熨開縫份，剪掉露出外側的部分。

◆量多時◆

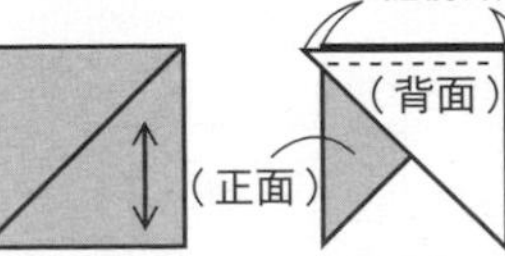

布裁成正方形，沿對角線剪開。

裁開的布正面相對重疊並以車縫縫合。

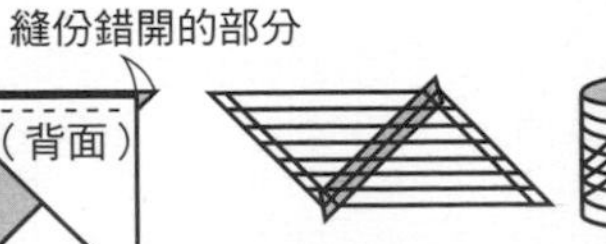

熨開縫份，沿布端畫上需要的寬度。另一邊的布端與畫線記號錯開一層，正面相對縫合。以剪刀沿著記號剪開，就變成一長條的斜紋布。

拼布包縫份處理

A 以底布包覆

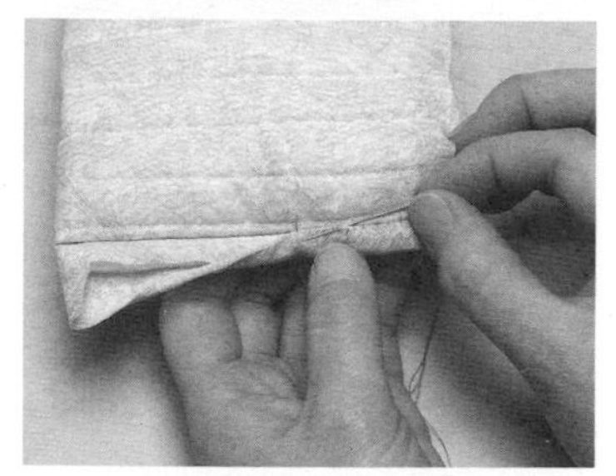

側面正面相對縫合，僅一邊的底布留長一點，修齊縫份。接著以預留的底布包覆縫份，以立針縫縫合。

B 進行包邊（外包邊的作法相同）

適合彎弧部分的處理方式。兩片正面相對疊合（外包邊是背面相對），疏縫固定，斜紋布條正面相對，進行平針縫。

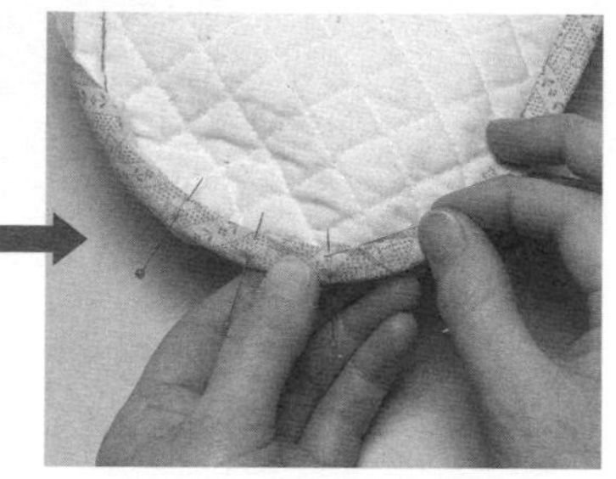

修齊縫份，以斜紋布條包覆進行立針縫，即使是較厚的縫份也能整齊收邊。斜紋布條若是與底布同一塊布，就不會太醒目。

C 接合整理

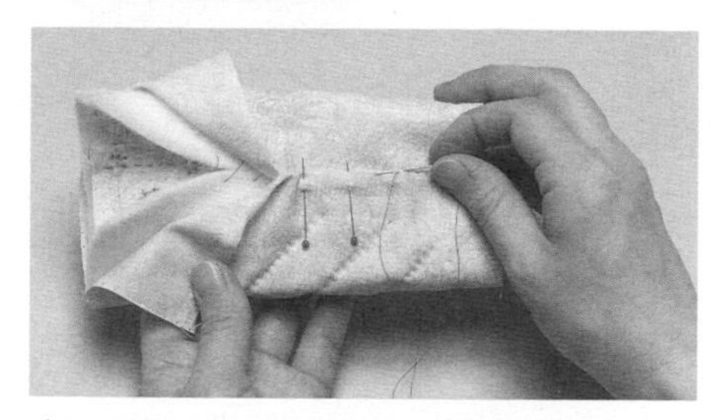

處理後縫份不會出現厚度，可使作品平坦而不會有突起的情形。以脇邊接縫側面時，自脇邊留下2、3cm的壓線，僅表布正面相對縫合，縫份倒向單側。鋪棉接合以粗針目的捲針縫縫合，底布以藏針縫縫合。最後完成壓線。

貼布縫作法

方法A（摺疊縫份以藏針縫縫合）

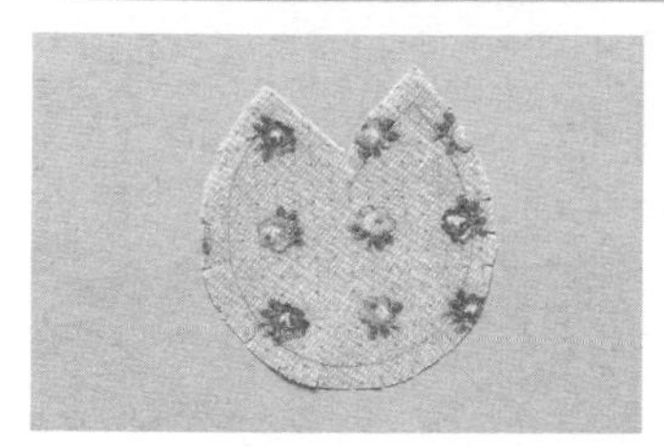

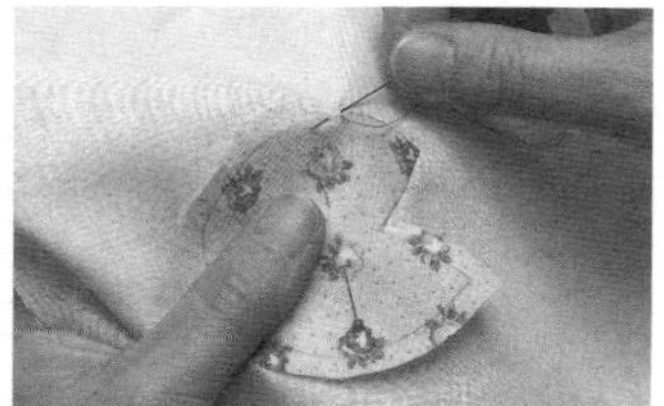

在布的正面作記號，加上0.3至0.5cm的縫份後裁布。在凹處或彎弧處剪牙口，但不要剪太深以免綻線，大約剪到距記號0.1cm的位置。接著疊放在土台布上，沿著記號以針尖摺疊縫份，以立針縫縫合。

方法B（作好形狀再與土台布縫合）

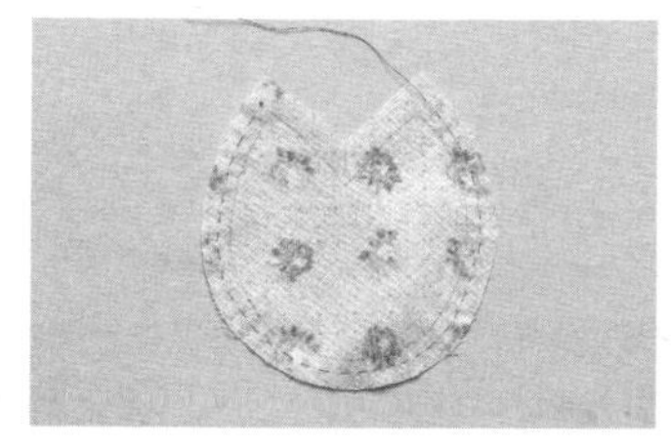

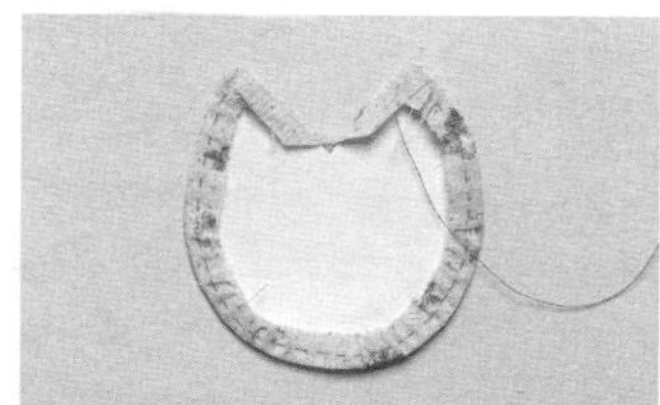

在布的背面作記號，與A一樣裁布。平針縫彎弧處的縫份。始縫結打大一點以免鬆脫。接著將紙型放在背面，拉緊縫線，以熨斗整燙，也摺好直線部分的縫份。線不動，抽掉紙型，以藏針縫縫合於土台布上。

基本縫法

◆平針縫◆

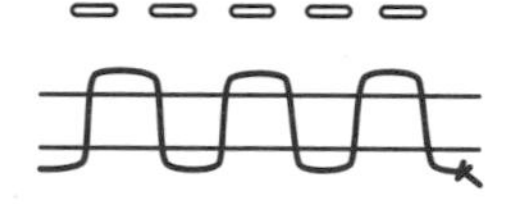

◆回針縫◆

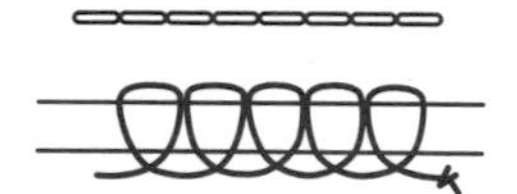

◆立針縫◆

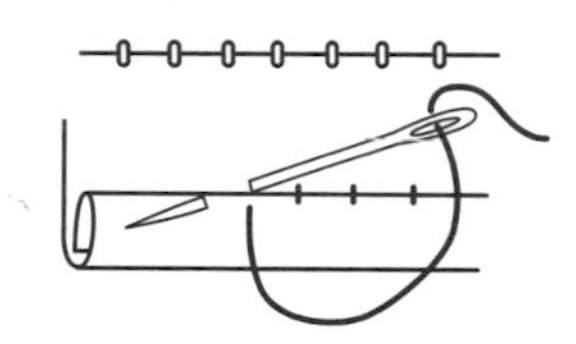

◆星止縫◆

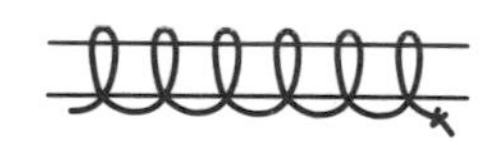

◆捲針縫◆

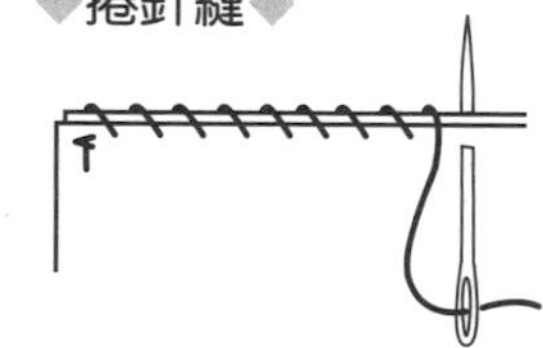

◆梯形縫◆

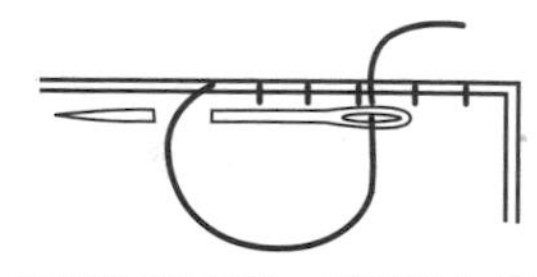

兩端的布交替，針趾與布端呈平行的挑縫

安裝拉鍊

從背面安裝

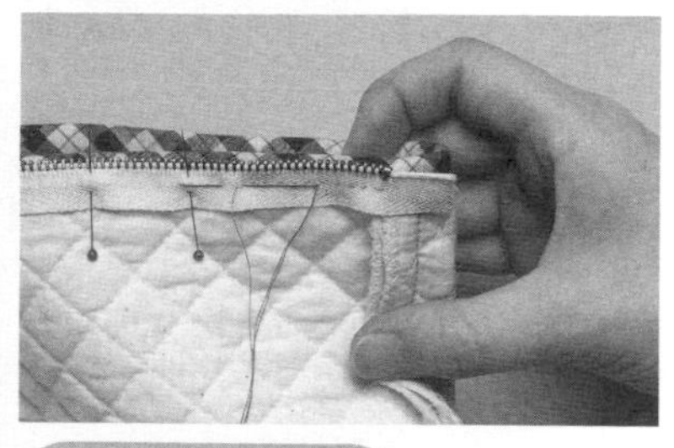

對齊包邊端與拉鍊的鍊齒，以星止縫縫合，以免針趾露出正面。以拉鍊的布帶為基準就能筆直縫合。

※縫合脇邊再裝拉鍊時，將拉鍊下止部分置於脇邊向內1cm，就能順利安裝。

從正面安裝

同上，放上拉鍊，從表側在包邊的邊緣以星止縫縫合。縫線與表布同顏色就不會太醒目。因為穿縫到背面，會更牢固。背面的針趾還可以裡袋遮住。

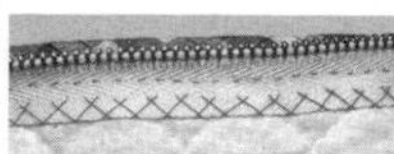

拉鍊布端可以千鳥縫或立針縫縫合。

包邊繩作法

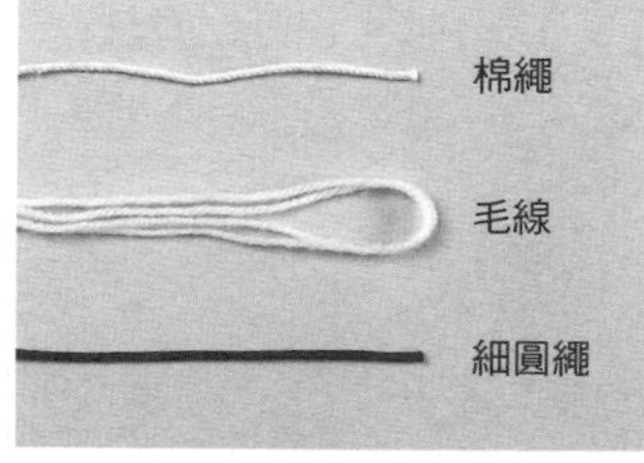

以斜紋布條將芯包住。若想要鼓鼓的效果就以毛線當芯，或希望結實一點就以棉繩或細圓繩製作。棉繩與細圓繩是以用斜紋布條邊夾邊縫合，毛線則是斜紋布條縫合成所需寬度後再穿。

縫合側面或底部時，先暫時固定於單側，再壓緊一邊將另一邊包邊繩縫合固定。始縫與止縫平緩向下重疊。

◆棉繩或細圓繩◆

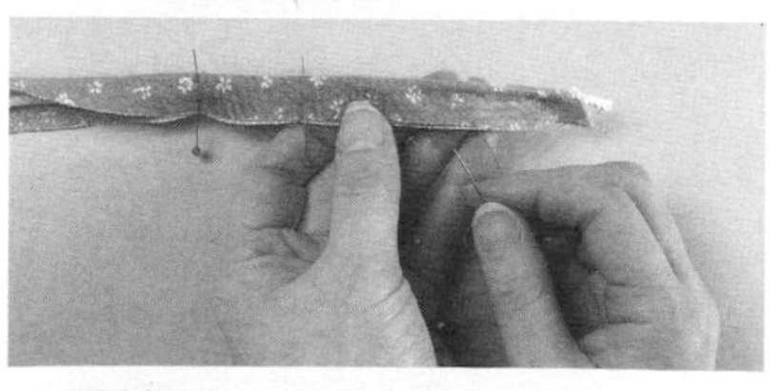

◆毛線◆

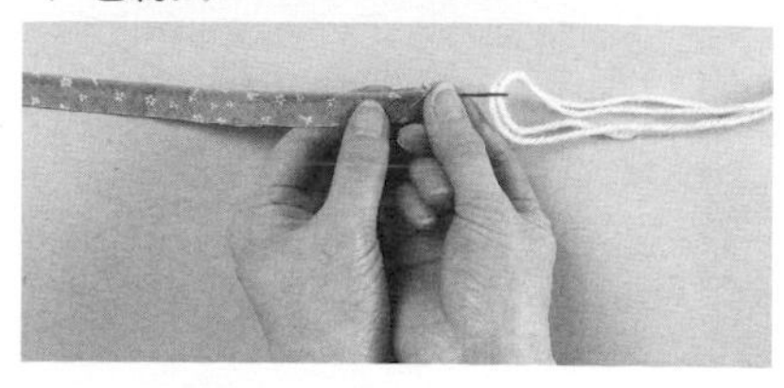

自行配置，進行製圖吧！

不妨自己試著將書中出現的圖案進行製圖吧！由於是為了易於製圖而圖案化，因此雖是與原本構圖有些微差異的圖，但只要配合喜歡的大小製圖，即可應用於各式各樣的作品當中。另外，也將一併介紹基本的接縫順序。請連同P.98以後作品的作法，一起當作作品製作的參考依據。

※箭頭為縫份倒向。

扇子（P.4）

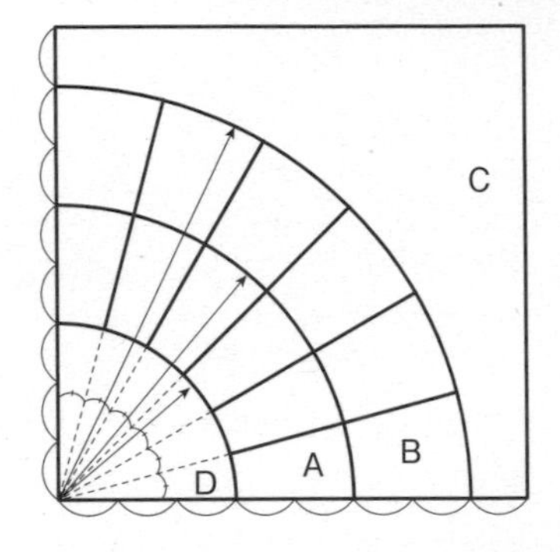

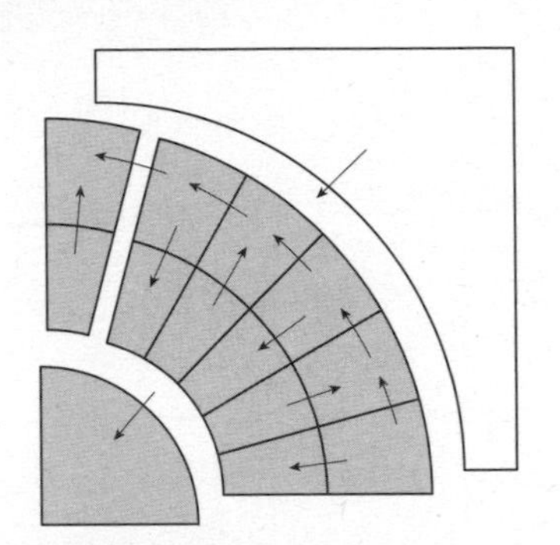

萬花筒（P.7）

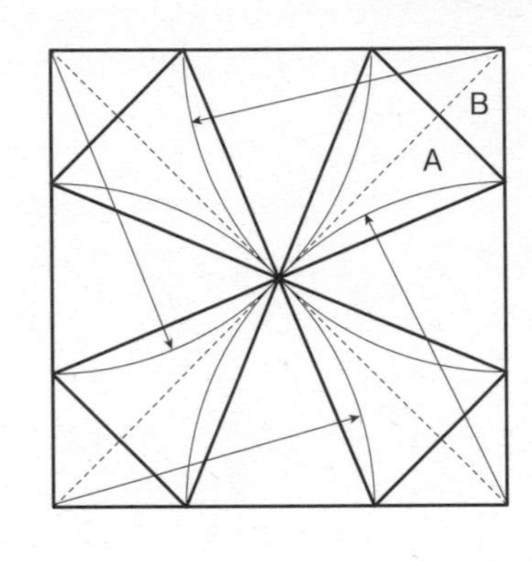

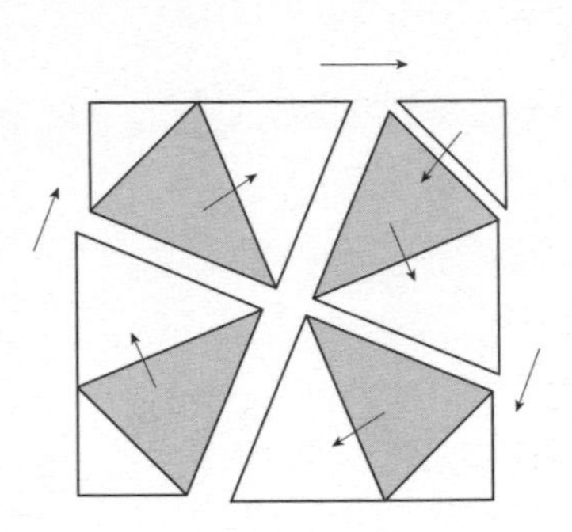

貓（P.11）

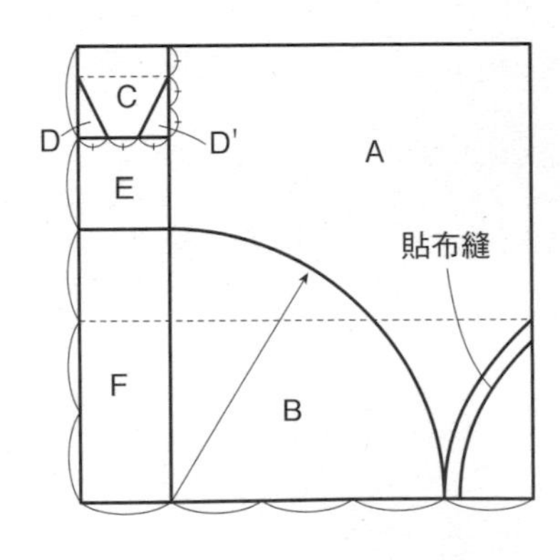

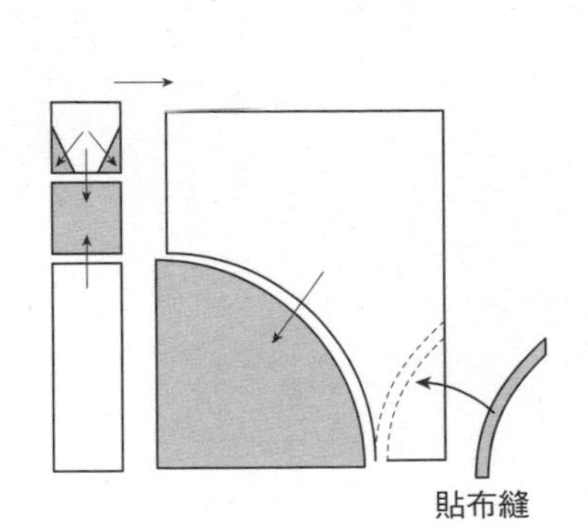

鳳梨（P.12）

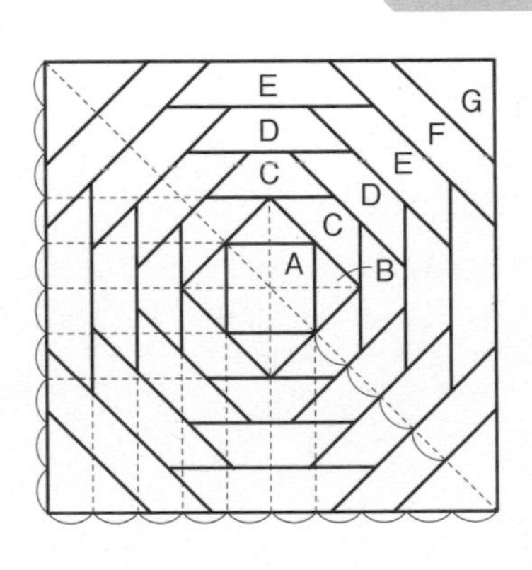

※縫份皆倒向外側。

牽牛花（P.20）

縫至記號，進行鑲嵌拼縫。

由①的圓形作出六角形後延伸完成製圖。

沙漠玫瑰（P.44）

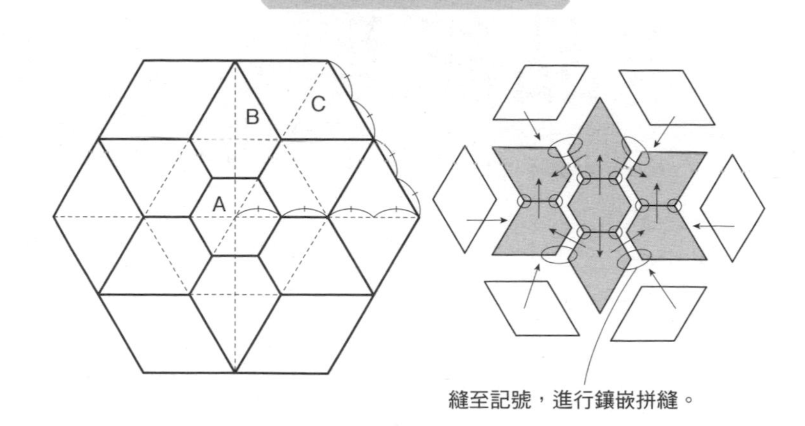

縫至記號，進行鑲嵌拼縫。

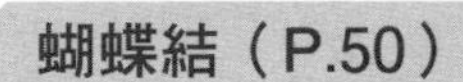

蝴蝶結（P.50）

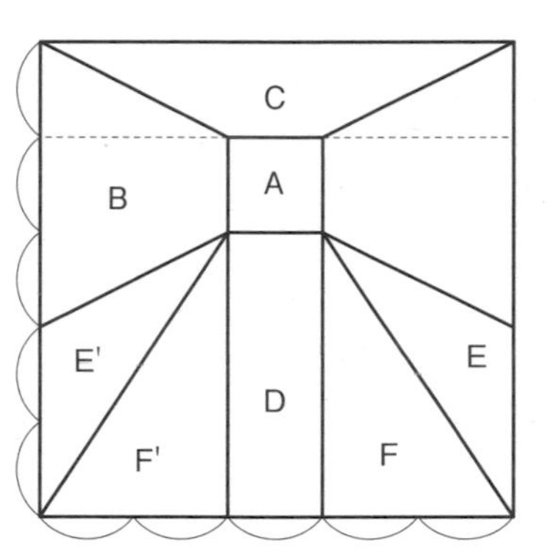

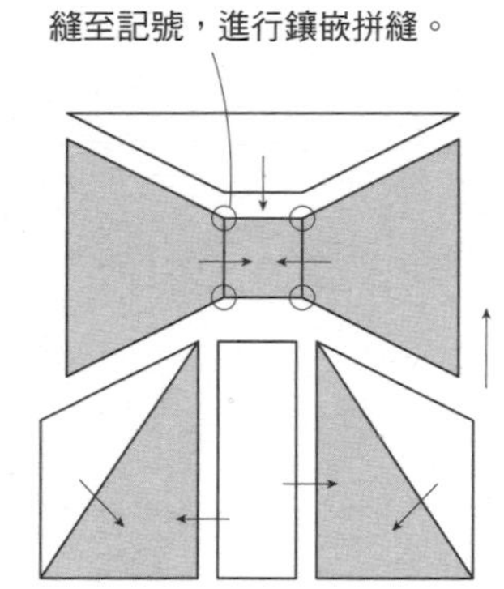

縫至記號，進行鑲嵌拼縫。

咖啡杯（P.54）

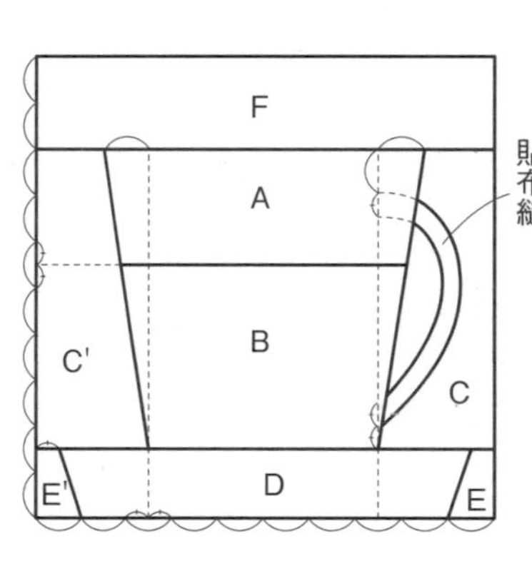

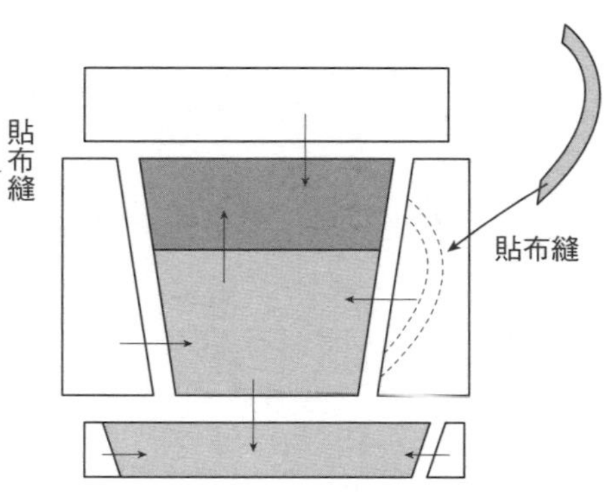

複習製圖的基礎

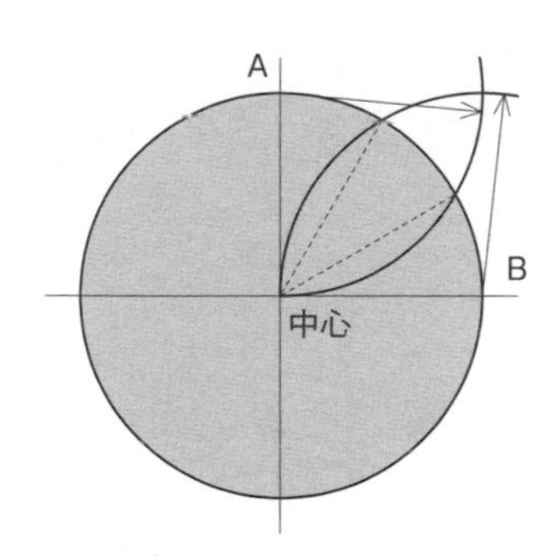

將1/4圓分割成3等分……分別由AB兩點為中心，畫出通過圓心的圓弧，得出兩弧線相交的交點。

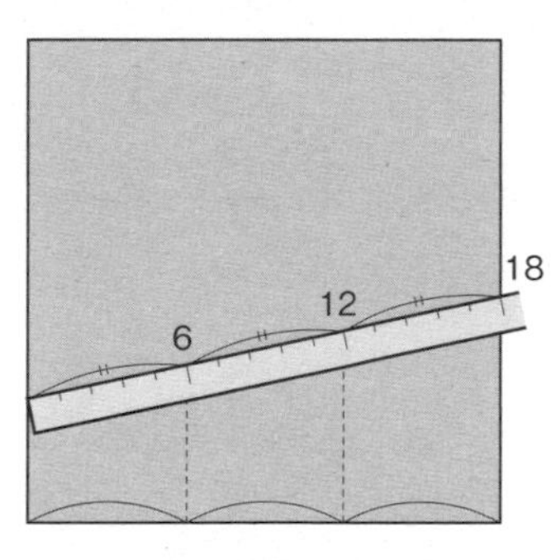

分割成3等分……選取方便分成3等分的寬度，斜放上定規尺，並於被分成3等分的點上，畫出垂直線。

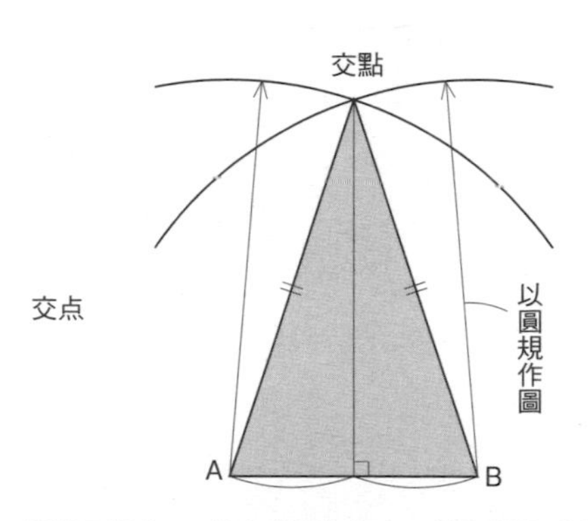

等邊三角形……決定底邊線段AB，並由端點A為圓心，取任意長度的線段為半徑，畫弧。這次改以端點B為圓心，並以相同長度的線段畫弧，得出交點。

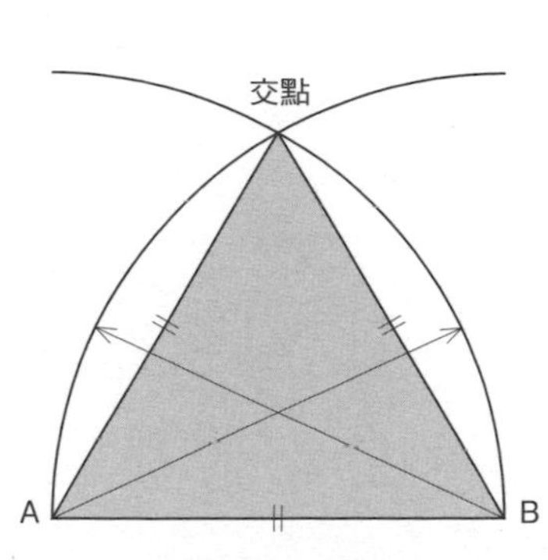

正三角形……先決定線段AB的邊長，再分別以端點AB為圓心，以此線段為半徑畫弧，得出交點。

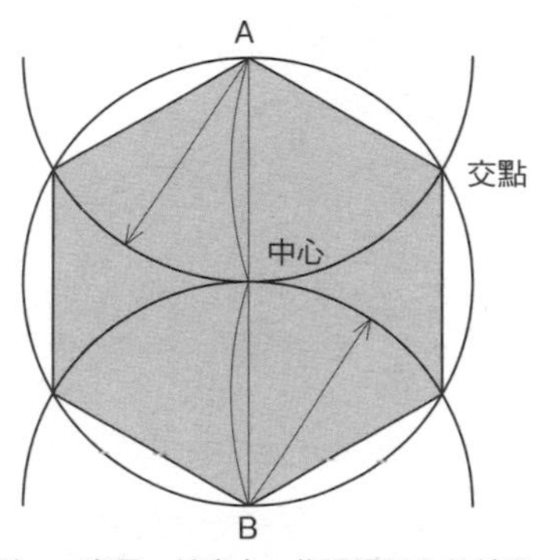

正六角形……畫圓，並畫上一條通過圓心的線段AB。分別由AB兩點為中心，畫出通過圓心的圓弧，得出各交點。

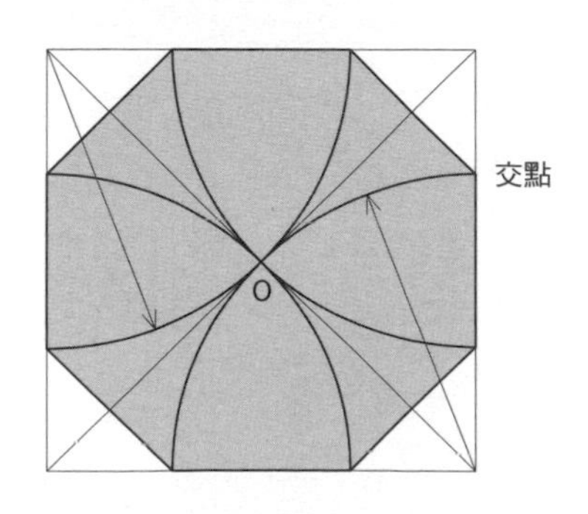

正八角形……取正方形對角線的交點為O。再分別由四個邊角畫出穿過交點O的圓弧，得出各交點。

作品紙型&作法

＊圖中的單位為cm。
＊圖中的的❶❷為紙型號碼。
＊完成作品的尺寸多少會與圖稿的尺寸有所差距。
＊關於縫份，原則上布片為0.7cm、貼布縫為0.3至0.5cm，其餘則預留1cm後進行裁剪。
＊附註為原寸裁剪標示時，不留縫份，直接裁剪。
＊P.80至P.83請一併參考。
＊刺繡方法請參照P.108。

P3 No.2 化妝包 ●紙型A面⓭（袋蓋&袋底的原寸紙型）

◆材料
各式A用布片　B至C'用布30×30cm　袋蓋用布40×15cm（包含袋底部分）　鋪棉、胚布各90×15cm　寬0.5cm蕾絲40cm　長30cm拉鍊1條　25號繡線適量

◆作法順序
袋蓋進行刺繡→拼接A至C'布片，完成側身表布→製作袋蓋、側身與袋底→依圖示完成縫製。

◆作法重點
○金合歡刺繡圖案請參照P.87花圈圖案框飾作品。

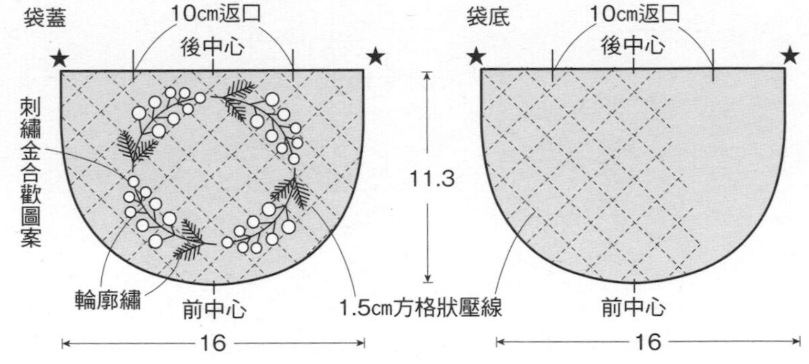

完成尺寸　11×16×7cm

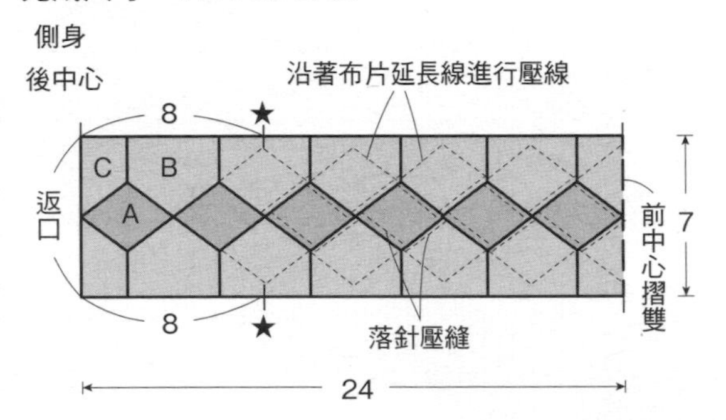

袋蓋

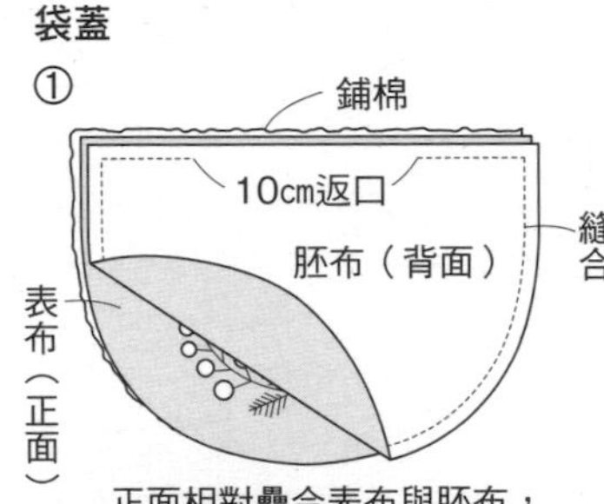

正面相對疊合表布與胚布，表布側疊合鋪棉，預留返口，進行縫合。
※側身與袋底也以相同作法完成縫製。

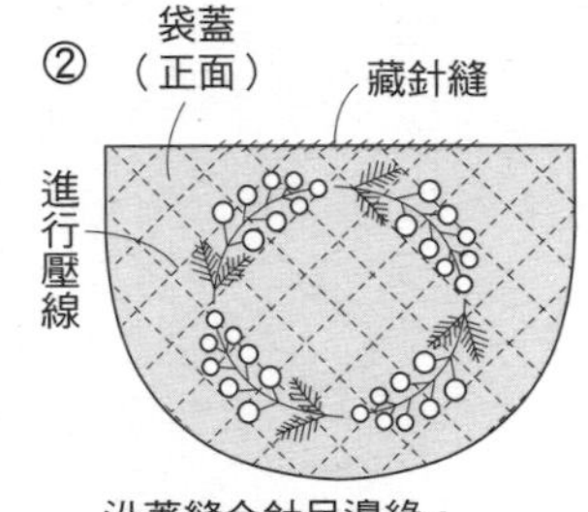

沿著縫合針目邊緣，修剪鋪棉，翻向正面。縫合返口，進行壓線。
※側身與袋底也以相同作法完成縫製。

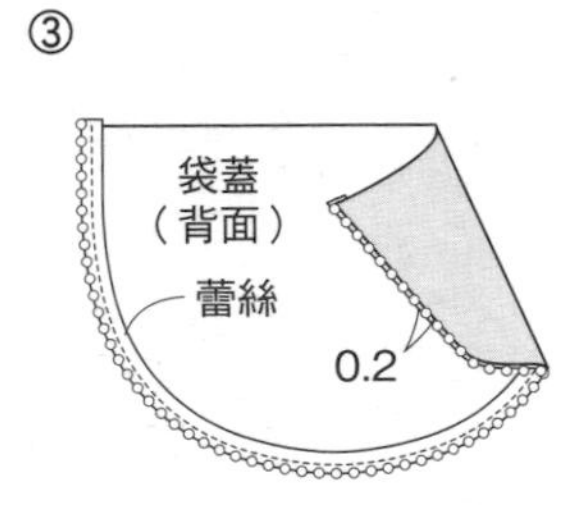

由背面側疊合蕾絲後縫合固定。

縫製方法

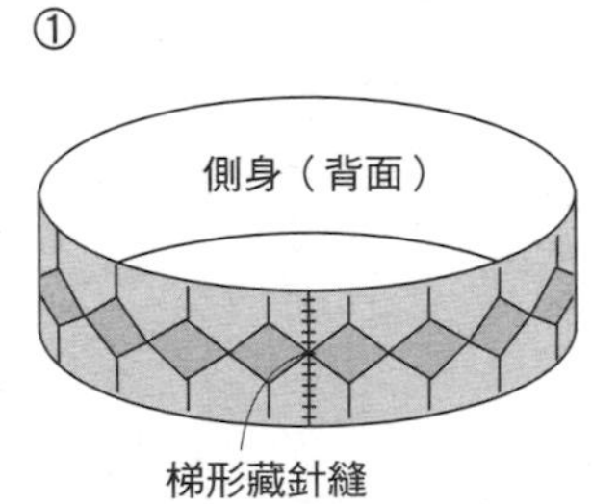

側身進行壓線後，背面相對，併攏短邊，以梯形縫接縫成圈。

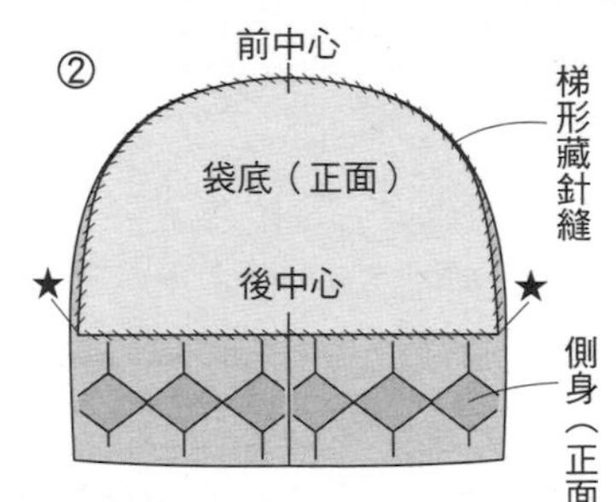

對齊前．後中心與合印記號，背面相對併攏已完成壓線的袋底與側身，進行梯形藏針縫。

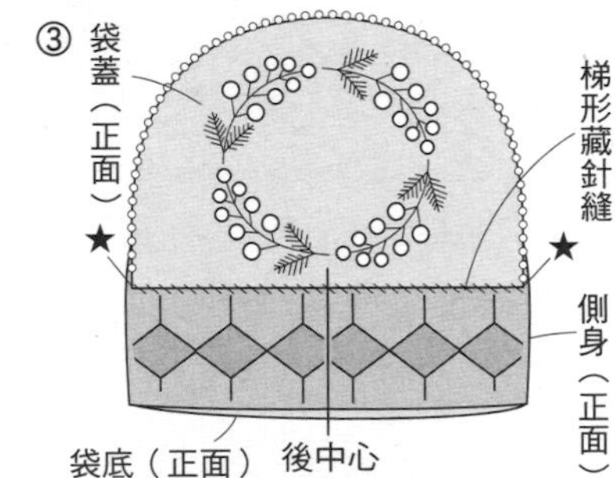

對齊後中心與合印記號，背面相對併攏袋蓋與側身，進行梯形藏針縫。

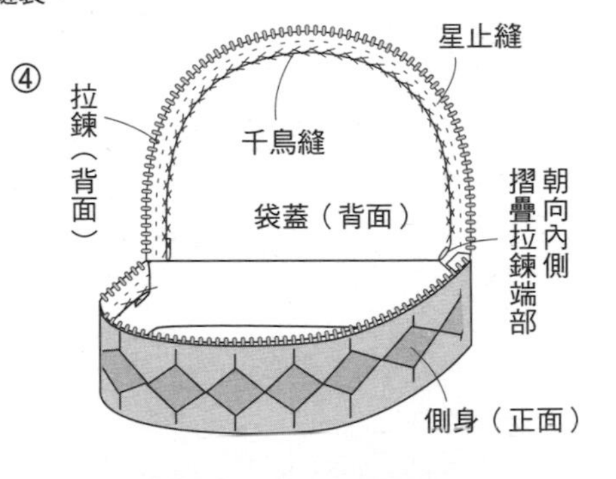

將拉鍊縫於固定於袋蓋與側身上部。

原寸紙型

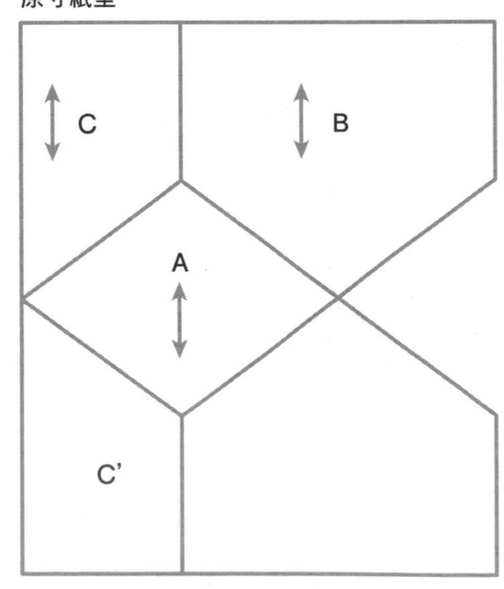

P.96抱枕的原寸紙型

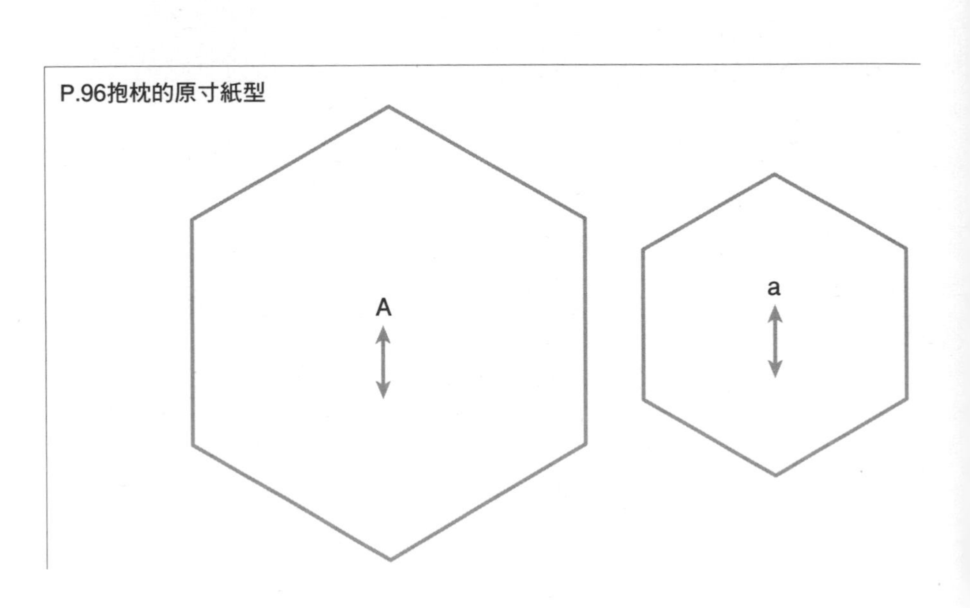

P2 No.1 花圈框飾 ●紙型A面⑪（原寸貼布縫圖案）

◆**材料**
各式貼布縫用布片 台布、鋪棉、胚布各40×40cm 25號繡線適量 內尺寸28.5×28.5cm畫框1個
◆**作法順序**
前台布進行貼布縫→進行刺繡→疊合鋪棉、表布，進行壓線→依圖示處理周圍後，以雙面膠帶黏貼於背板→裝入畫框。

完成尺寸 內尺寸28.5 × 28.5cm

金合歡的繡法

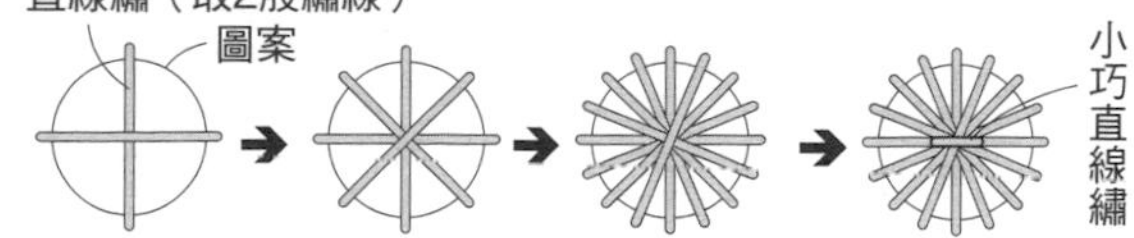

依序完成直線繡，中心加入小巧直線繡。

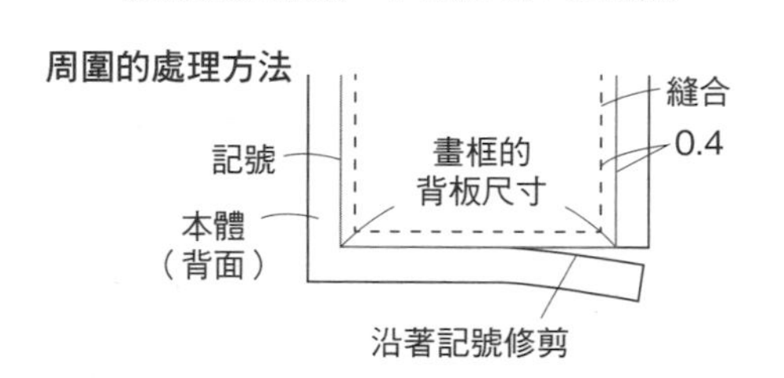

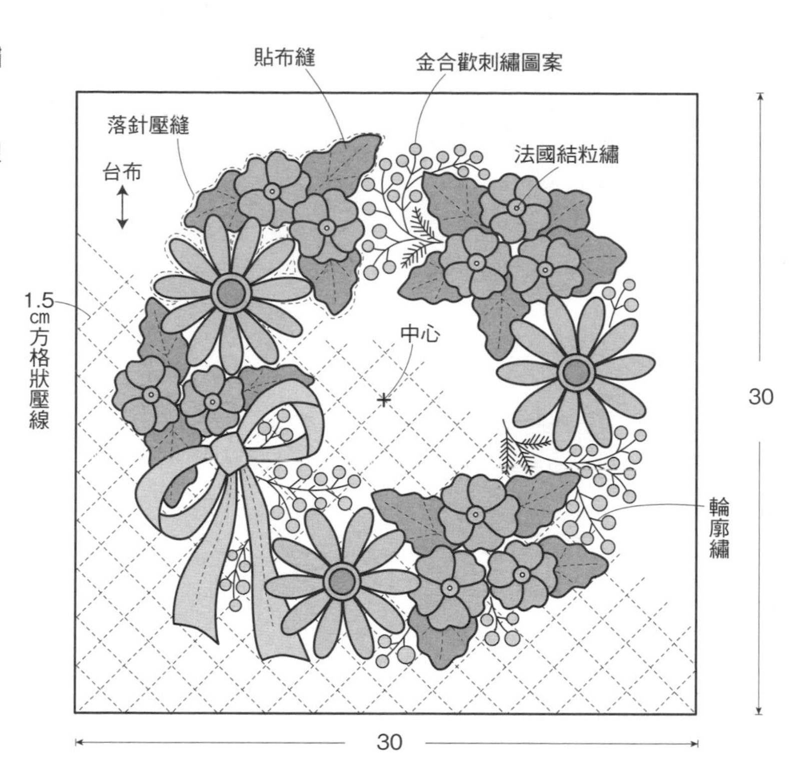

P6 No.4 壁飾 ●紙型B面❻（A至C、G至I的原寸紙型＆貼布縫圖案）

◆**材料**
各式拼接用布片 白色素布110×130cm（包含滾邊部分） 鋪棉、胚布各90×90cm
◆**作法順序**
拼接A至C布片，完成9片圖案→接縫圖案與D至F布片→接縫A、B、G至I布片，完成內側邊飾，接縫周圍→拼接J與K布片，完成表布→疊合鋪棉、胚布，進行壓線→進行周圍滾邊（請參照P.82）。
◆**作法重點**
○圖案縫法請參照P.73。

完成尺寸 80×80cm

圖案配置圖

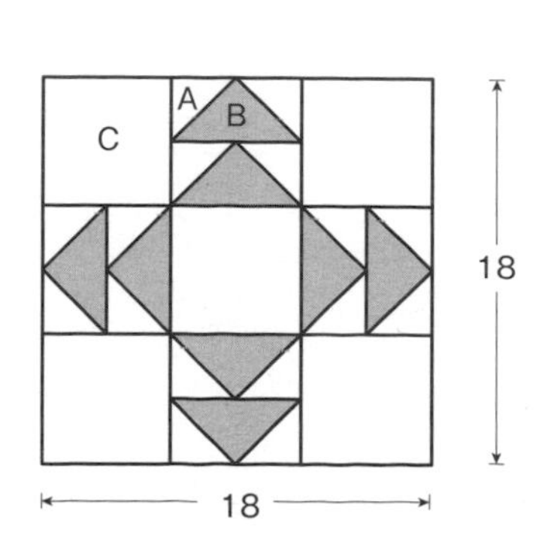

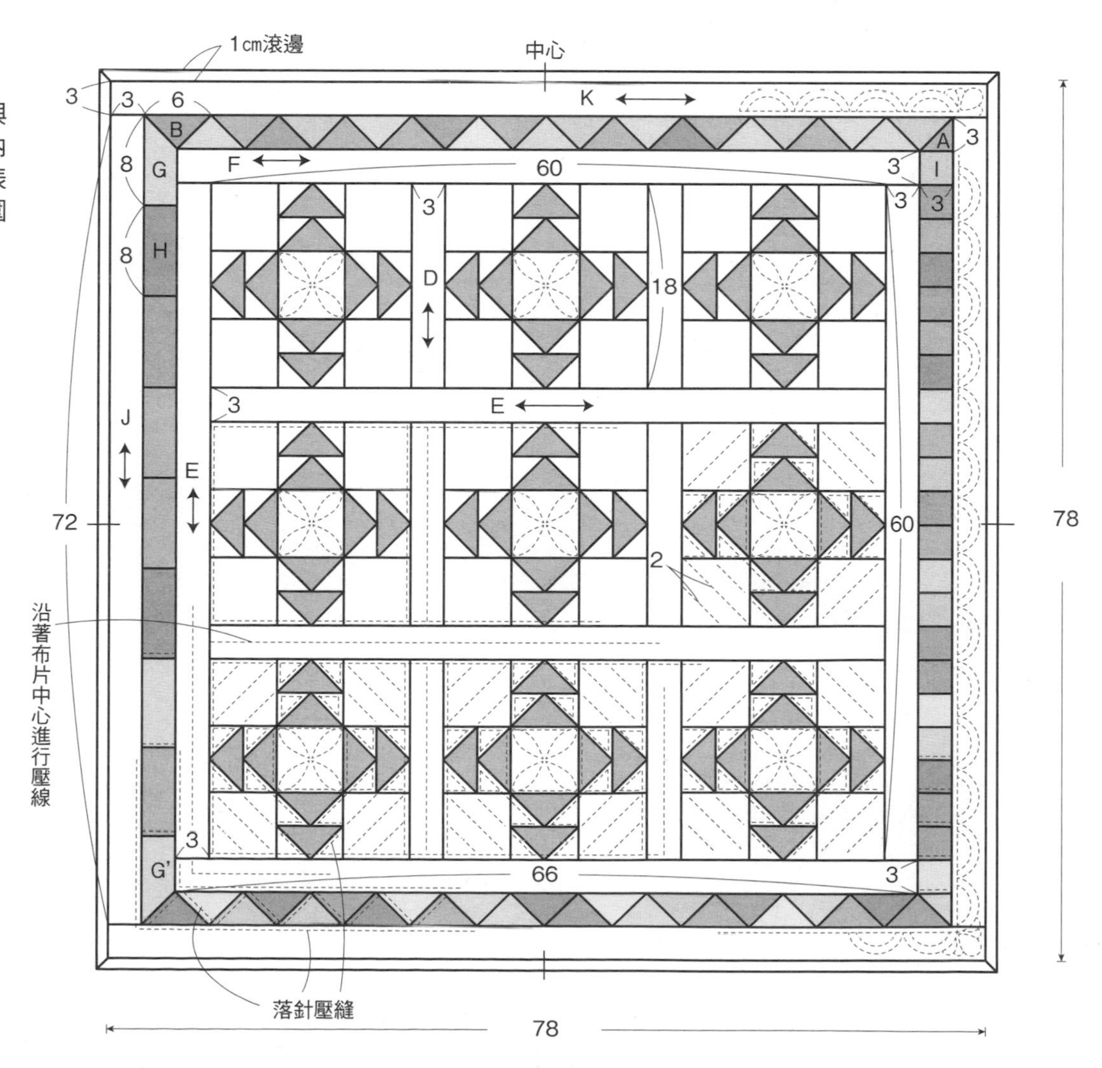

No.7 沙發套 ●紙型A面⑫（B至F'的原寸紙型）

◆材料

各式拼接用布片 B用白色素布（包含C至E布片部分）110×225cm E至F'用布（包含滾邊部分）100×100cm
鋪棉、胚布各90×330cm 25號黃色繡線適量

◆作法順序

拼接A布片，完成289片「四拼片」圖案→圖案接縫B至D布片→一部分B布片進行刺繡→拼接E至G布片，完成邊飾→接縫邊飾，完成表布→疊合鋪棉、胚布，進行壓線→進行周圍滾邊（請參照P.82）。

完成尺寸 156×156cm

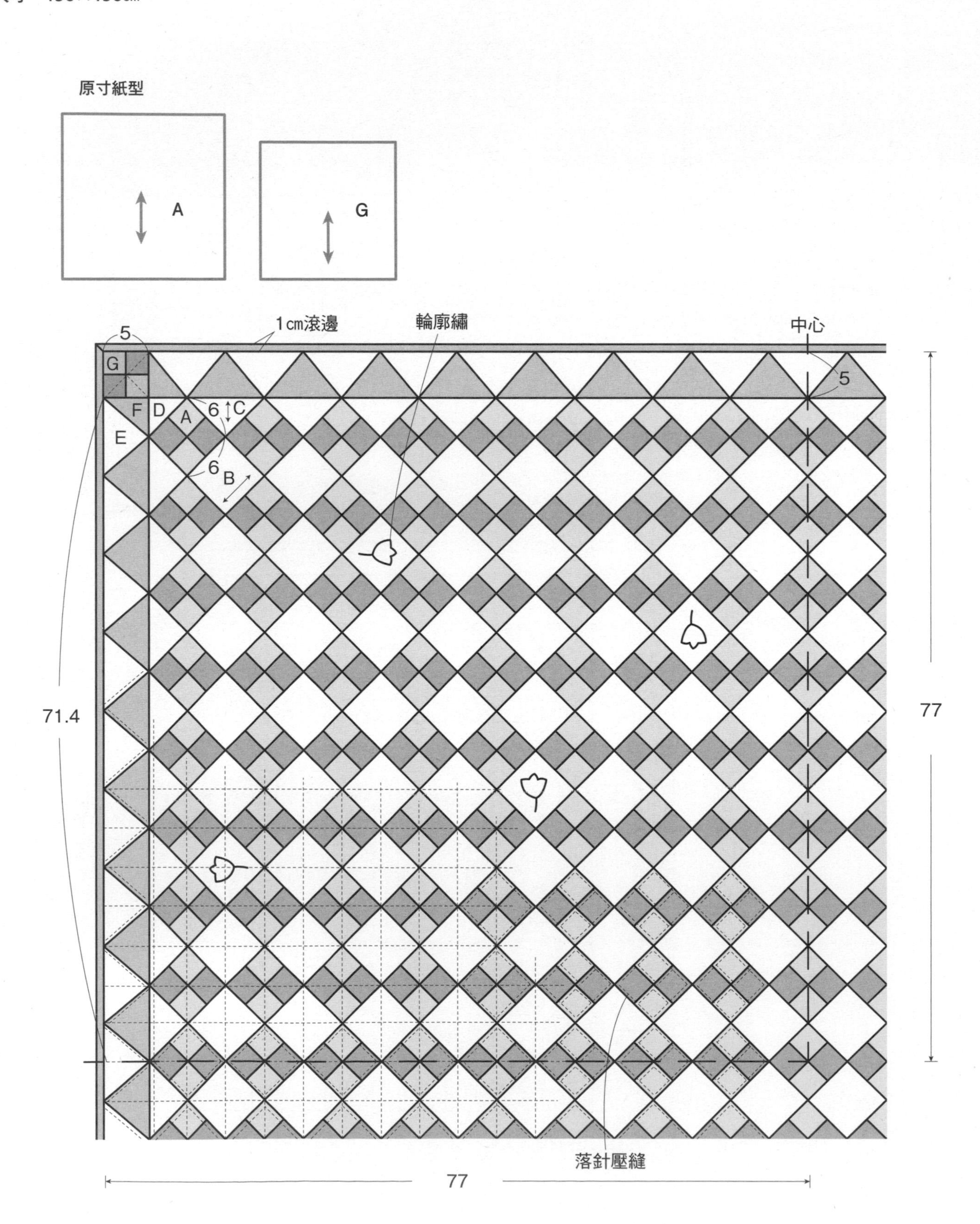

No.3 壁飾 ●紙型B面❷（圖案、G、H的原寸紙型＆壓線圖案）

◆材料

各式B至D用布片　A用布110×290cm（包含E、F布片部分） G、H用布100×205cm（包含滾邊部分） 鋪棉、胚布各100×450cm 寬0.5cm波形織帶840cm MOCO紅色繡線適量

◆作法順序

拼接A至D布片，完成63片圖案（拼接順序請參照P.84）→拼接圖案，周圍接縫E至H布片，完成表布→疊合鋪棉、胚布，進行壓線→G與H布片外側修剪成扇形→進行周圍滾邊→進行刺繡→滾邊部位的背面側縫合固定波形織帶。

◆作法重點

○G與H布片進行壓線後，修剪成扇形。

完成尺寸　215.5×175.5cm

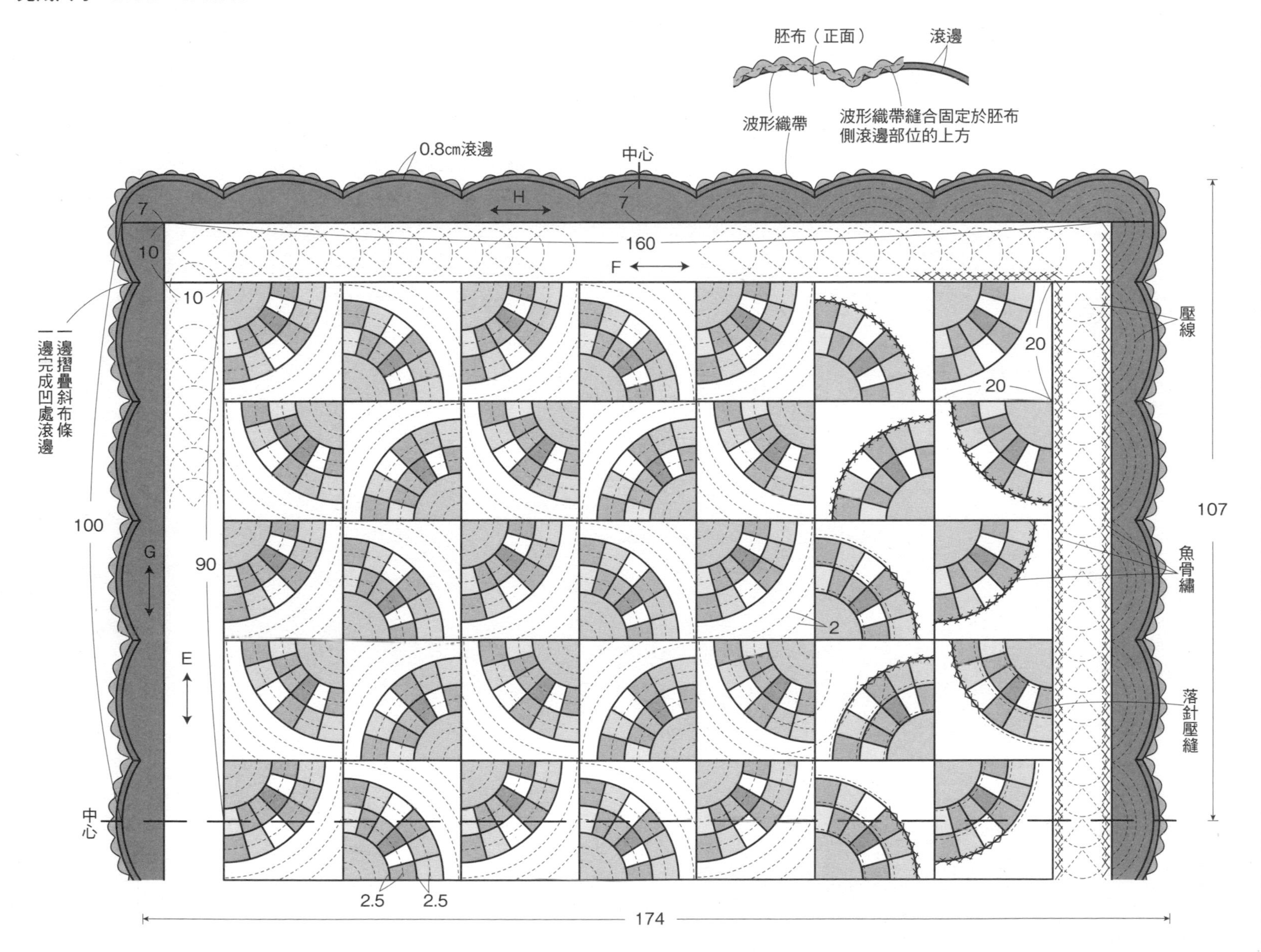

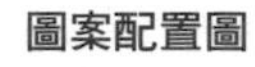

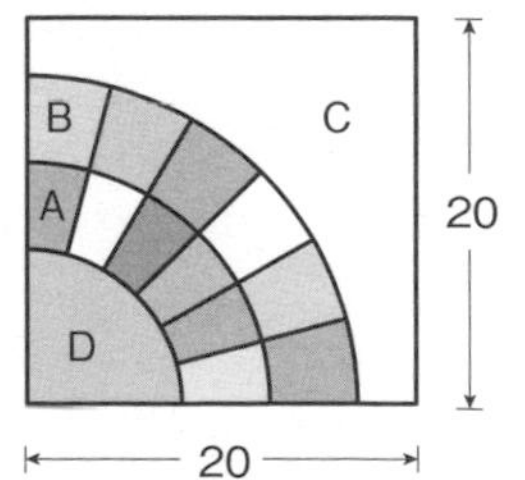

No.13 手提包

◆材料

各式拼接用布片 D用布40×20cm E用布40×15cm滾邊用寬3.5cm斜布條80cm 鋪棉、胚布（包含補強片部分）各70×45cm 長40cm皮革提把1組 包包用底板25×9cm

◆作法順序

拼接A至C布片，接縫D、E布片，完成表布→疊合鋪棉與胚布，進行壓線→依圖示完成縫製。

◆作法重點

○拼接布片時，請參照配置圖，組合3片顏色深淺不同的布片，彙整成六角形區塊後進行接縫。由記號縫至記號，縫份倒向同一側。

○胚布兩邊端多預留縫份。

完成尺寸 27.5×36cm

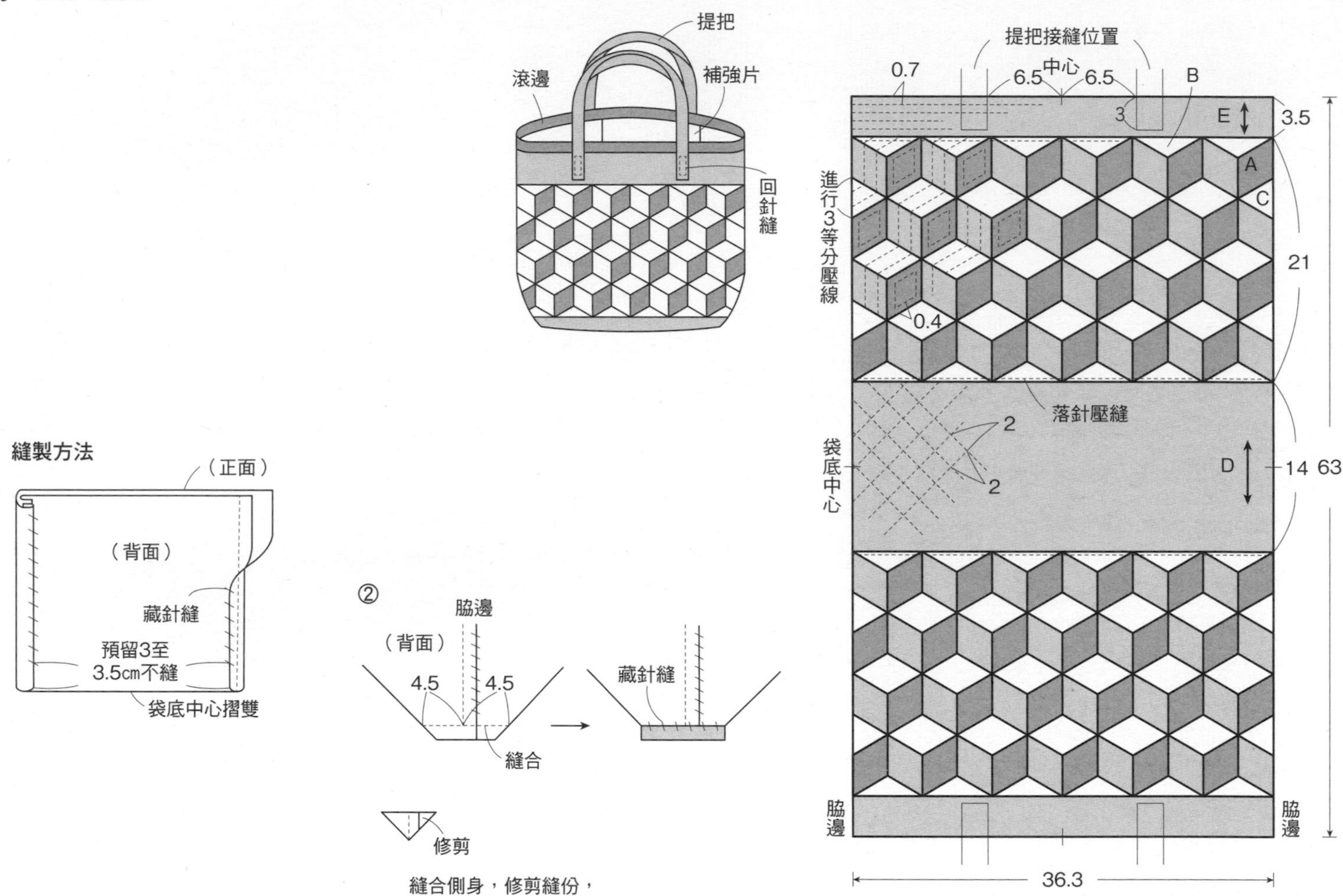

正面相對，由袋底中心摺疊，縫合脇邊，
裁掉多餘的縫份，
以後片胚布包覆縫份後進行藏針縫。

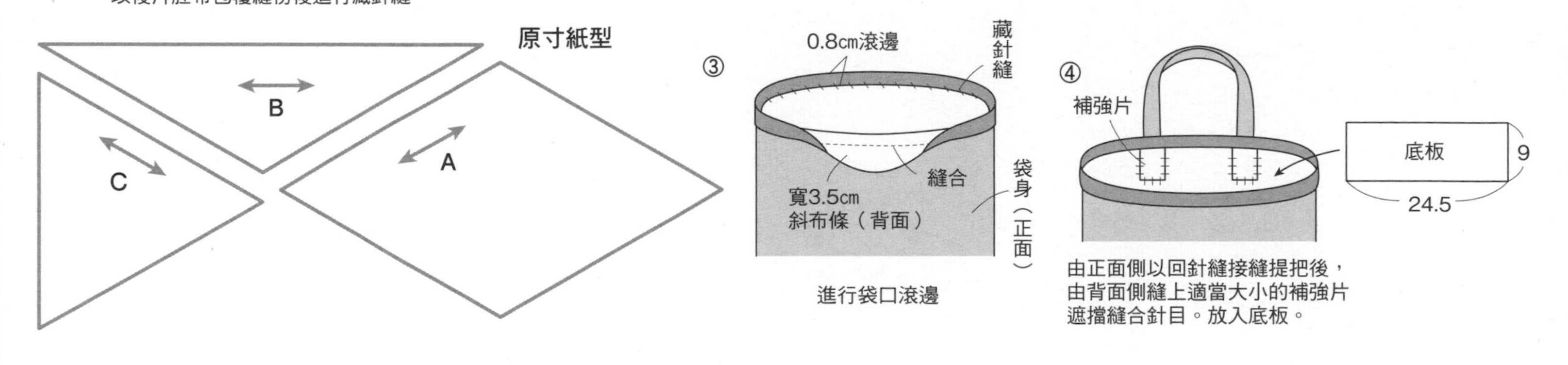

P9 No.9 水桶包

◆材料

各式拼接用布片 E用布55×35cm（包含提把、袋底部分） 鋪棉、胚布各100×45cm（包含襯底墊部分）
包包用底板20×20cm

◆作法順序

拼接A、B布片，接縫C、D布片→接縫E布片，彙整成袋身表布→疊合鋪棉、胚布，進行壓線→袋底也以相同作法進行壓線→製作提把→依圖示完成縫製。

◆作法重點

○襯底墊覆蓋袋身與袋底的縫份後縫合固定。

完成尺寸　28×32cm

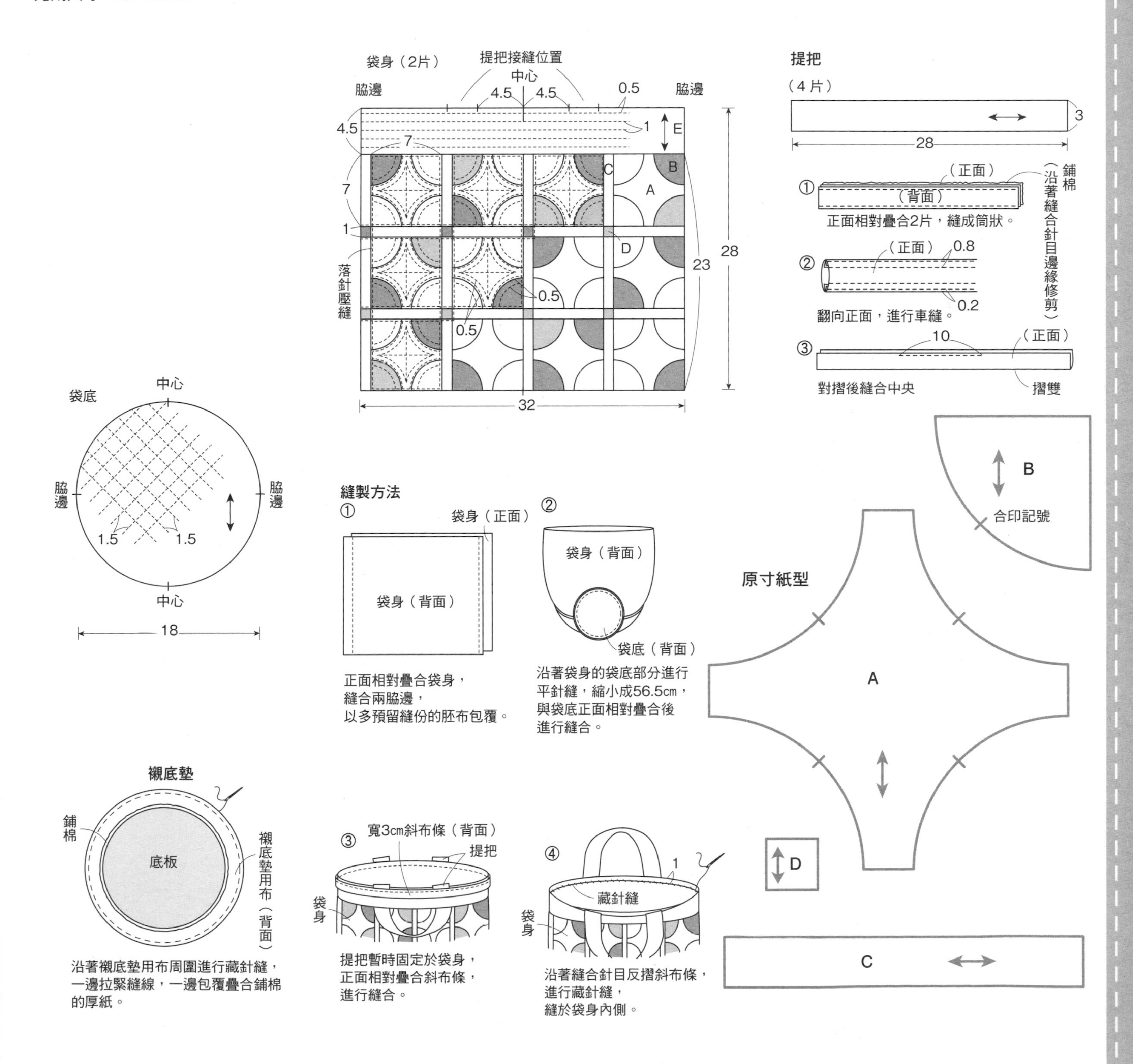

P9 No.8 壁飾 ●紙型B面⑫（原寸刺繡圖案）

◆材料

各式拼接用布片 C、D用布110×40cm 鋪棉、胚布各60×60cm 滾邊用寬2.5cm斜布條210cm 25號繡線適量

◆作法順序

拼接布片，進行貼布縫，完成16片「德勒斯登圓盤」圖案，C布片進行貼布縫→接縫成4×4列→D布片進行刺繡後，接縫於周圍，完成表布→疊合鋪棉與胚布，進行壓線→進行周圍滾邊（請參照P.82）。

完成尺寸 49×49cm

原寸紙型

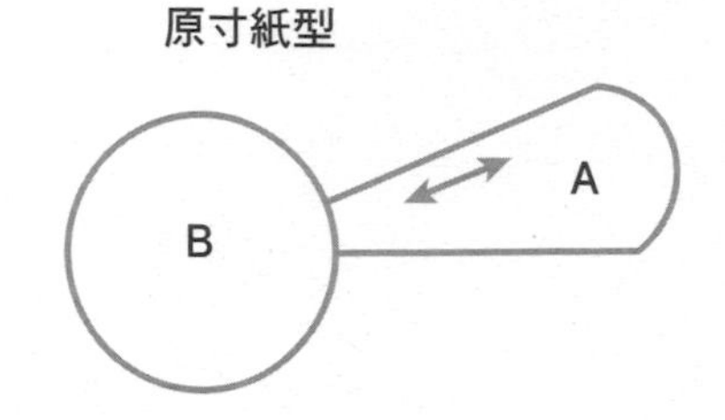

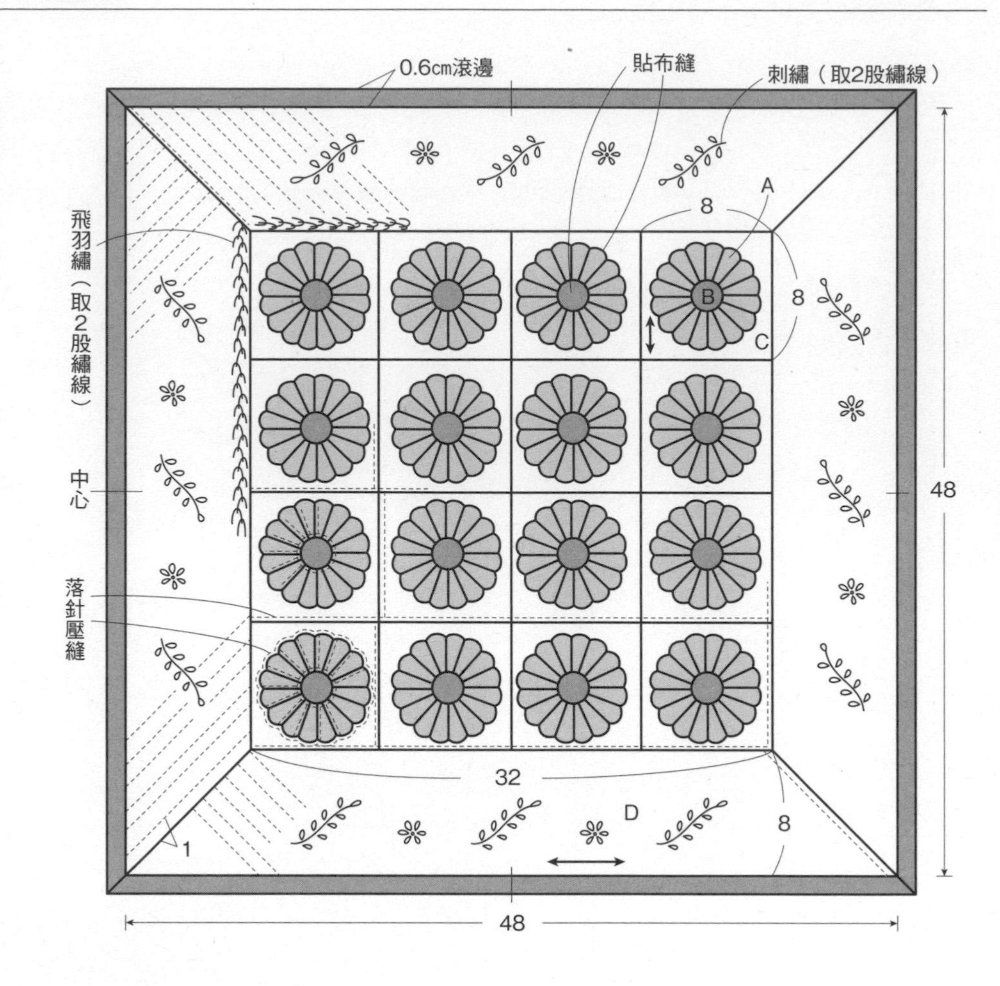

P48 No.45 零錢包 ●紙型B面⑲

◆材料

袋身用布3種各20×20cm（包含拉鍊襠片部分）裡袋用布45×20cm 鋪棉、胚布各30×25cm 寬1.5cm蕾絲25cm 長20cm蕾絲拉鍊1條 寬1.9cm皮革花片（附固定釦）2片 直徑1.3cm塑膠製按釦1組

◆作法順序

袋身用布疊合鋪棉、胚布，進行壓線→接縫袋身用布→製作裡袋→製作拉鍊襠片→依圖示完成縫製。

完成尺寸 10×11cm

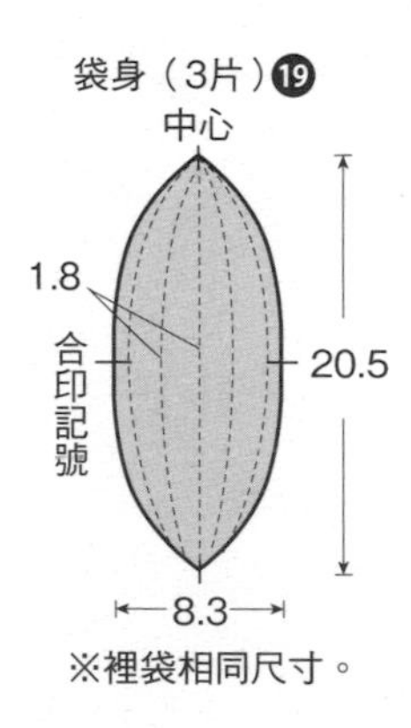

※裡袋相同尺寸。

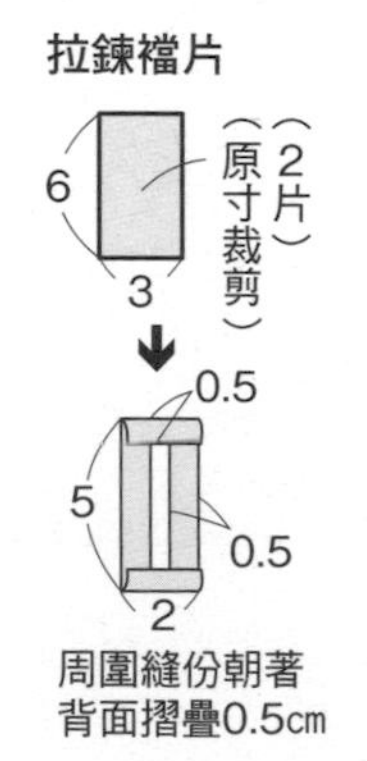

周圍縫份朝著背面摺疊0.5cm

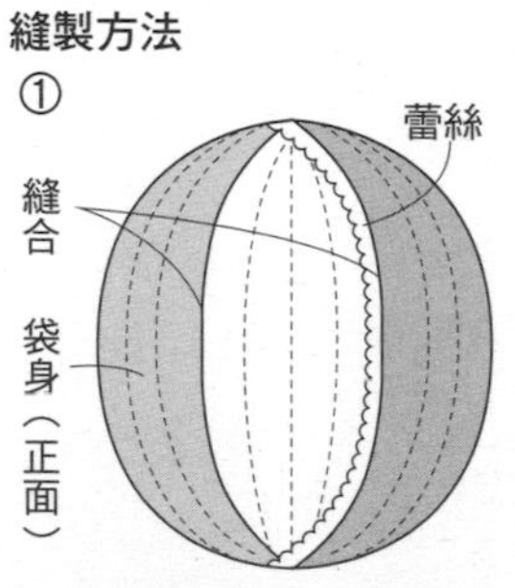

3片袋身分別完成壓線後，正面相對縫合。此時夾縫蕾絲。
※裡袋也以相同作法完成製作。

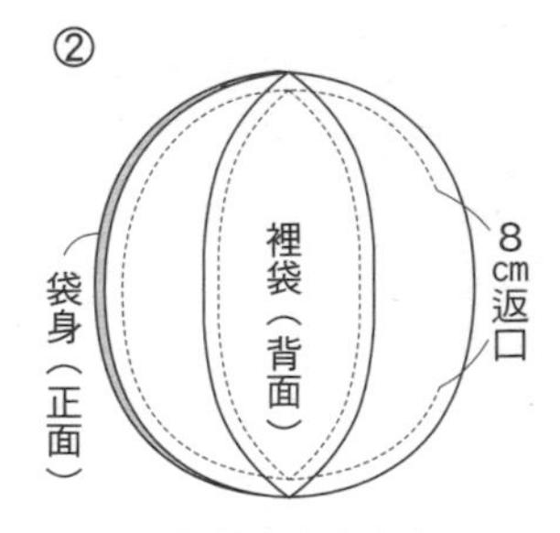

正面相對疊合袋身與裡袋，預留返口，進行縫合。

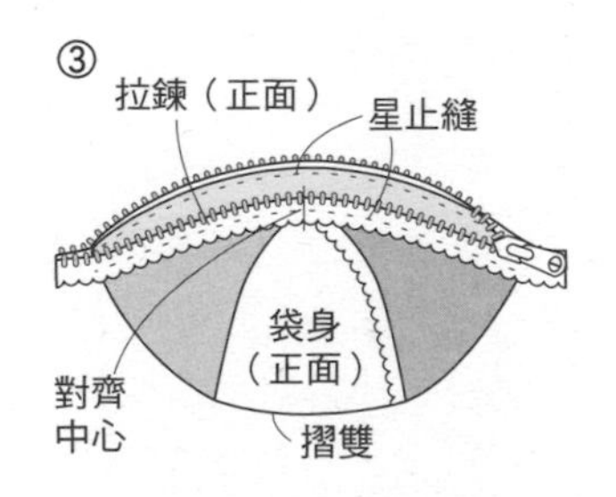

將袋身翻向正面，縫合返口，背面相對對摺，縫合固定拉鍊。

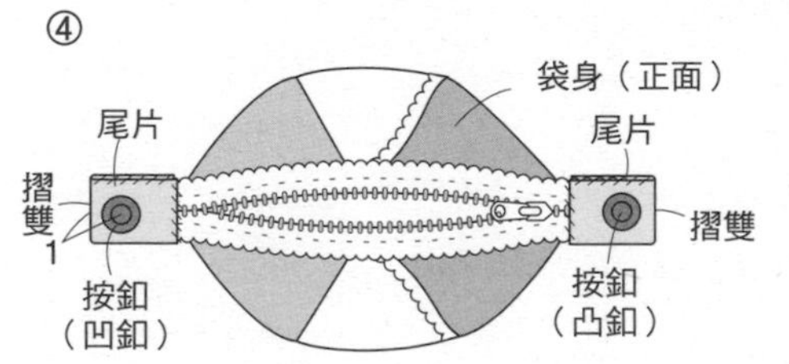

以尾片夾住拉鍊端部，進行藏針縫，固定按釦。

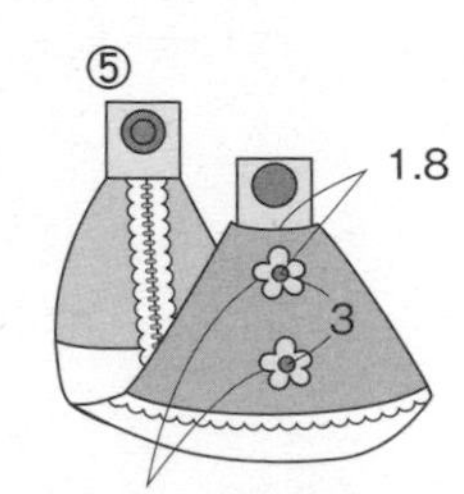

以固定釦固定皮革花片

P45 No.39 長夾

◆材料

各式貼布縫、包釦用布片 B用布40×25cm（包含滾邊部分） 台布70×50cm（包含口袋ㄅ至ㄇ、拉鍊口袋、隔層、側身部分 鋪棉、胚布各30×25cm接著襯65×40cm 長17cm、40cm塑鋼拉鍊各1條 寬1cm蕾絲45cm 直徑2cm包釦心4顆

◆作法順序

鋪棉進行貼布縫，縫上A布片→疊合胚布，進行壓線，縫合固定蕾絲，完成外側→製作口袋等，完成各部位→台布縫合固定口袋ㄅ至ㄇ→依圖示完成縫製。

◆作法重點

○台布、口袋ㄅㄇ、拉鍊口袋、隔層、側身用布分別黏貼接著襯。

○依照完成尺寸修剪鋪棉，參照圖，描畫格子線，完成A布片貼布縫。

完成尺寸 12.5×21.5cm

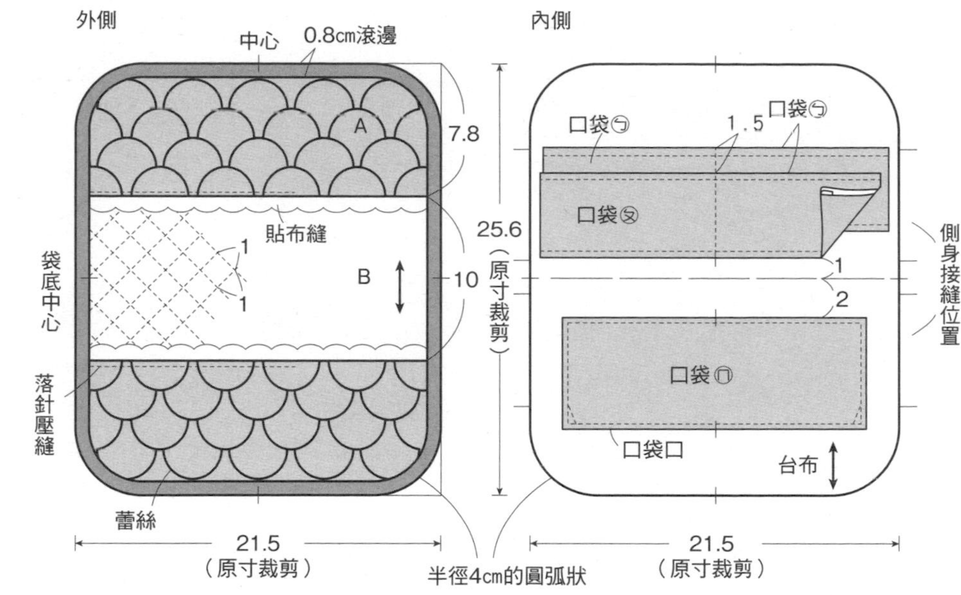

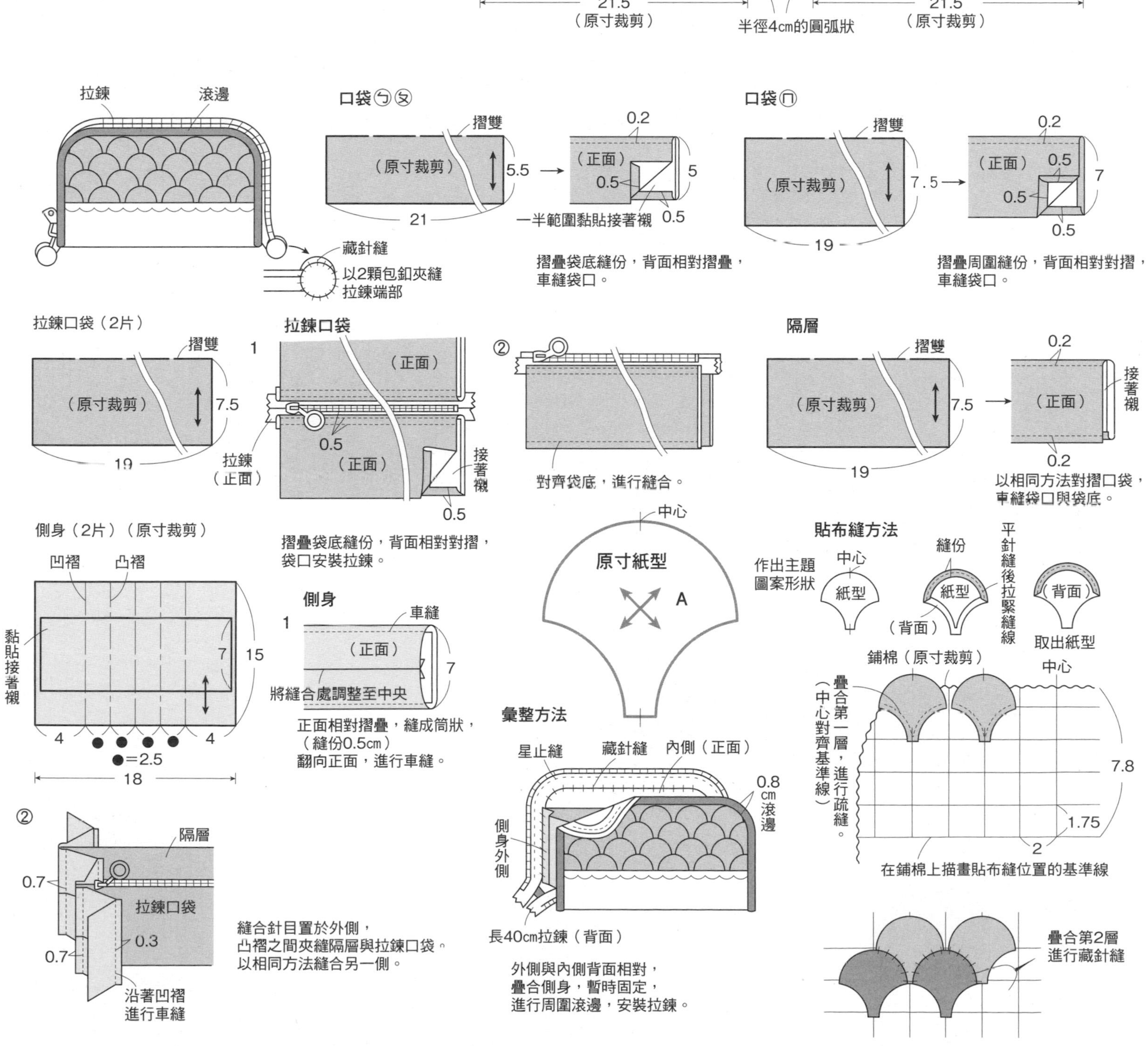

No.43・No.44 零錢包

●紙型A面❺（圖案＆側身的原寸紙型）

◆材料

相同　各式拼接、拉鍊裝飾用布片 鋪棉15×25cm　薄接著鋪棉10×5cm 厚接著襯25×15cm　長25cm 蕾絲拉鍊1條 薄塑膠板5×15cm　包包用底板10×10cm

No.43　胚布15×20cm　滾邊用寬2.5cm 斜布條55cm　內口袋40×25cm（包含側面側身、前側身、襯底墊用布部分）

No.44　胚布40×40cm（包含內口袋、側面側身、前側身、襯底墊用布、寬2.5cm 斜布條部分）直徑1.5cm包釦心4顆　裝飾用鈕釦2顆

◆作法順序（相同）

拼接布片，完成表布→疊合鋪棉、胚布，進行壓線→製作內口袋→製作側面側身與前側身→製作襯底墊→依圖示完成縫製。

◆作法重點

○接著襯原寸裁剪。

完成尺寸　8×10.5cm

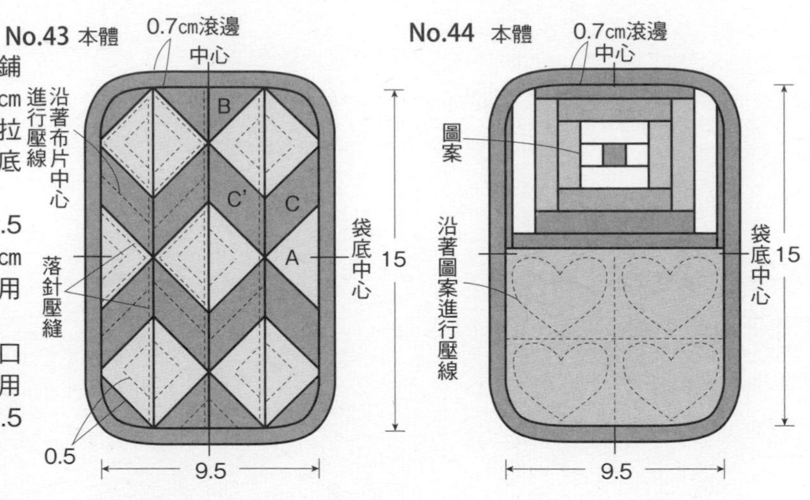

側面側身（2片）

摺雙　摺疊線

4.5

9.6 ★

※其中一面黏貼厚接著襯。

側身用內板

修切圓除尖角後　塑膠板

4

6.7

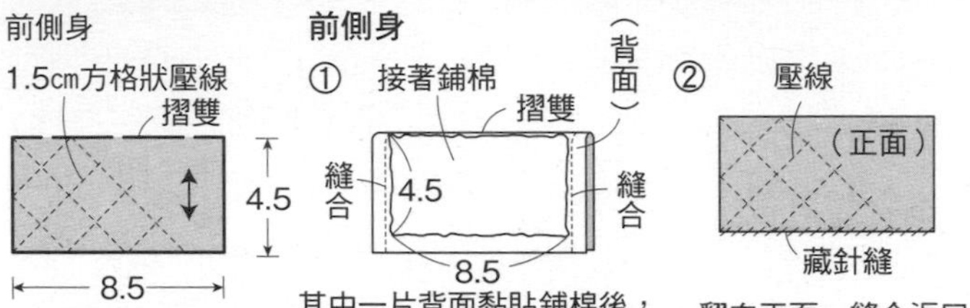

側面側身

①（背面）摺雙

接著襯　縫合

其中一面黏貼接著襯，正面相對摺疊，縫合兩脇邊。

②（正面）側身用內板

沿著摺疊線進行車縫

藏針縫

翻向正面，沿著摺疊線進行車縫，放入內板，下部進行藏針縫。

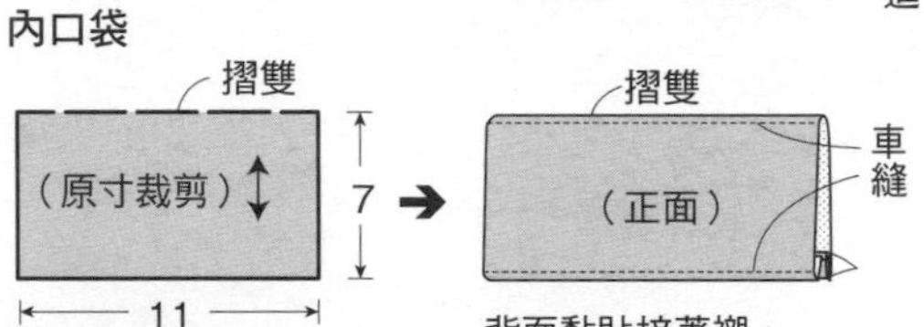

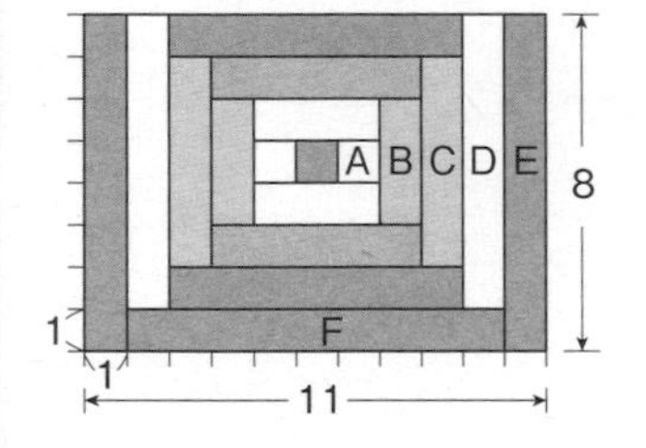

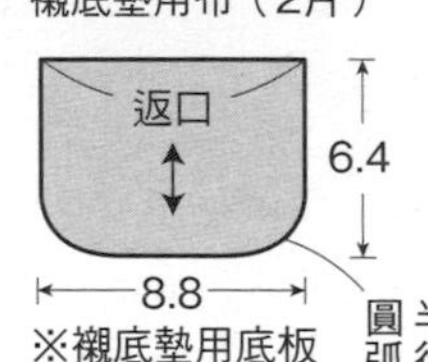

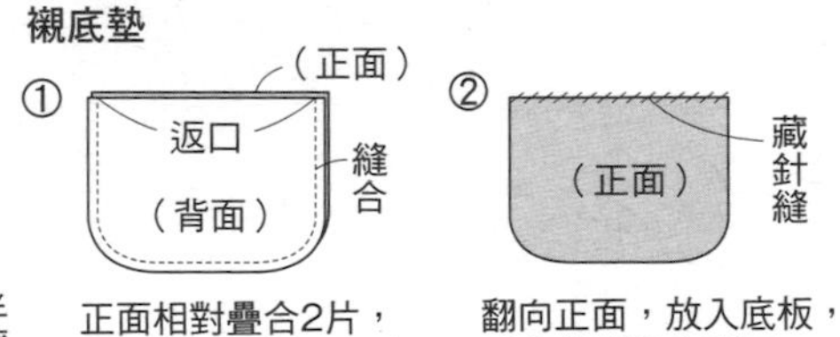

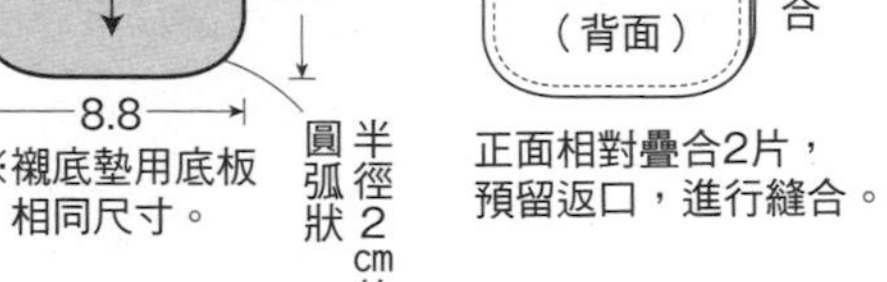

縫製方法

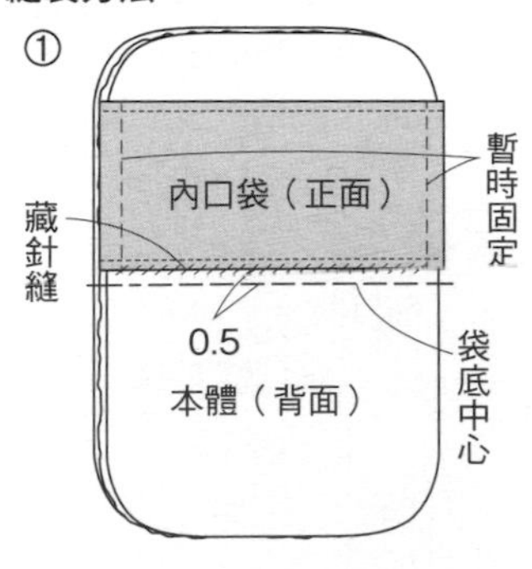

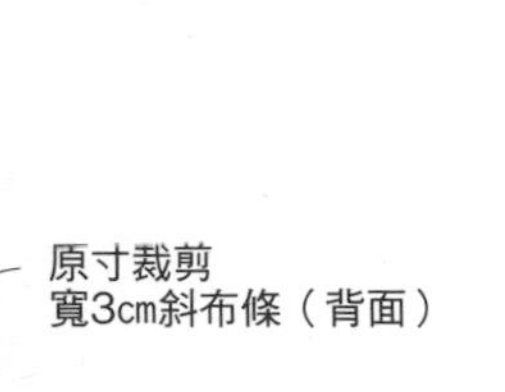

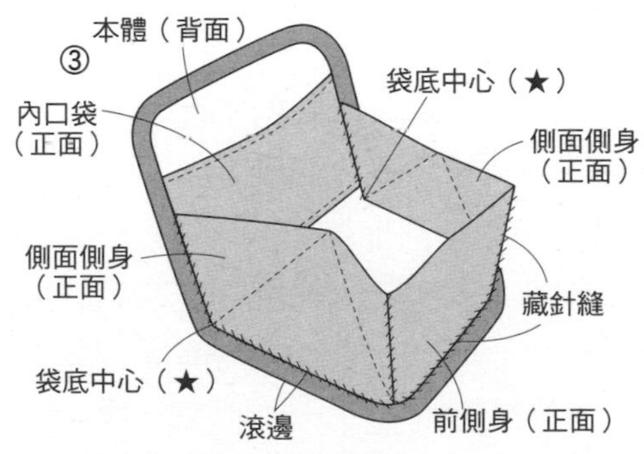

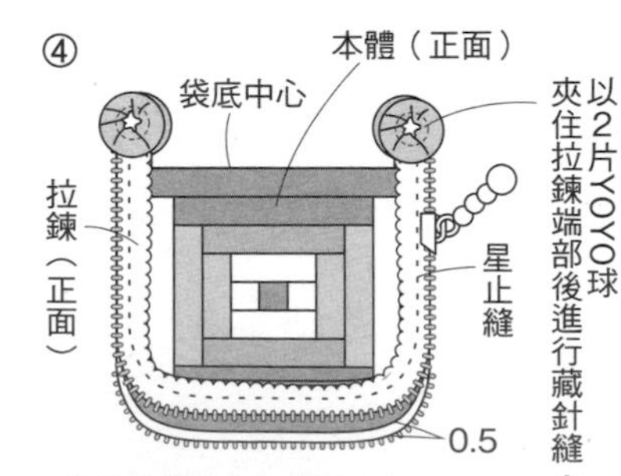

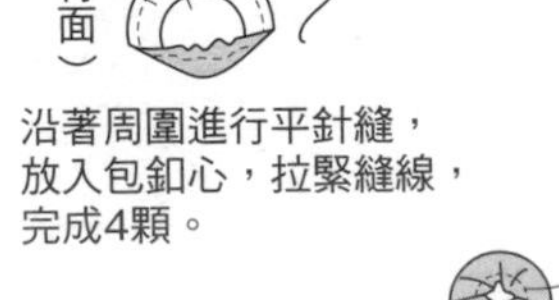

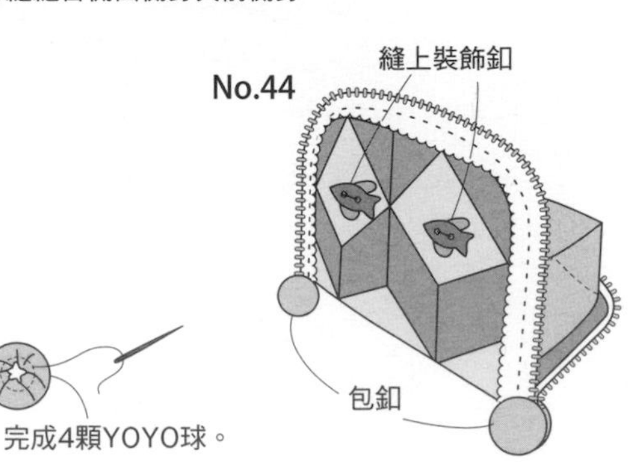

No.47・No.48 零錢包 ●紙型B面⓮

◆材料

No.47　各各式拼接用布片　G用布45×25cm（包含H、I布片、滾邊部分）　鋪棉15×30cm　卡片夾用布55×35cm（包含口袋、側身部分）　接著襯45×35cm　長35cm拉鍊1條

No.48　A用布40×25cm（包含滾邊部分）　B用布15×10cm　鋪棉20×15cm　卡片夾用布35×35cm（包含隔層、側身部分）　接著襯35×25cm　長28cm拉鍊1條

◆作法順序（相同）

拼接布片，完成表布（No.47的圖案縫合順序請參照P.85）→疊合鋪棉，進行壓線→製作卡片夾→製作口袋（No.47製作隔層）→製作側身→依圖示完成縫製。

完成尺寸　No.47 12.5×13.5cm
　　　　　No.48 8×11.5cm

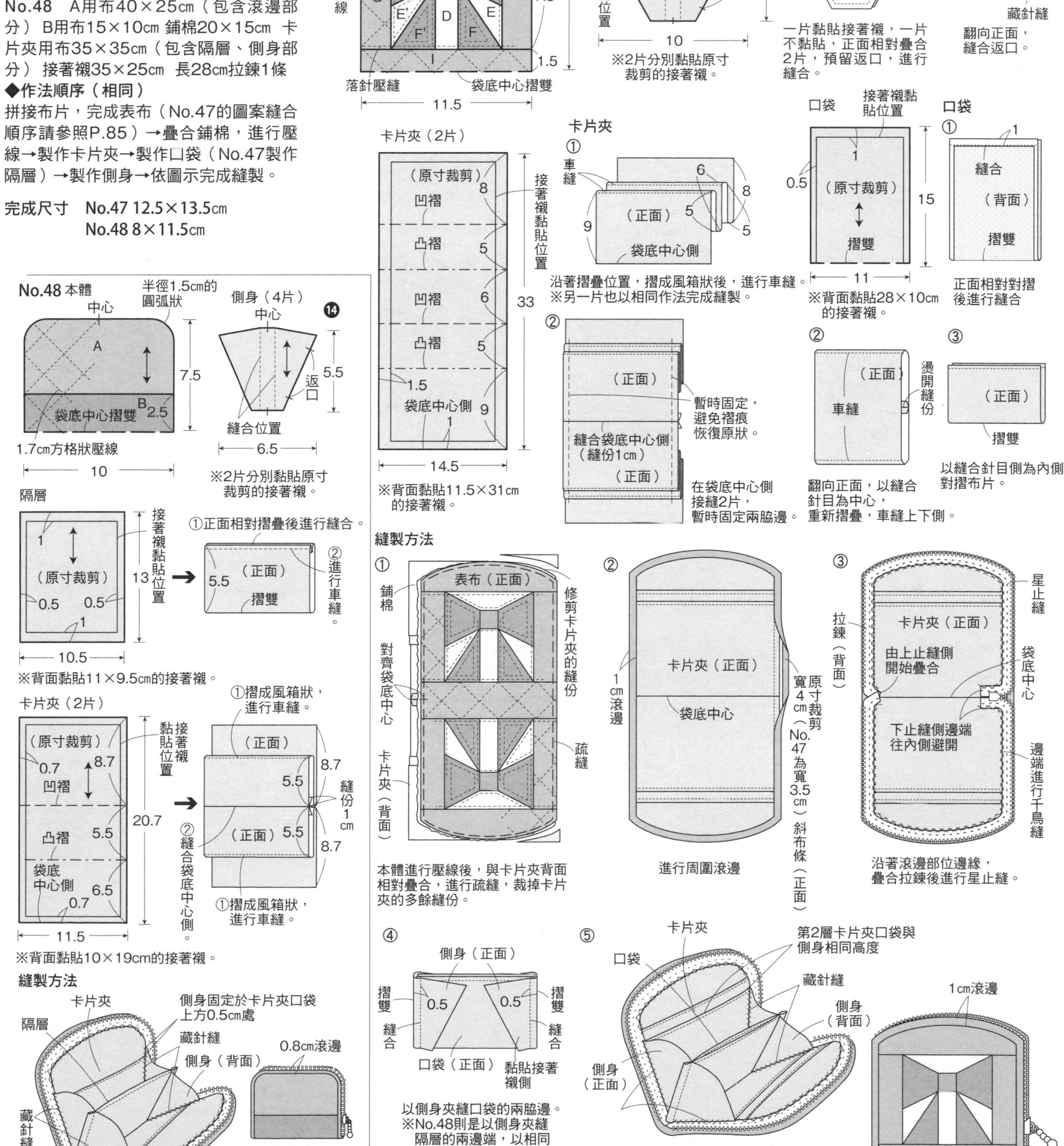

P58 No.58 壁飾 ●紙型A面⑰（圖案的原寸紙型＆壓線圖案）

◆材料
相同　各式拼接、貼布縫用布片　滾邊用寬6cm斜布條220cm　鋪棉、胚布各65×50cm
◆作法順序（相同）
拼接圖案，接縫P部分，完成表布→疊合鋪棉、胚布，進行壓線→進行周圍滾邊（請參照P.82）。

完成尺寸　61×48cm

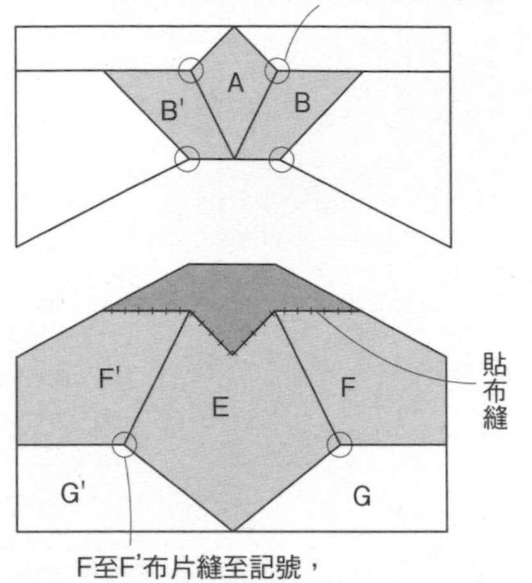

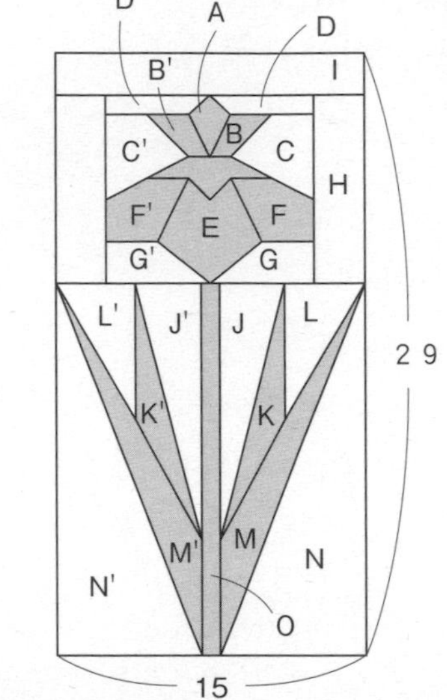

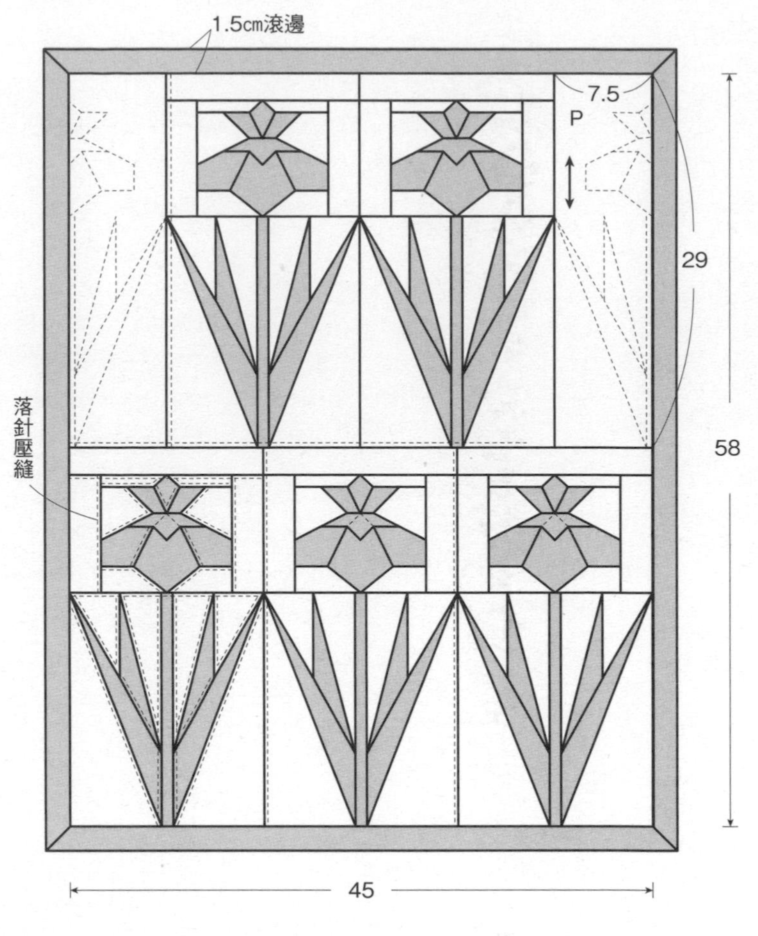

P54 No.50・No.51 抱枕

◆材料
各式拼接用布片　裡布50×45cm　鋪棉、胚布各45×45cm　寬1.5cm絨球織帶170cm　長40cm拉鍊1條
◆作法順序
拼接布片，完成表布→疊合鋪棉與胚布，進行壓線→裡布安裝拉鍊→正面相對疊合表布與裡布，縫合周圍（此時夾縫絨球織帶）。
※原寸紙型請參照P.86。

完成尺寸　40×40cm

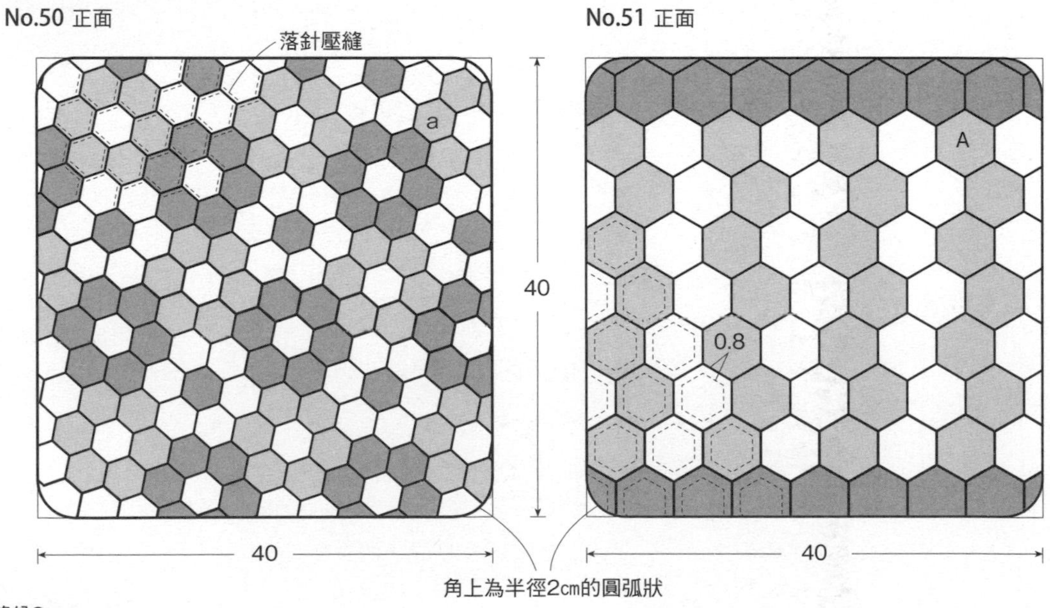

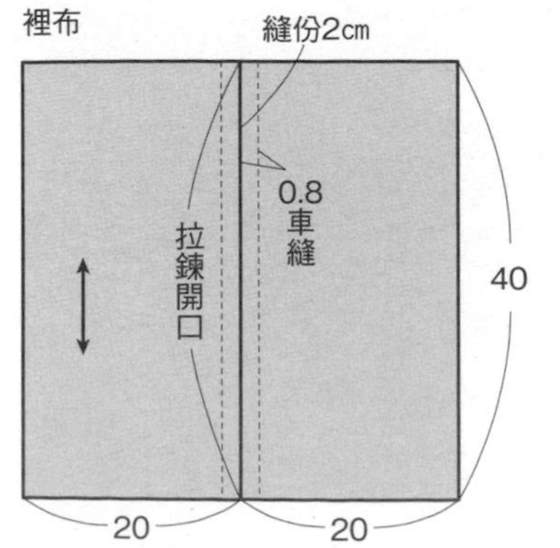

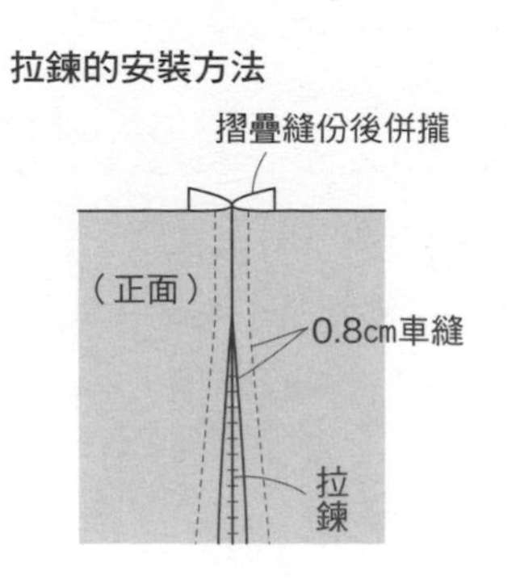

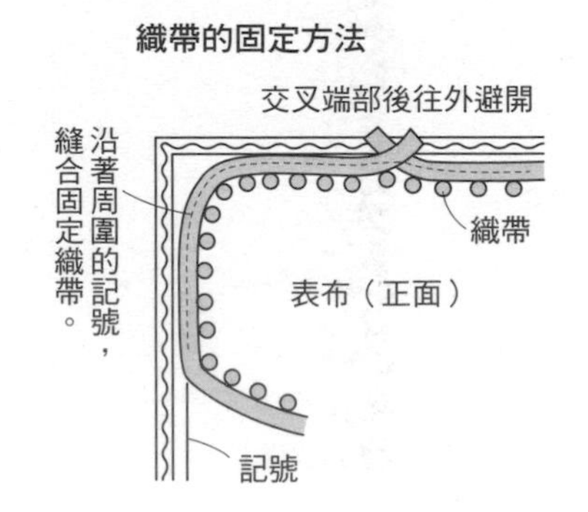

P54 No.49 桌旗 ●紙型B面⑱（圖案㋒的原寸紙型）

◆材料

各式拼接、貼布縫用布片 滾邊用布95×20㎝ 鋪棉、胚布各95×55㎝

◆作法順序

拼接A至F布片，完成3片圖案㋒（拼接順序請參照P.85），接縫G至I布片→周圍接縫J與K布片，進行貼布縫，完成表布→疊合鋪棉、胚布，進行壓線→依左右、上下順序進行周圍滾邊。

完成尺寸 50×90㎝

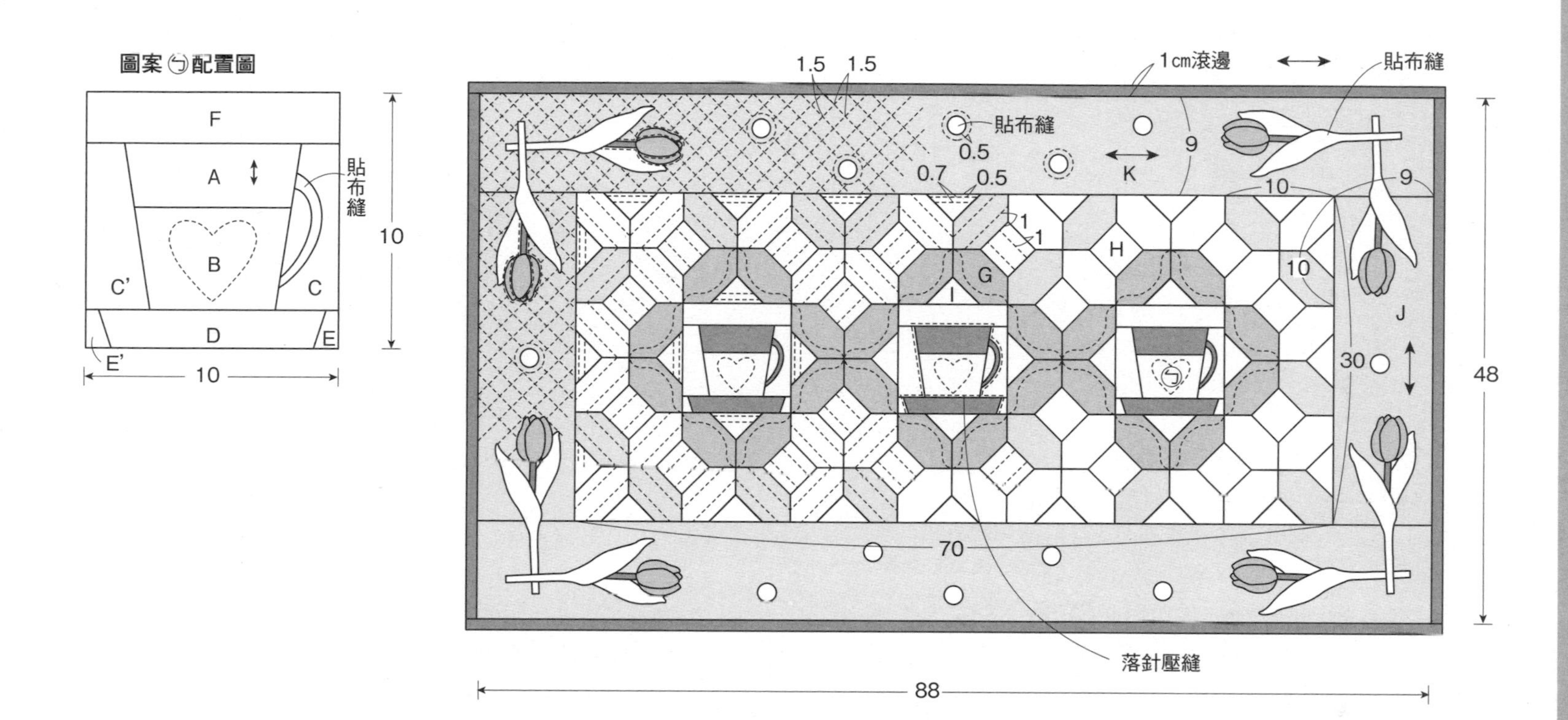

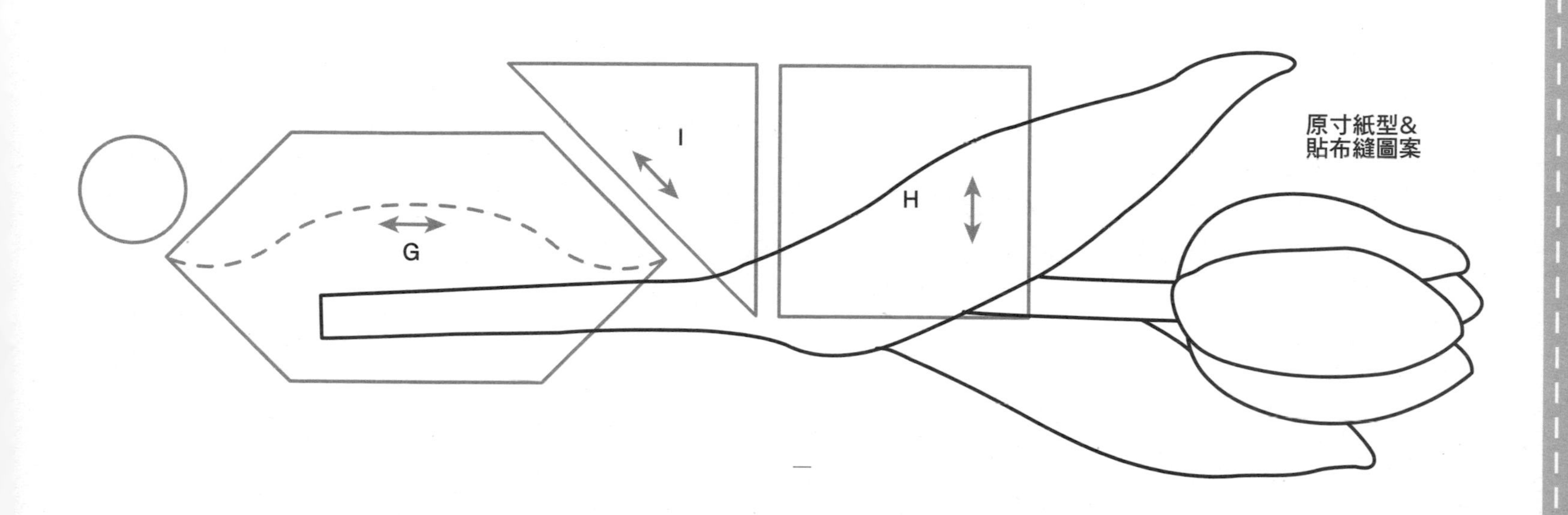

P58 No.57 壁飾 ●紙型B面⑯

◆材料

各式貼布縫用布片 A用布35×35cm B用布35×10cm C用布35×30cm 滾邊用寬3.5cm斜布條200cm 鋪棉、胚布各40×70cm 單膠鋪棉25×15cm 直徑0.4cm 繩帶70cm 25號繡線適量

◆作法順序

進行貼布縫與刺繡，彙整C布片（吹返不縫）→拼接A至C布片，完成表布→疊合鋪棉、胚布，進行壓線→進行周圍滾邊（請參照P.82）→固定吹返與繩帶。

◆作法重點

○參照原寸紙型上的固定位置，裁剪吹返。
○鍬形夾縫於布片之間。
○吹返的一部分進行藏針縫。

完成尺寸 63×33.5cm

※鍬形：日本戰國時代的戰盔立形飾物之一，設於額前稱前立，兩側稱脇立，腦後稱後立。
※吹返：日本戰國時代的戰盔立形飾物之一，設於面部兩側，具有緩衝以避免弓箭穿透造成頭部傷害等作用。

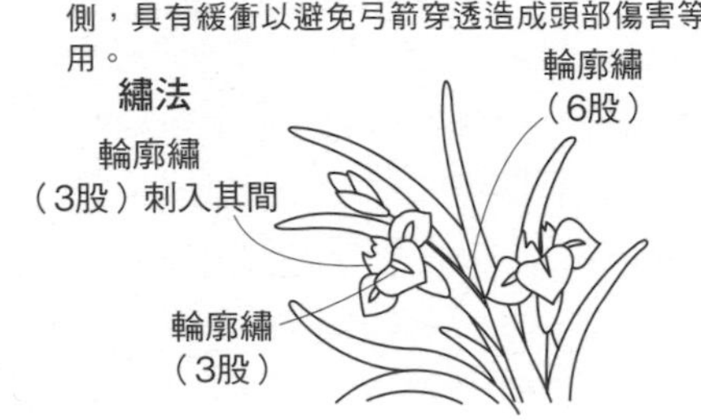

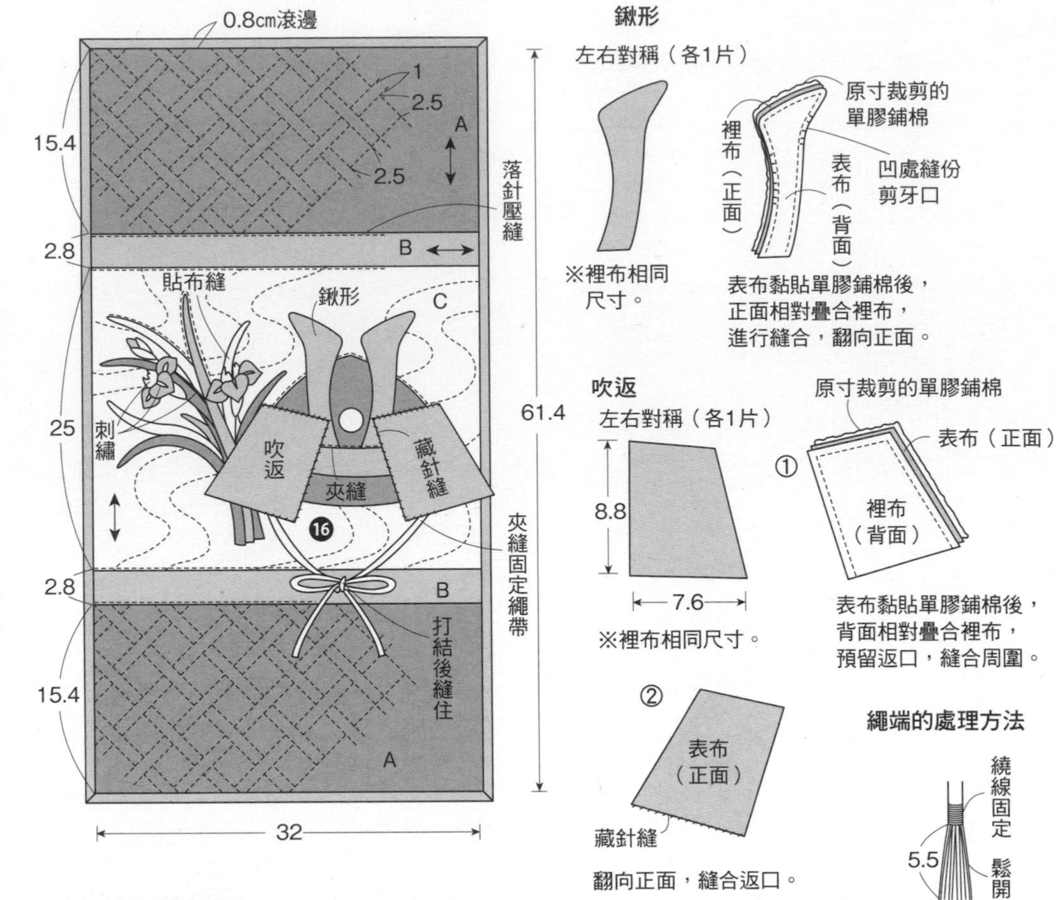

P56 No.54 壁飾 ●紙型B面⑬（原寸貼布縫圖案）

◆材料

各式拼接、貼布縫用布片 D、E用布110×65cm F、G用布60×120cm 鋪棉、胚布各100×195cm 寬1cm波形織帶510cm 毛線適量

◆作法順序

拼接A至C布片，完成56片圖案→接縫D、E布片，周圍接縫F、G與H布片的拼接部分→進行貼布縫，完成表布→疊合鋪棉、胚布，進行壓線→表布周圍暫時固定波形織帶，以胚布完成後續處理→穿入毛線。

◆作法重點

○壓線時預留周圍約8cm，處理周圍後，進行預留部分壓線。
○花圖案貼布縫以四個圖案為基本，自由地變化組合。

完成尺寸 129×117cm

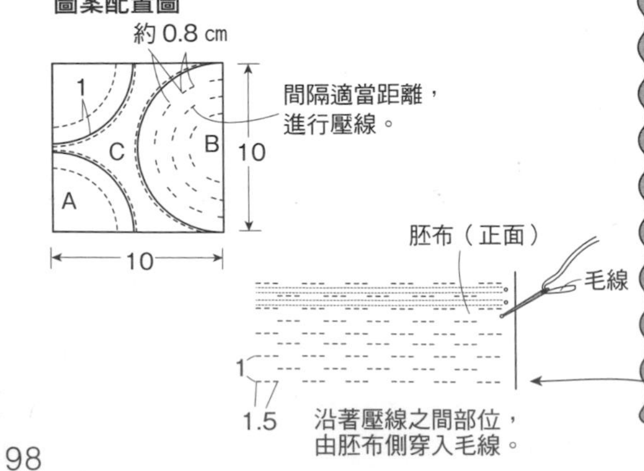

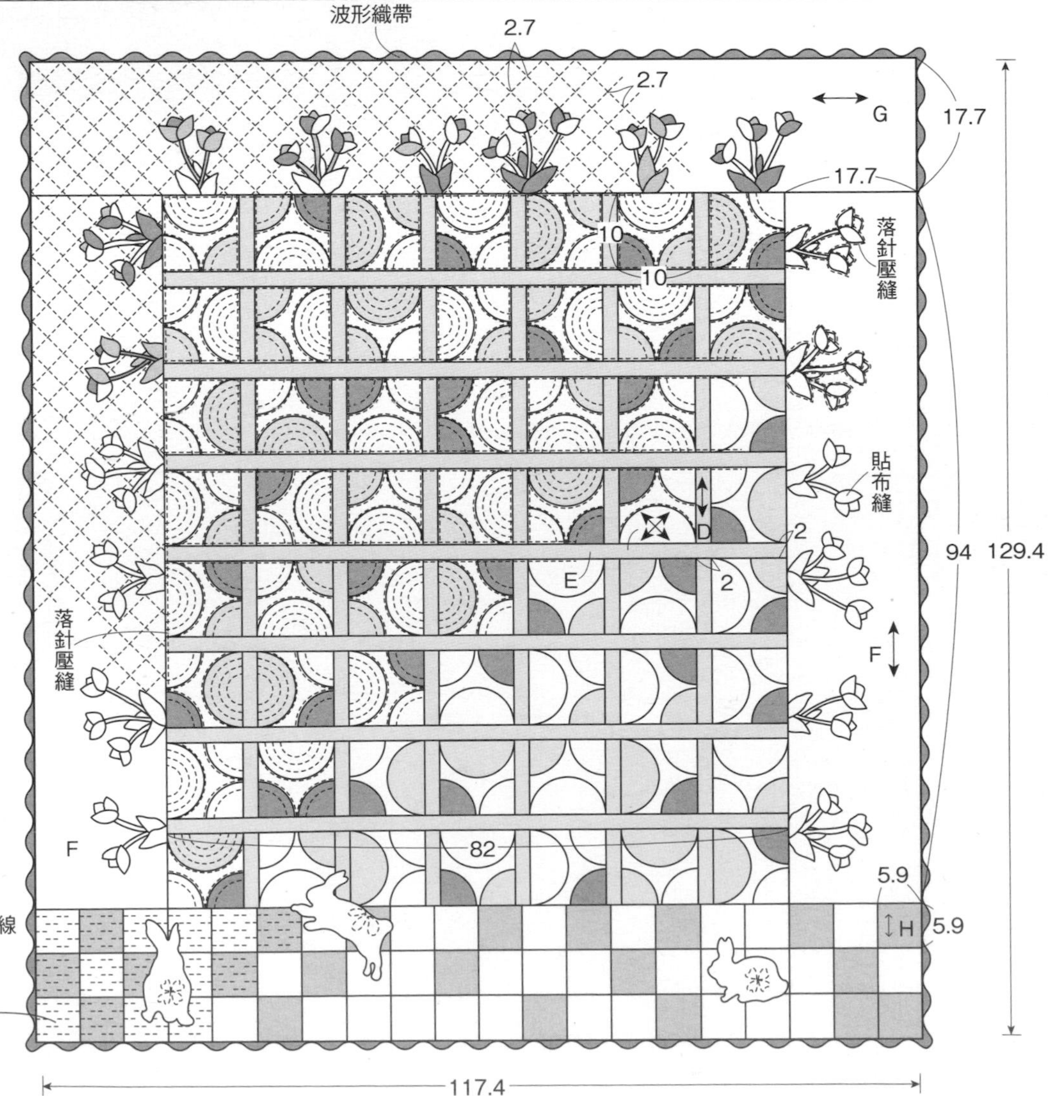

P57 No.55 壁飾 ●紙型A面❼（圖案的原寸紙型）

◆材料

各式拼接用布片 L用布110×45㎝（包含滾邊部分）
鋪棉、胚布各60×70㎝　寬1.8㎝蕾絲110㎝　直徑0.2㎝串珠適量

◆作法順序

拼接布片，完成30片圖案ㄅ至ㄈ，接縫L、M布片，完成表布→疊合鋪棉、胚布，進行壓線→進行周圍滾邊（請參照P.82）。

◆作法重點

○杯子圖案自由地施加裝飾。完成表布的階段進行刺繡，進行壓線後固定串珠、蕾絲、織帶。

完成尺寸　64×54㎝

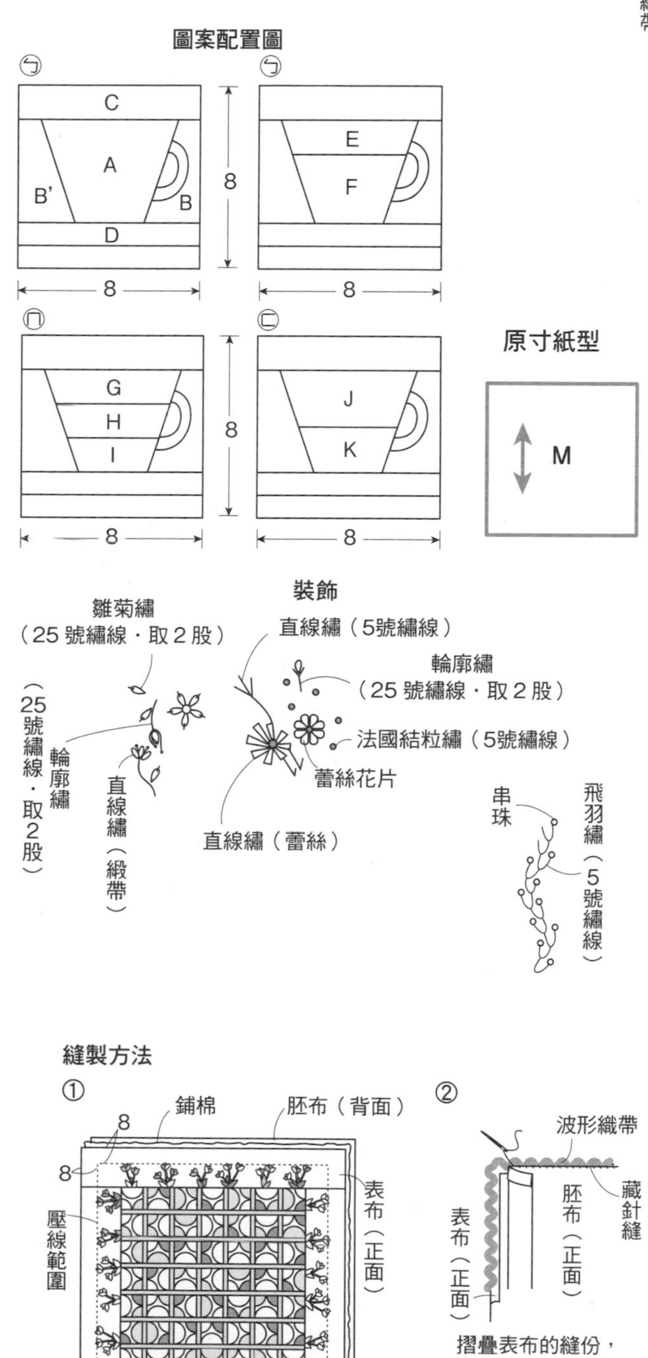

①表布疊合鋪棉、胚布，預留周圍，進行壓線，沿著完成線修剪鋪棉。

②摺疊表布的縫份，疊合波形織帶，摺疊胚布的縫份，以藏針縫縫合固定，進行預留部分壓線。

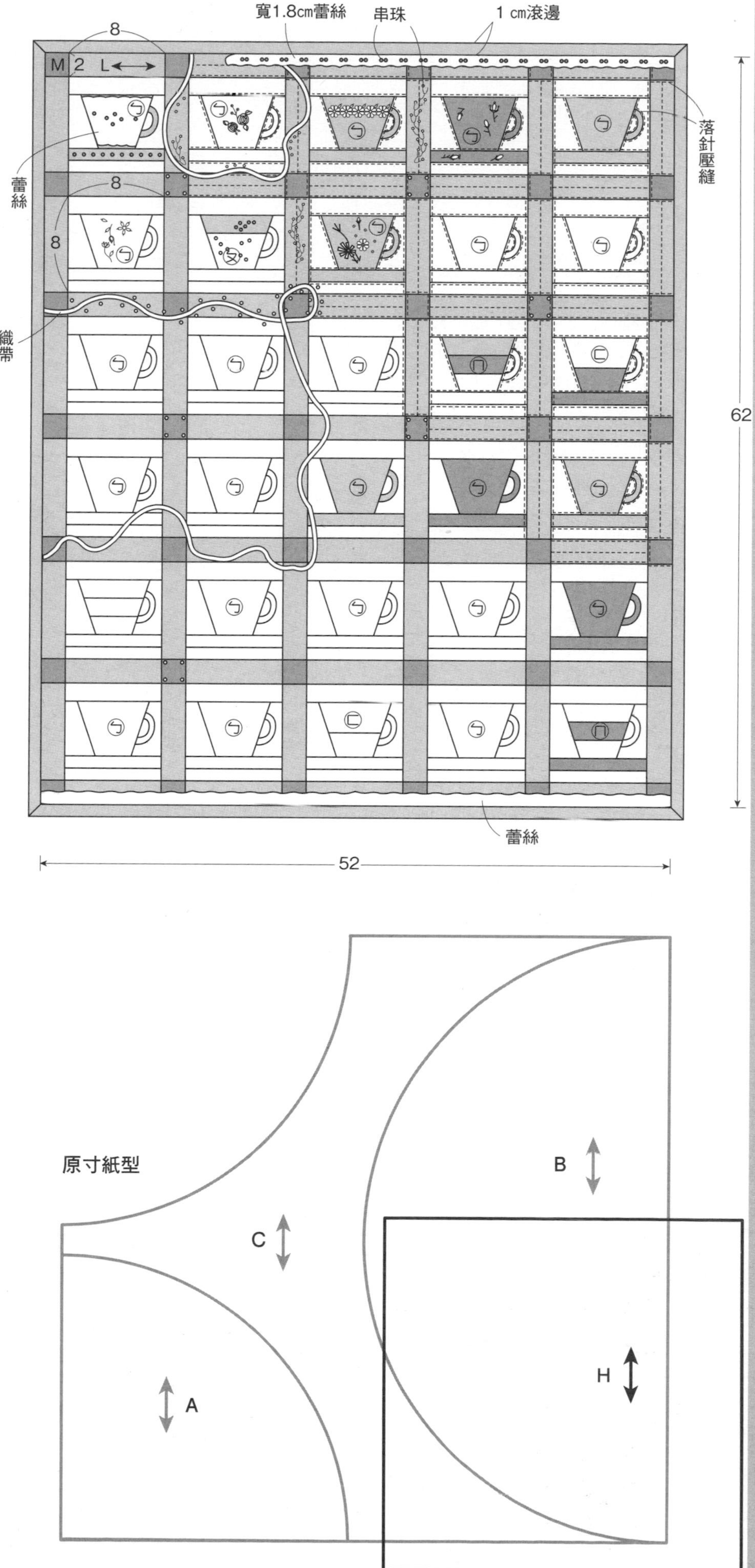

No.59 手提包 No.60 波奇包 ●紙型A面⑨（A、C與a、c布片的原寸紙型＆貼布縫圖案）

◆材料

手提袋 各式貼布縫用布片 A用布30×20㎝ 表布用藍色印花布110×60㎝（包含袋口裡側貼邊、滾邊、提把與固定片的配色布、包釦部分） 鋪棉100×45㎝（包含底板部分） 胚布95×70㎝（包含口袋補強片、底板用布部分） 提把用茶色素布45×25㎝（包含固定片部分） 直徑2.5㎝包釦心1顆 直徑0.5㎝繩帶15㎝ 長20cm拉鍊1條 直徑1.5㎝縫式磁釦1組 包包用底板30×10㎝ 25號繡線適量

波奇包 各式貼布縫用布片 a用布20×15㎝ 表布用藍色印花布35×45㎝（包含吊耳、滾邊部分） 鋪棉、胚布各25×40㎝ 長20㎝拉鍊1條 25號繡線適量

◆作法順序

手提袋 A布片進行貼布縫與刺繡，接縫B至D布片，完成前片表布→疊合鋪棉、胚布，進行壓線→後片也以相同作法完成壓線→依圖示完成縫製。

波奇包 a布片進行貼布縫，接縫b至e布片，完成表布→疊合鋪棉、胚布，進行壓線→依圖示完成縫製。

◆作法重點

○手提袋的立體葉片，到最後階段才以藏針縫縫合固定。

○底板以藏針縫縫合固定於胚布。

完成尺寸 手提袋 31×41㎝
波奇包17.5×20㎝

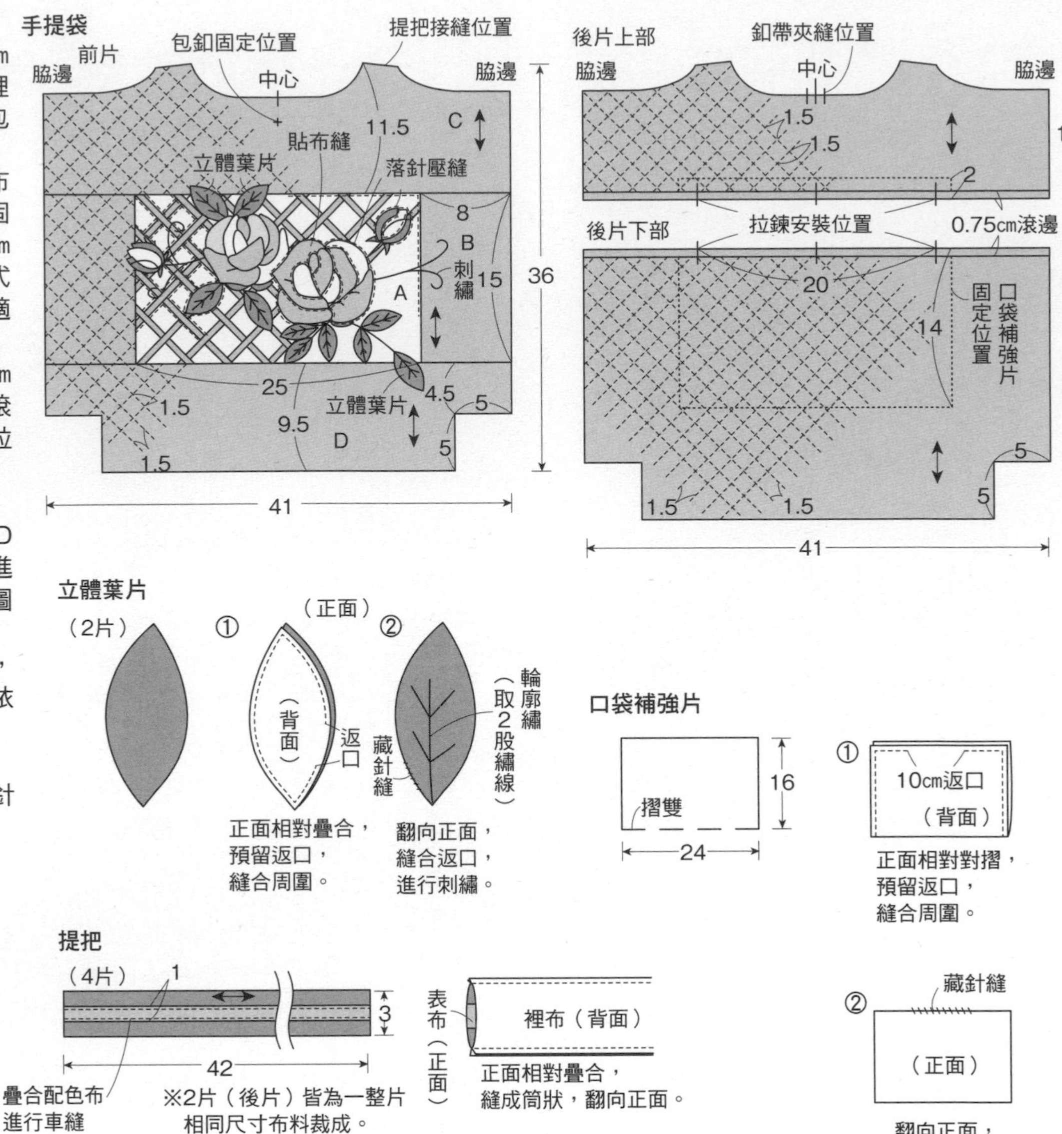

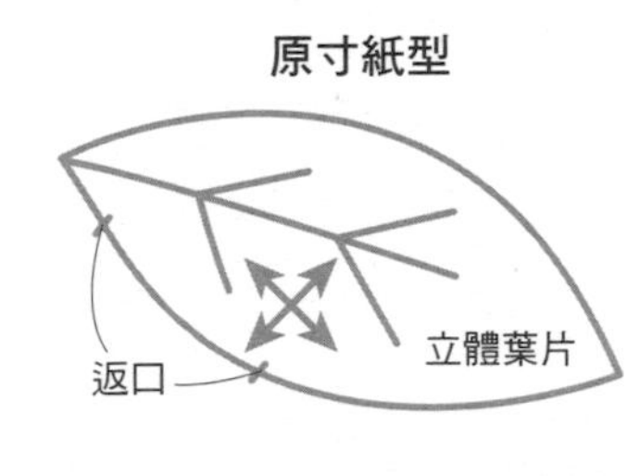

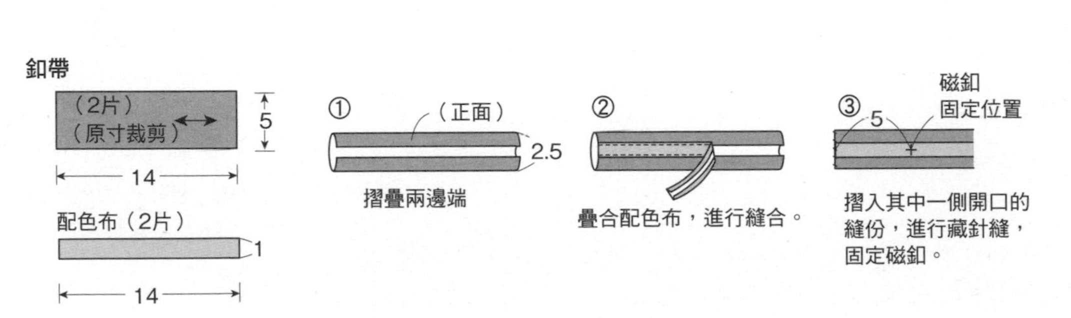

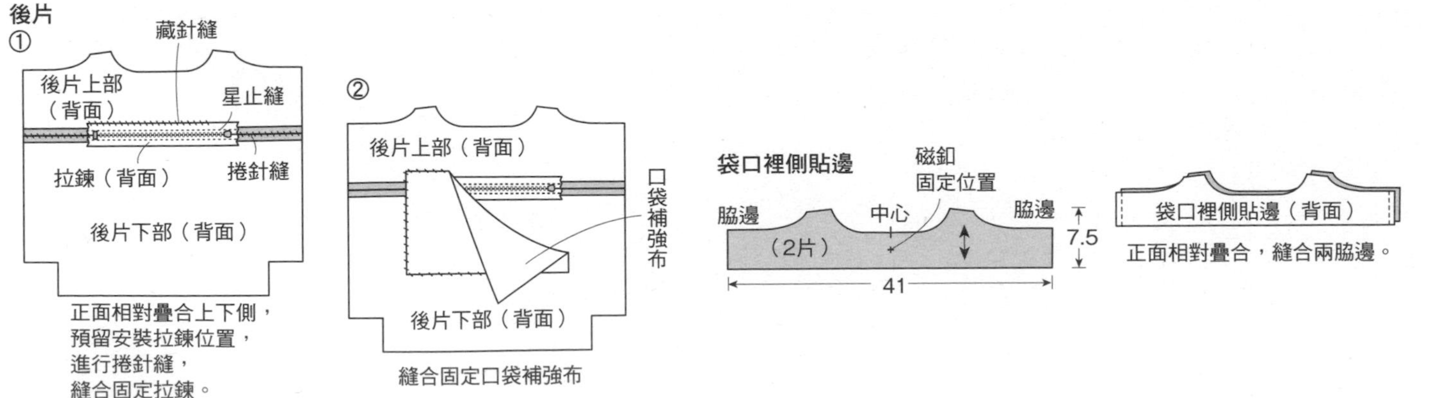

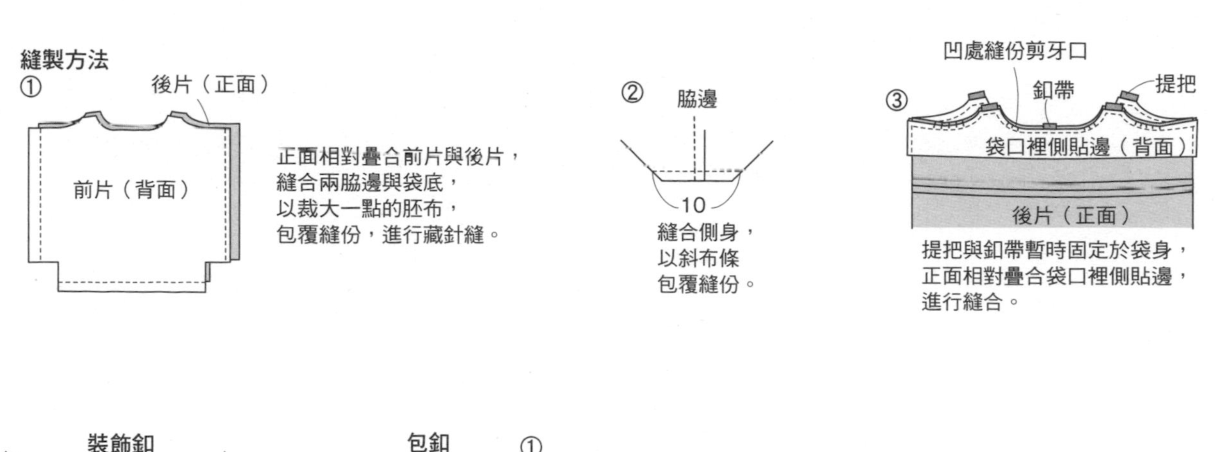

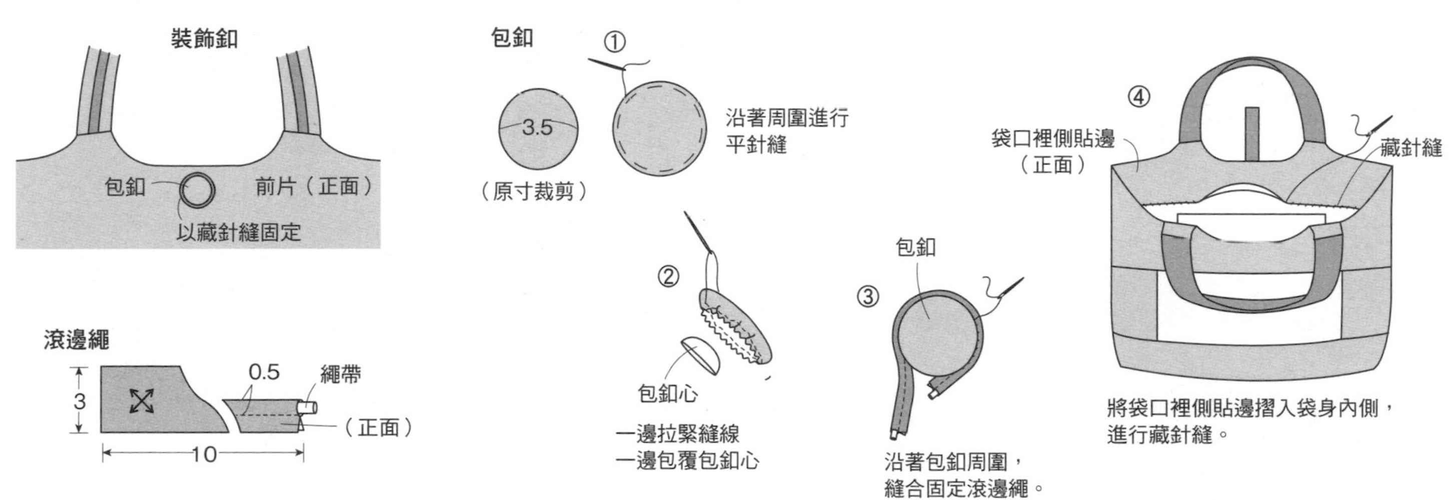

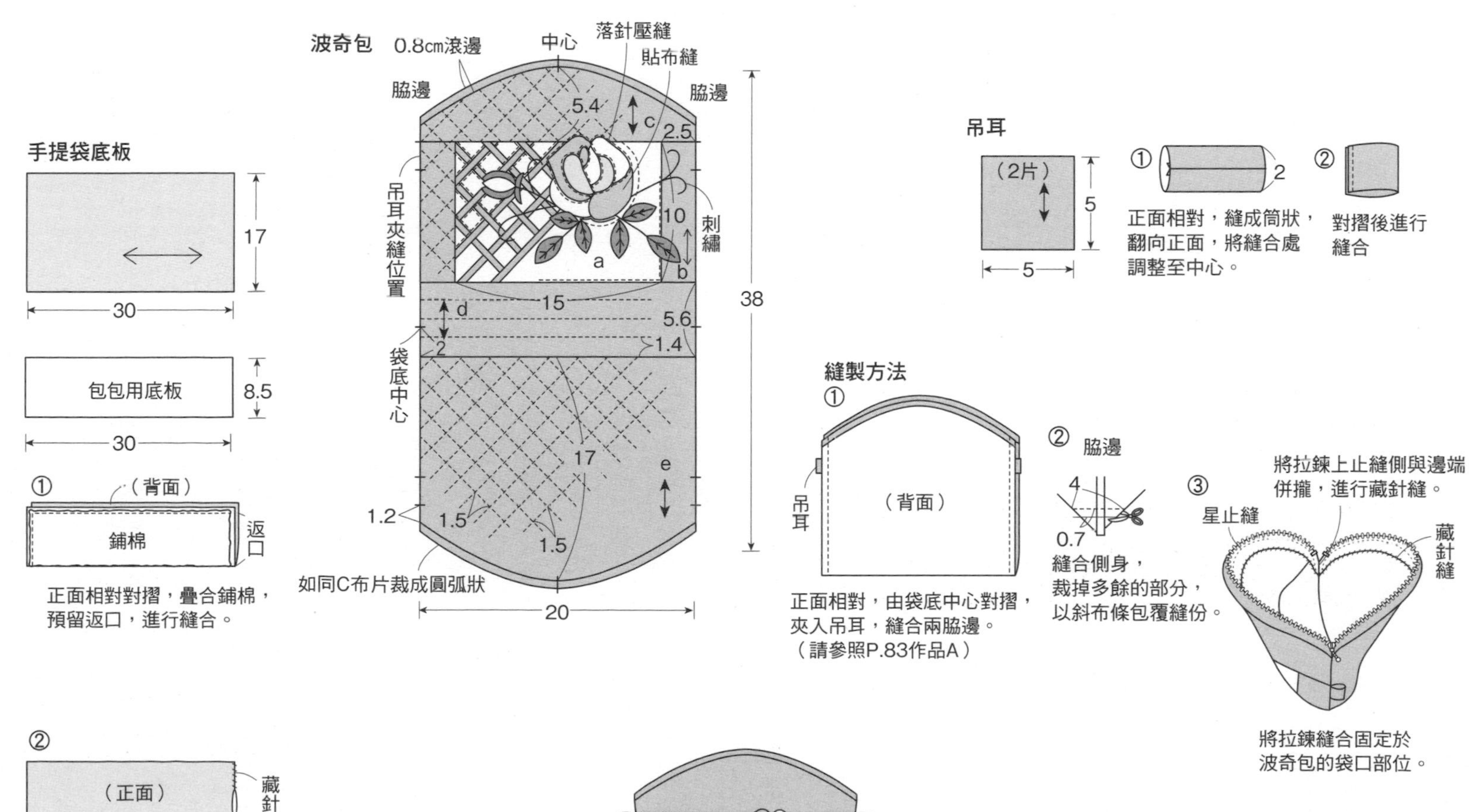

②

（正面）

藏針縫

翻向正面，放入底板，
縫合開口。

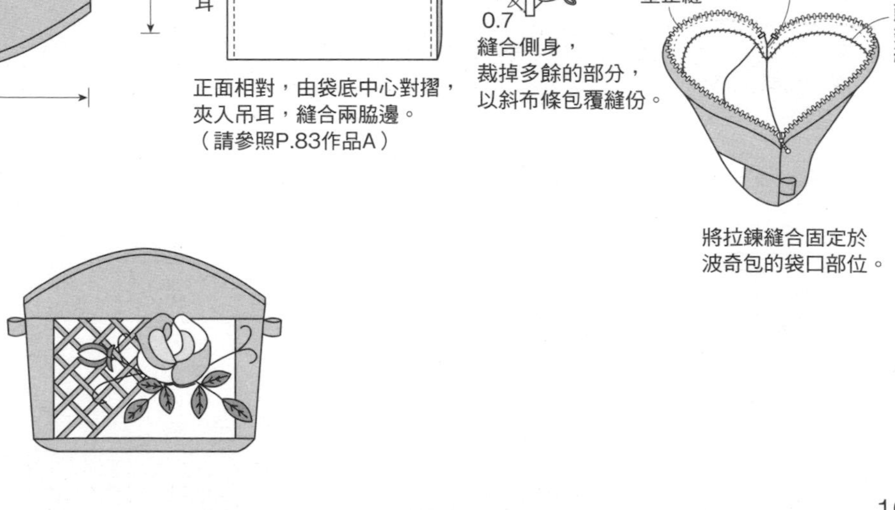

P61 No.63 肩背包 ●紙型A面⑯（A布片的原寸紙型＆壓線圖案）

◆材料
各式拼接用布片　表布90×30cm（包含口袋裡布部分）　裡袋用布55×30cm　單膠鋪棉55×30cm　接著襯20×15cm　寬1.2cm蕾絲55cm　寬2cm斜紋織帶、寬2.2cm蕾絲各120cm　長24cm拉鍊1條　直徑0.2cm蠟繩25cm

◆作法順序
拼接前片，固定蕾絲→製作袋口布與口袋→依圖示完成縫製。

完成尺寸　27.5×25cm

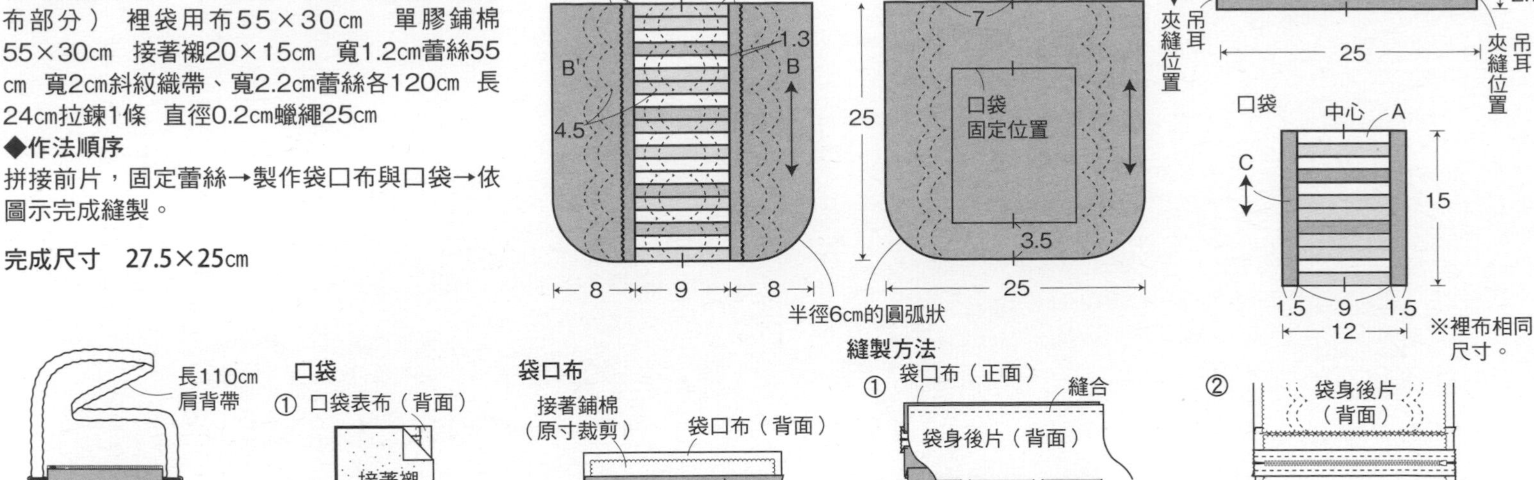

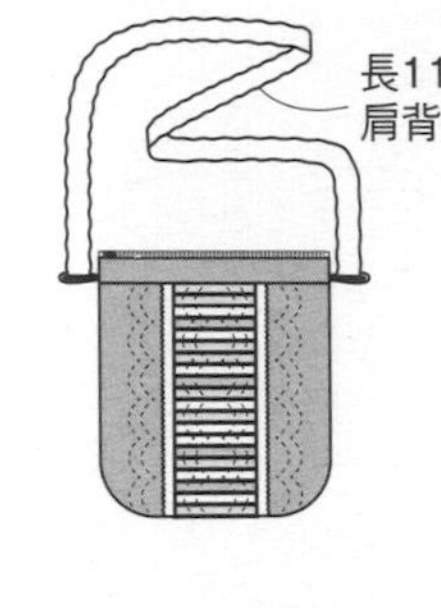

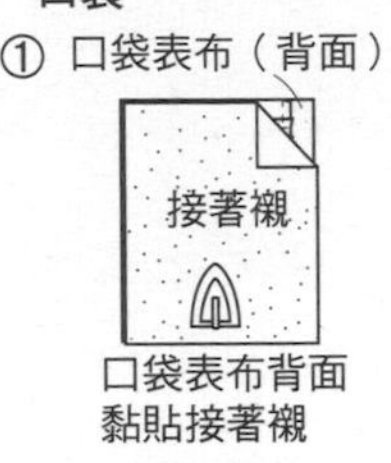

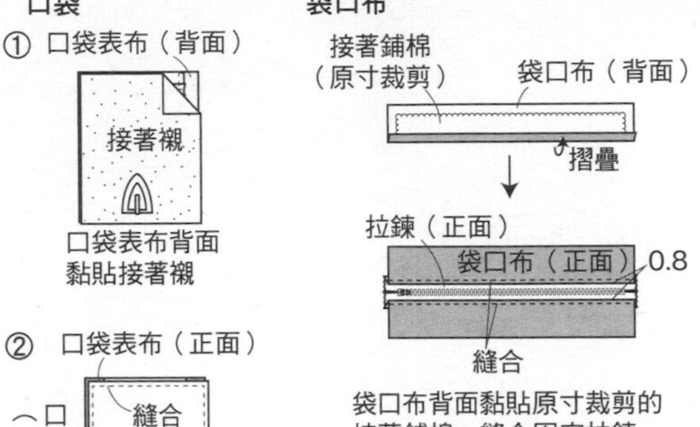

袋口布背面黏貼原寸裁剪的接著鋪棉，縫合固定拉鍊。

縫製方法

① 袋口布（正面）　縫合　袋身後片（背面）　寬1.3cm蕾絲　袋身前片（正面）

正面相對疊合袋口布與袋身前片，進行縫合，袋身後片也以相同作法進行縫合。

② 袋身後片（背面）　原寸裁剪的鋪棉　袋身前片（背面）　壓線

前、後片分別黏貼接著鋪棉，進行壓線。

裡袋

裡袋布（正面）　記號　25　裡袋布（背面）　縫合　27.7　半徑6cm的圓弧狀

正面相對疊合2片裡袋布，進行縫合。

② 口袋表布（正面）　縫合　口袋裡布（背面）　5cm返口

正面相對疊合口袋表布與裡布，預留返口，進行縫合。

③ 落針壓縫　口袋表布（正面）　梯形藏針縫

翻向正面，縫合返口，進行落針壓縫。

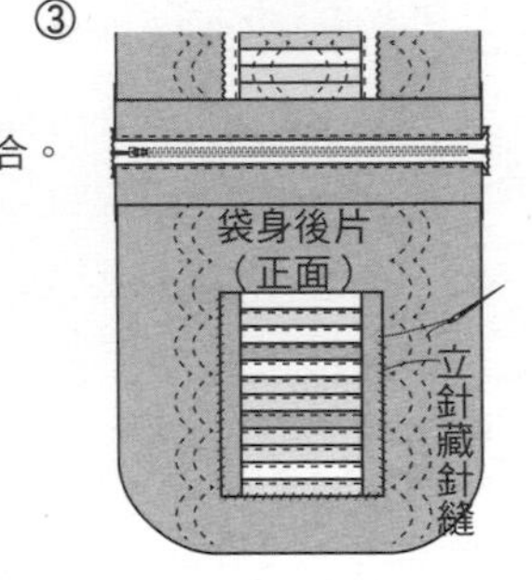

縫合固定口袋

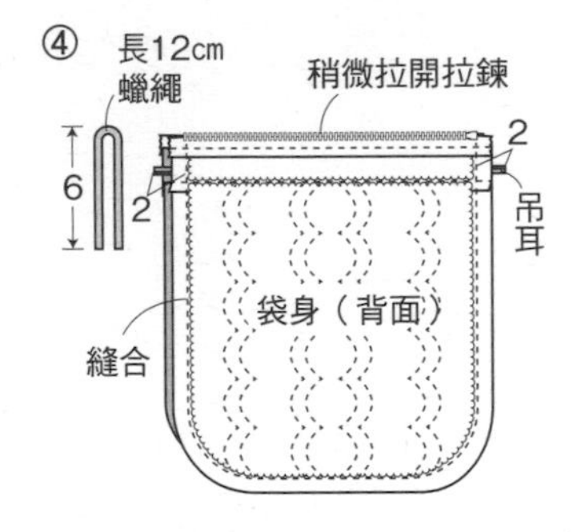

正面相對對摺袋身，吊耳夾縫固定於指定位置，縫合脇邊與袋底。

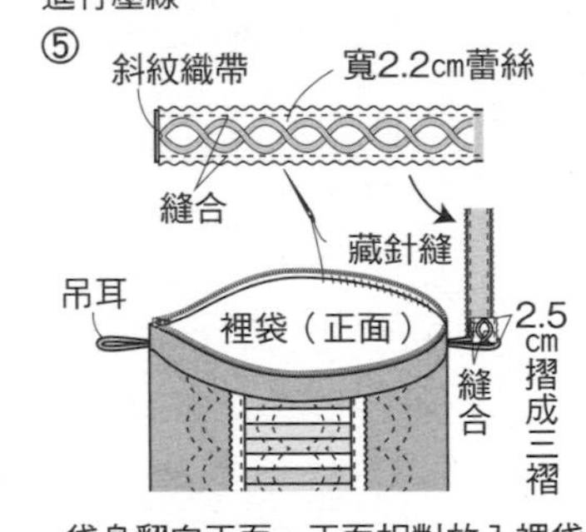

袋身翻向正面，正面相對放入裡袋，以藏針縫縫合裡袋袋口。背面相對縫合斜紋織帶與蕾絲，穿套吊耳，縫合固定。

P57 No.56 首飾盒 ●紙型B面⑪（本體與A、B布片的原寸紙型）

◆材料
各式拼接用布片　本體用布30×30cm　襯底墊用布110×30cm（包含胚布、補強片、滾邊部分）　鋪棉30×45cm　長40cm拉鍊1條　襯底墊用塑膠板15×15m　棉花適量

◆作法順序
拼接布片，彙整成盒蓋表布→疊合鋪棉、胚布，進行壓線→進行周圍滾邊→本體表布疊合鋪棉、胚布，進行壓線，依圖示製作→依圖示完成縫製。

◆作法重點
○製作盒蓋，進行壓線後縫合周圍，拉緊縫線，微調縫出微微鼓起的形狀。

完成尺寸　13×7cm

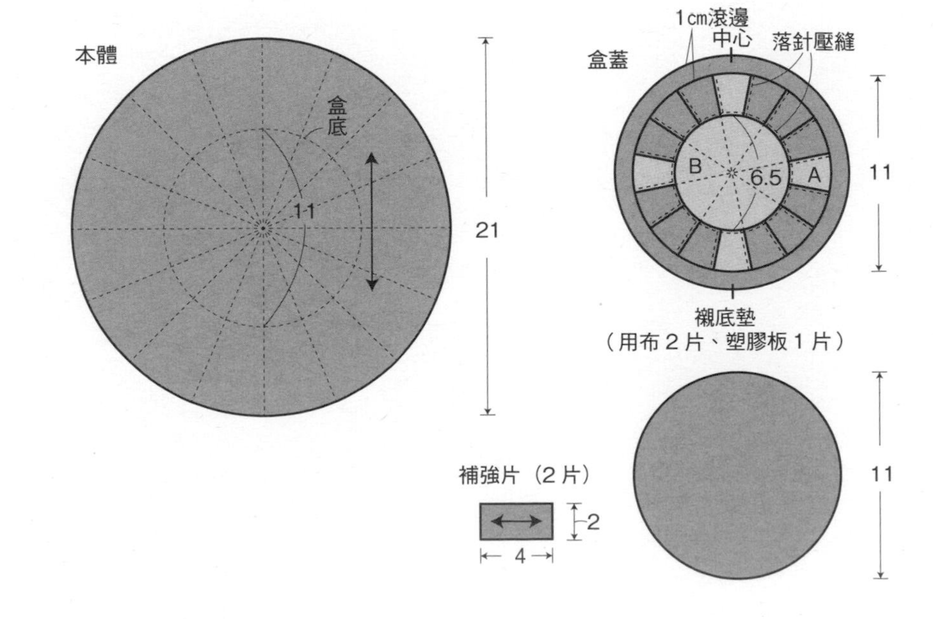

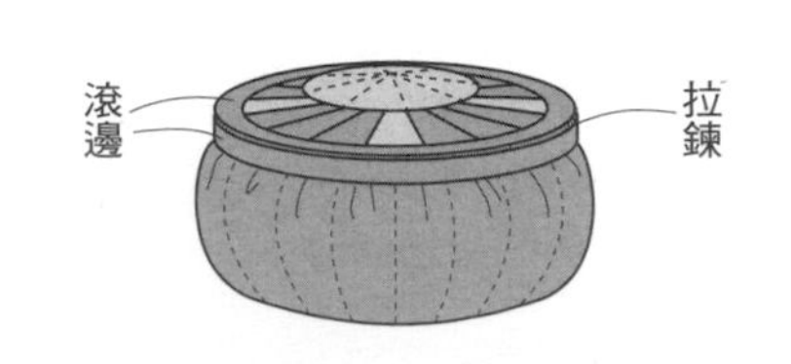

No.67 口金手提包 ●紙型B面⑮

◆材料

各式拼接用布片　C用布50×50cm（包含d・e布片、袋口布部分）　鋪棉、胚布各75×55cm　裡袋用布100×55cm（包含底板部分）　接著襯100×40cm　包包用底板30×15cm　27×10cm鋁製口金1個　長48cm皮革提把1組

◆作法順序

拼接布片，彙整成前片與後片表布→疊合鋪棉、胚布，進行壓線→製作袋口布→依圖示完成縫製。

◆作法重點

○圖案縫法請參照P.66。

○裡袋、袋口布分別黏貼原寸裁剪的接著襯。

完成尺寸　25.5×39cm

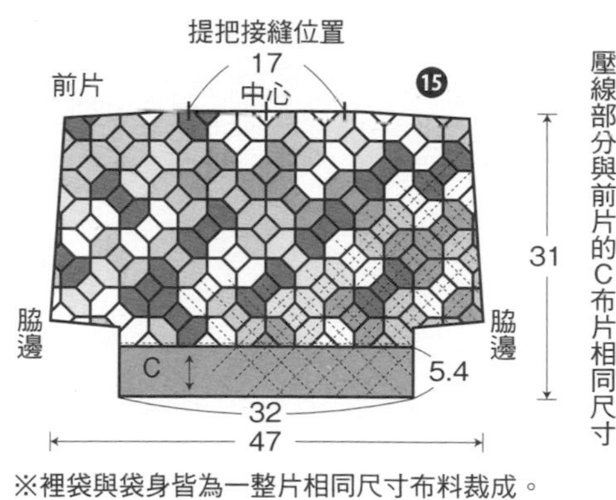

提把接縫位置
後片
17
中心
⑮
壓線部分與前片的C布片相同尺寸
14
d
落針壓縫
e
11
脇邊
7.5
脇邊
32
47

※裡袋與袋身皆為一整片相同尺寸布料裁成。

袋口布（2片）
2.5cm縫份　中心　2.5cm縫份
4.8
41

圖案配置圖
B b
A a
c
前片6.4cm
後片6cm
前片6.4cm
後片6cm

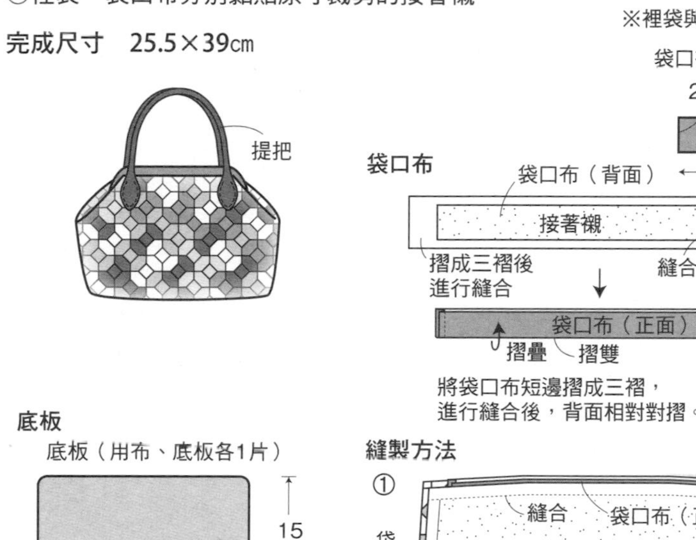

將袋口布短邊摺成三褶，進行縫合後，背面相對對摺。

底板

底板（用布、底板各1片）
15
29
半徑1.3cm的圓弧狀
平針縫
塑膠板

沿著底板用布周圍進行平針縫，放入塑膠板，拉緊縫線。

縫製方法

①
縫合
袋口布（正面）
袋身前片（正面）
裡袋（背面）
接著襯

正面相對疊合前片與裡袋布，夾入袋口布，縫合袋口側。後片也以相同作法完成縫製。

②
燙開縫份
後片（正面）
縫合
前片（背面）
縫合
裡袋（正面）
裡袋（背面）
20cm返口

燙開步驟①，縫份倒向裡袋側。正面相對疊合前片與後片、裡袋與裡袋，縫合脇邊與袋底，燙開縫份。

③
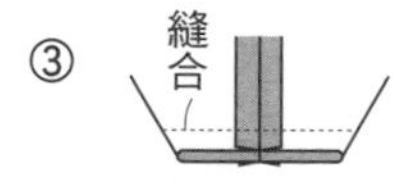

正面相對對齊袋身的脇邊與袋底的縫合針目，縫合側身。裡袋也以相同作法完成縫製。

④
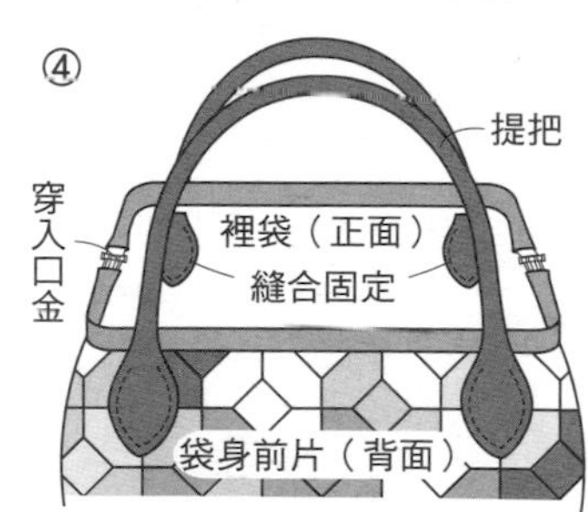

翻向正面，縫合返口，放入裡袋，將口金穿入袋口布。提把縫合固定於指定位置。

本體

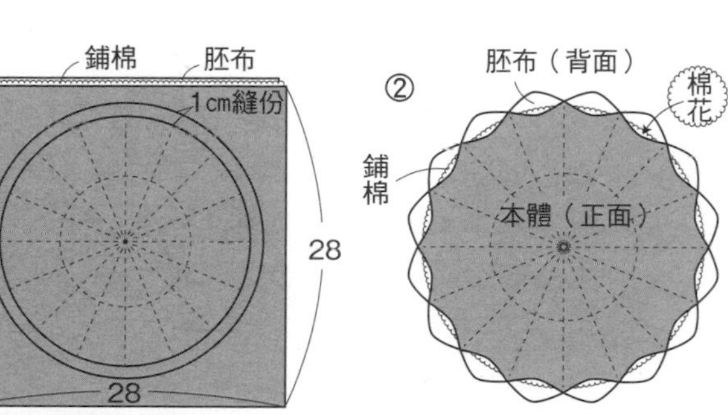

表布疊合鋪棉、胚布，進行壓線，預留縫份，進行裁布。

表布與胚布之間塞入棉花，完成微微鼓起的形狀。

③
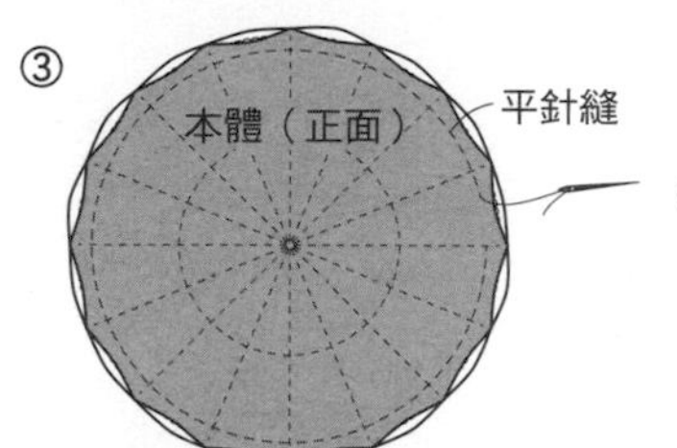

沿著周圍進行平針縫，拉緊縫線，將開口周圍與袋蓋周圍調整為相同尺寸。

④
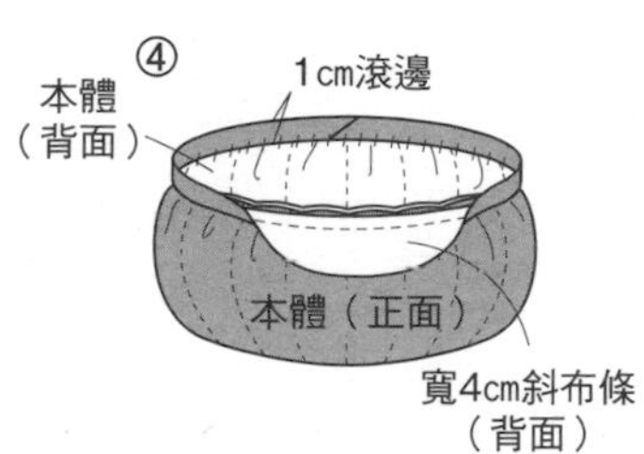

進行袋口滾邊

縫製方法

①
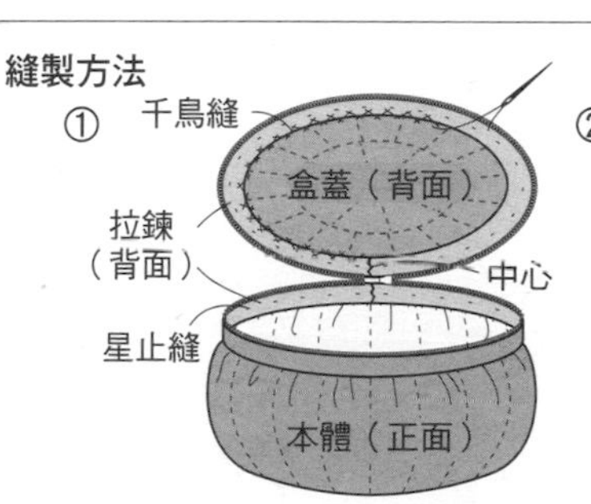

本體袋口與袋蓋周圍，縫合固定拉鍊，袋蓋側的拉鍊邊端，以千鳥縫縫合固定。

②
補強片（背面）
摺疊4邊
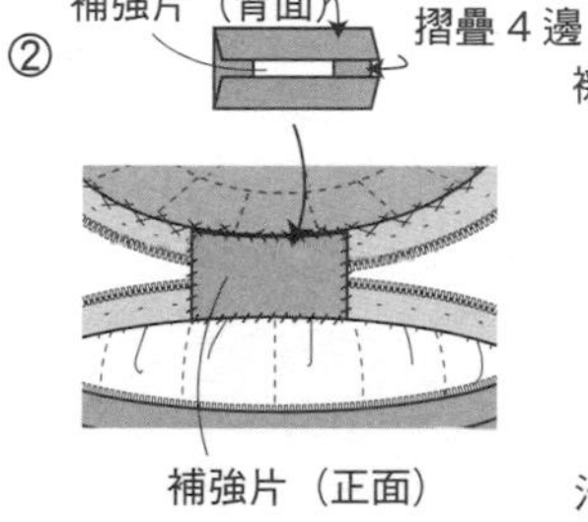

拉鍊邊端疊合補強片，沿著周圍進行藏針縫。本體正面側，也以相同作法縫合固定補強片。

③
襯底墊用布（正面）
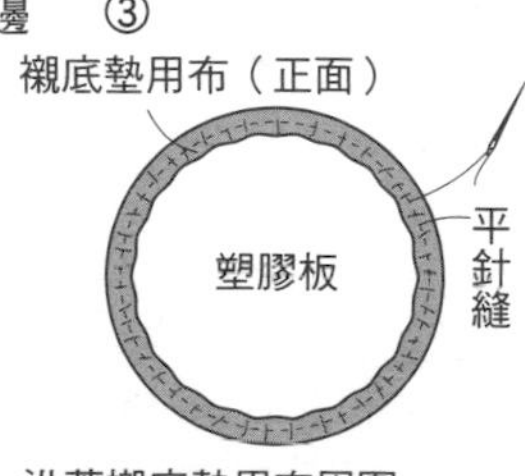

沿著襯底墊用布周圍，進行平針縫，放入塑膠板，拉緊縫線，另一片不放塑膠板，以相同作法完成縫製。

④
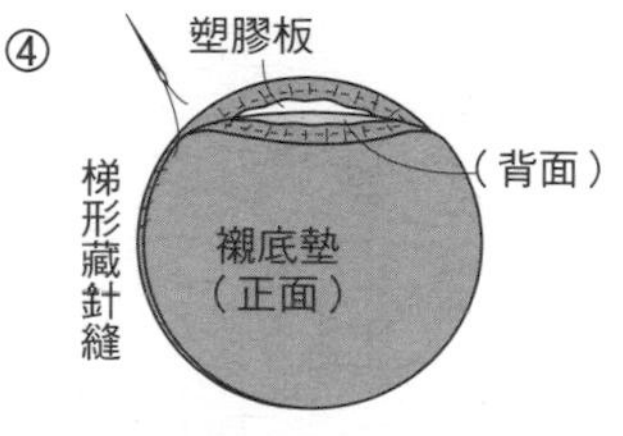

背面相對疊合2片襯底墊，沿著周圍進行梯形藏針縫。

⑤
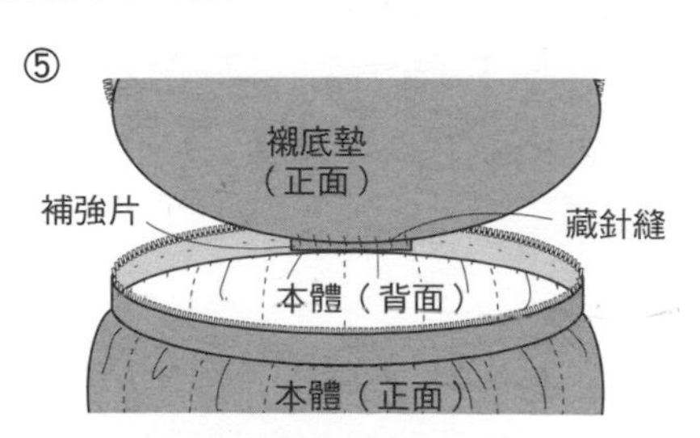

襯底墊以藏針縫縫合固定於本體內側的補強片

P60 No.61 扁平手提袋

◆材料

各式拼接用布片 前、後片用布（包含拉鍊尾片部分） 鋪棉、胚布各80×45cm 裡袋用布90×45cm 寬3cm 皮帶70cm 長48cm漆皮提把1組 長30cm拉鍊1條 接著襯、裝飾用緞帶、織帶、蕾絲各適量 鈕釦1顆

◆作法順序

拼接布片，前片表布進行貼布縫，完成表布→疊合鋪棉與胚布，進行壓線（後片同樣處理）→依圖示完成縫製。

◆作法重點

○前片自由地加上裝飾。

完成尺寸 39×32cm

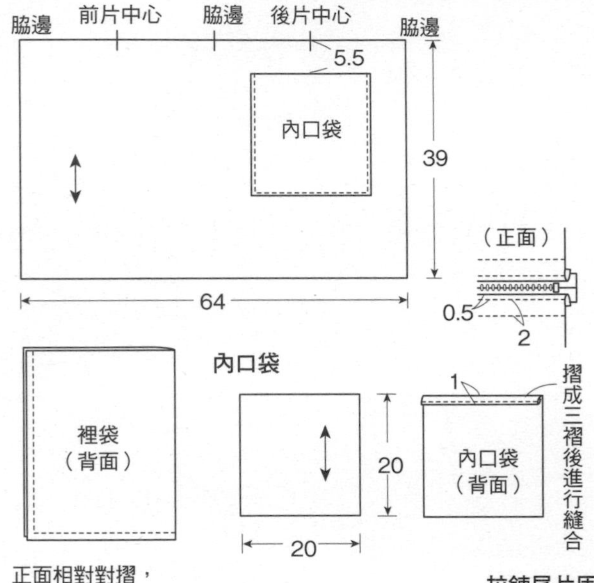

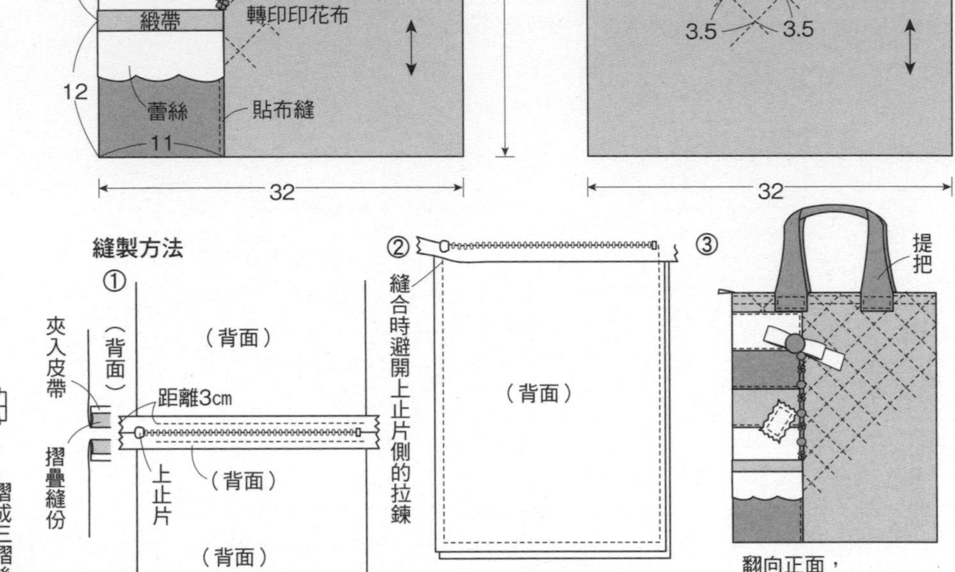

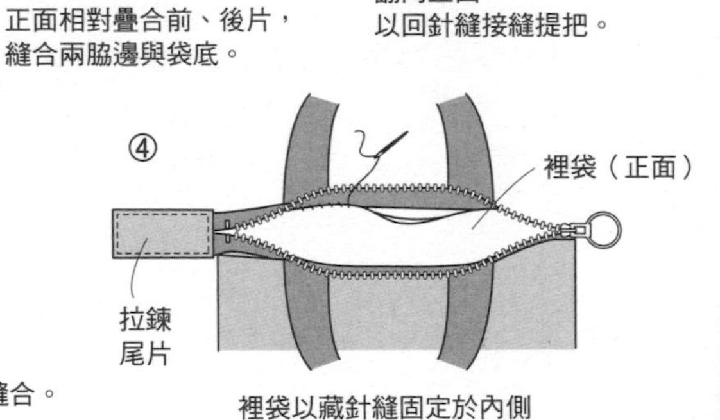

拉鍊尾片固定方法

※黏貼接著襯。

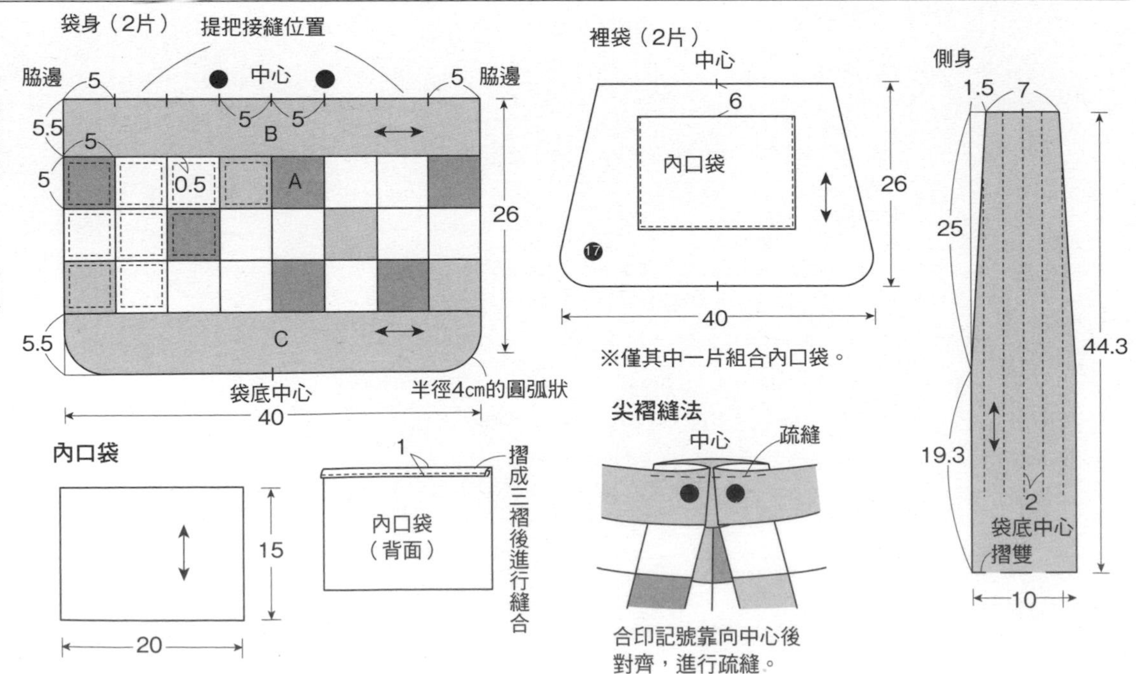

P60 No.62 抓褶手提袋 ●紙型B面⑰

◆材料

各式拼接用布片 B用布95×30cm（包含C布片、側身部分） 滾邊用寬4cm斜布條80cm 鋪棉、胚布各95×45cm 長32cm皮革提把1組 4.5×4.5cm蕾絲 4片

◆作法順序

拼接A布片，接縫B、C布片，彙整為袋身表布→袋身、側身表布疊合鋪棉與胚布，進行壓線→依圖示完成縫製。

完成尺寸 27 × 40cm

袋身（2片） 提把接縫位置

脇邊 5 中心 5 脇邊 5.5 5 5 B 5 5 0.5 A 26 5.5 C 袋底中心 半徑4cm的圓弧狀 40

裡袋（2片） 中心 6 內口袋 26 40 ⑰

※僅其中一片組合內口袋。

側身 1.5 7 25 44.3 19.3 2 袋底中心 摺雙 10

內口袋 15 20 1 內口袋（背面） 摺成三摺後進行縫合

尖褶縫法 中心 疏縫

合印記號靠向中心後對齊，進行疏縫。

No.64 立體小圓包 ●紙型B面❶（原寸貼布縫圖案）

◆**材料**

各式拼接、貼布縫用布片 前、後片用布75×55cm（包含側身上部、滾邊、滾邊繩、吊耳部分） 提把用寬4cm斜布條55cm 鋪棉、胚布（包含補強片）各50×50cm 直徑0.3cm繩帶130cm 長30cm拉鍊1條 內尺寸1.5cm D型環2個

◆**作法順序**

進行貼布縫，完成前片表布→前片與後片疊合鋪棉、胚布，進行壓線→製作提把→依圖示完成縫製。

完成尺寸 直徑20cm

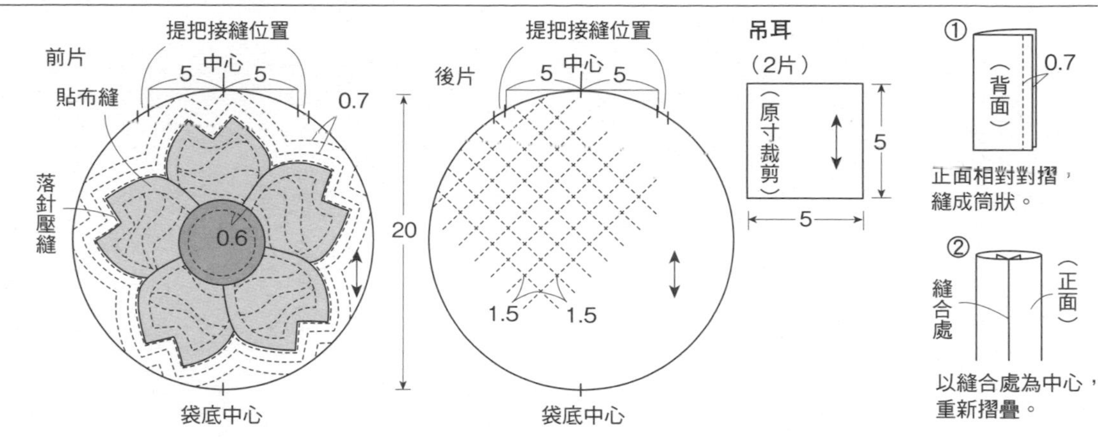

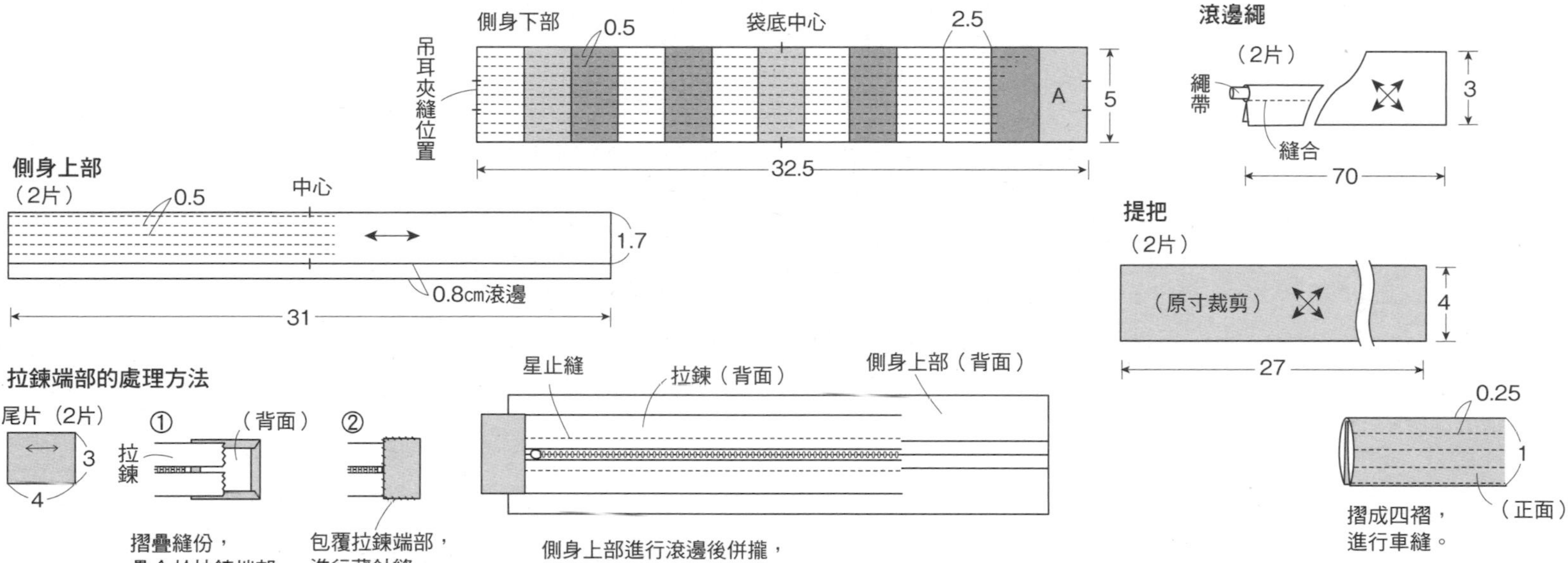

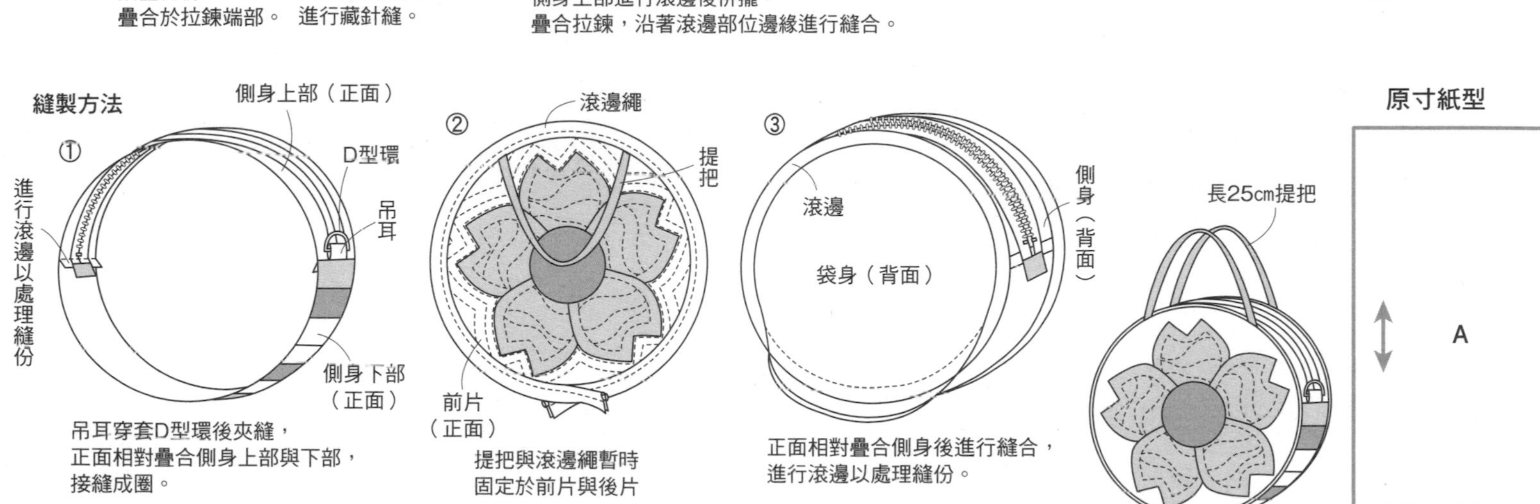

縫製方法

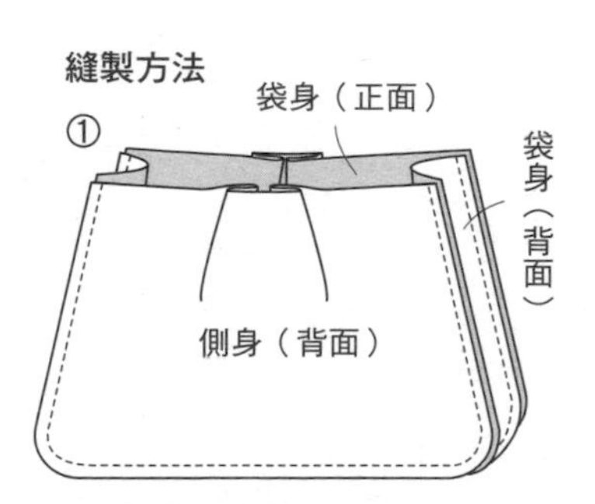

正面相對疊合袋身與側身後進行縫合。
裡袋也以相同作法完成縫製。

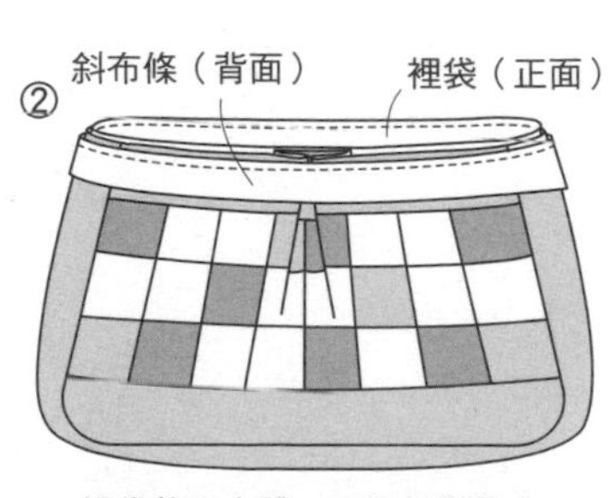

裡袋放入本體，正面相對疊合斜布條，縫合袋口。

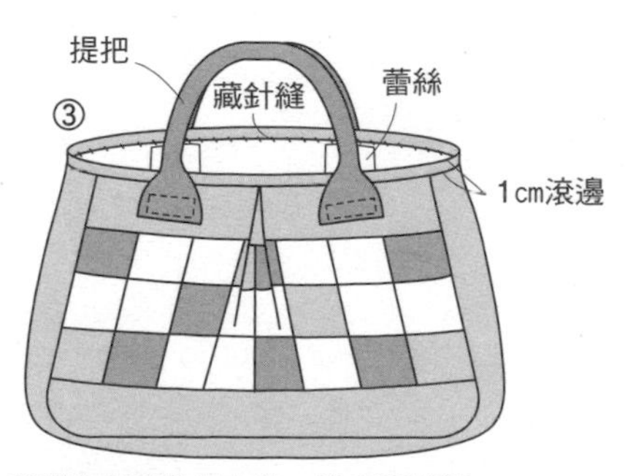

朝著內側摺疊斜布條，進行藏針縫，
接縫提把。
以蕾絲覆蓋提把接縫處，進行藏針縫。

No.28 迷你手提袋

◆材料

各式拼接用布片 B用布60×20cm（包含袋底部分） C用布60×10cm 鋪棉75×30cm
袋底胚布60×40cm（包含袋身裡布部分） 長46cm皮革提把1組

◆作法順序

A布片拼接成16×5列，接縫B、C布片，完成袋身表布→疊合鋪棉，進行壓線（脇邊預留3至4A布片拼接成16×5列，接縫B、C布片，完成袋身表布→疊合鋪棉，進行壓線（脇邊預留3至4cm不壓線）→依圖示縫合脇邊，縫成筒狀，進行預留部分的壓線→依圖示完成縫製，縫合固定提把。不壓線）→依圖示縫合脇邊，縫成筒狀，進行預留部分的壓線→依圖示完成縫製，縫合固定提把。

◆作法重點

○袋底縫份處理方法請參照P.83作品B。

完成尺寸　24×28cm

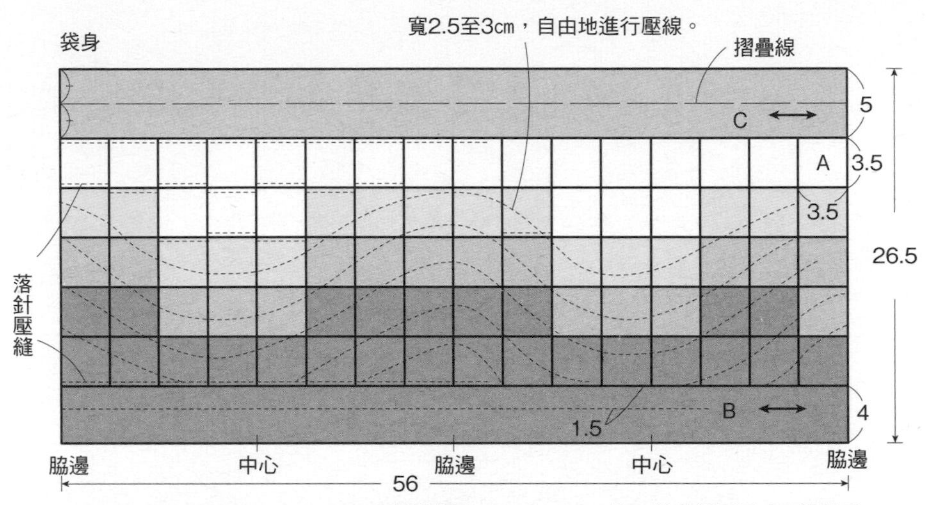

※袋身裡布56×21.5cm，為一整片相同尺寸布料裁成。

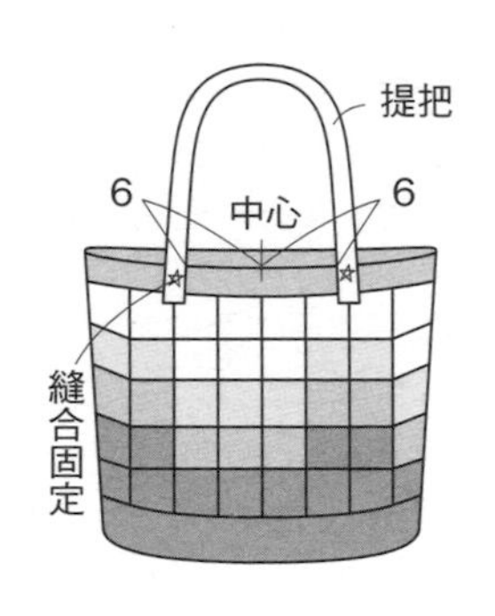

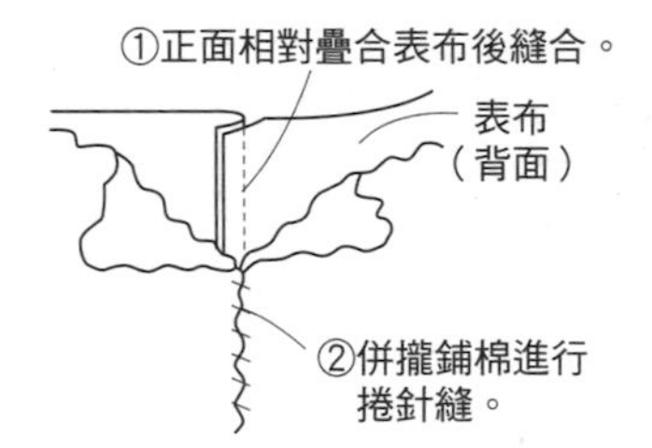

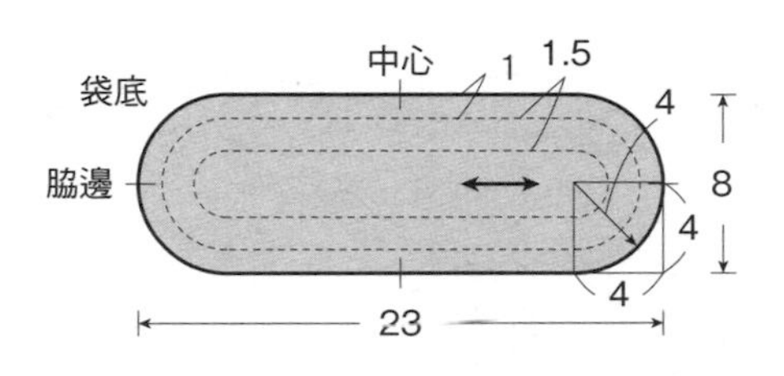

縫製方法

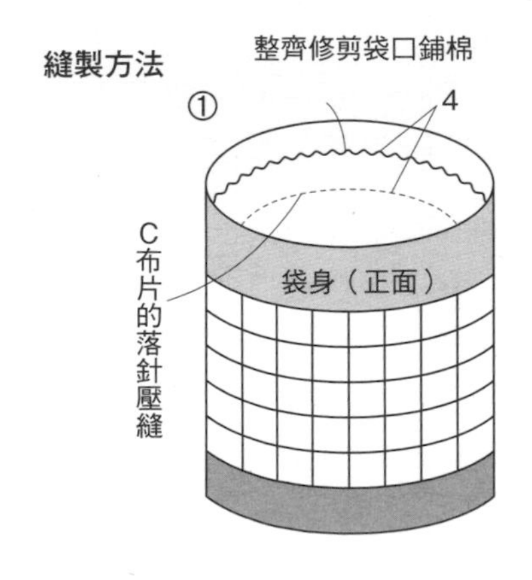

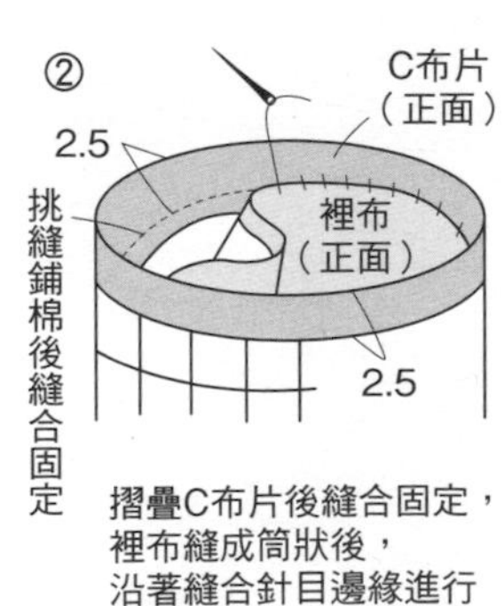

摺疊C布片後縫合固定，
裡布縫成筒狀後，
沿著縫合針目邊緣進行
藏針縫。

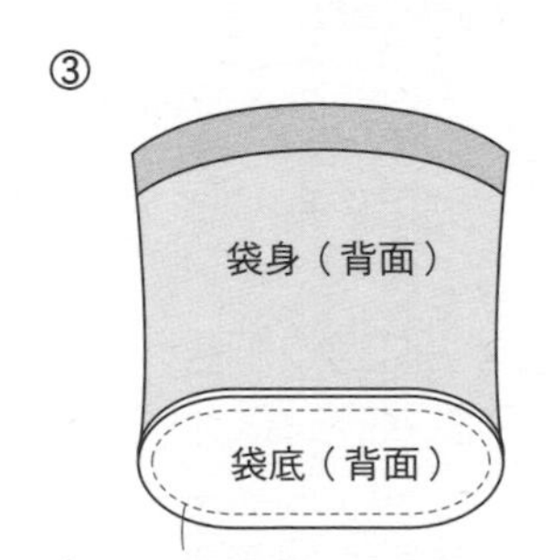

正面相對疊合袋身與袋底，
進行縫合。

P62 No.65 床罩 ●紙型A面❻（原寸壓線圖案）

◆材料

A至C、F、G用飾邊印花布110×500cm　D、E用白色素布20×205cm　鋪棉100×450cm　胚布110×460cm（包含裡側貼邊用寬2cm斜布條）

◆作法順序

參照圖，以飾邊印花布裁剪A布片28片、B布片8片、C布片31片，進行拼接→上下左右接縫D與E、F與G布片，完成表布→疊合鋪棉與胚布，進行壓線→處理周圍。

◆作法重點

○布片皆預留縫份0.7cm。
○以圖案交叉部分為中心，裁剪A布片。
○接縫2片B布片，完成4個22×22cm的區塊。

完成尺寸　212×168cm

周圍的處理方法

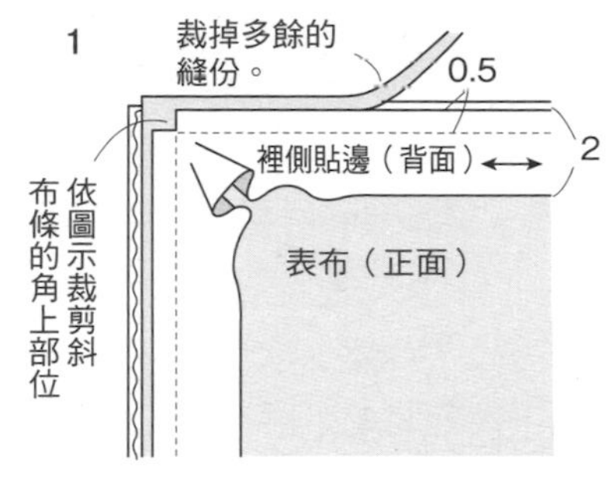

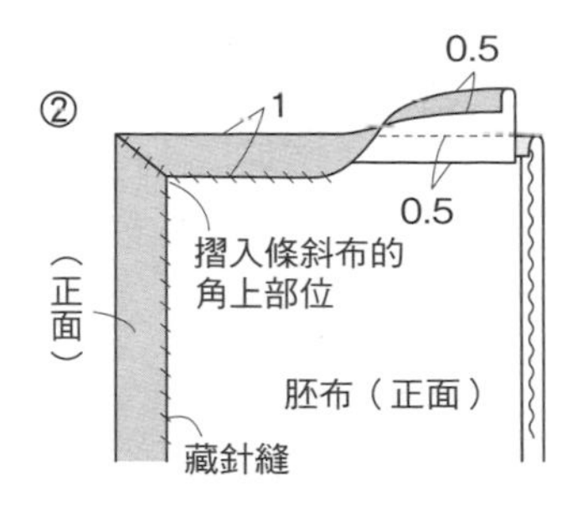

將裡側貼邊翻向正面，倒向背片側，以藏針縫固定於胚布。

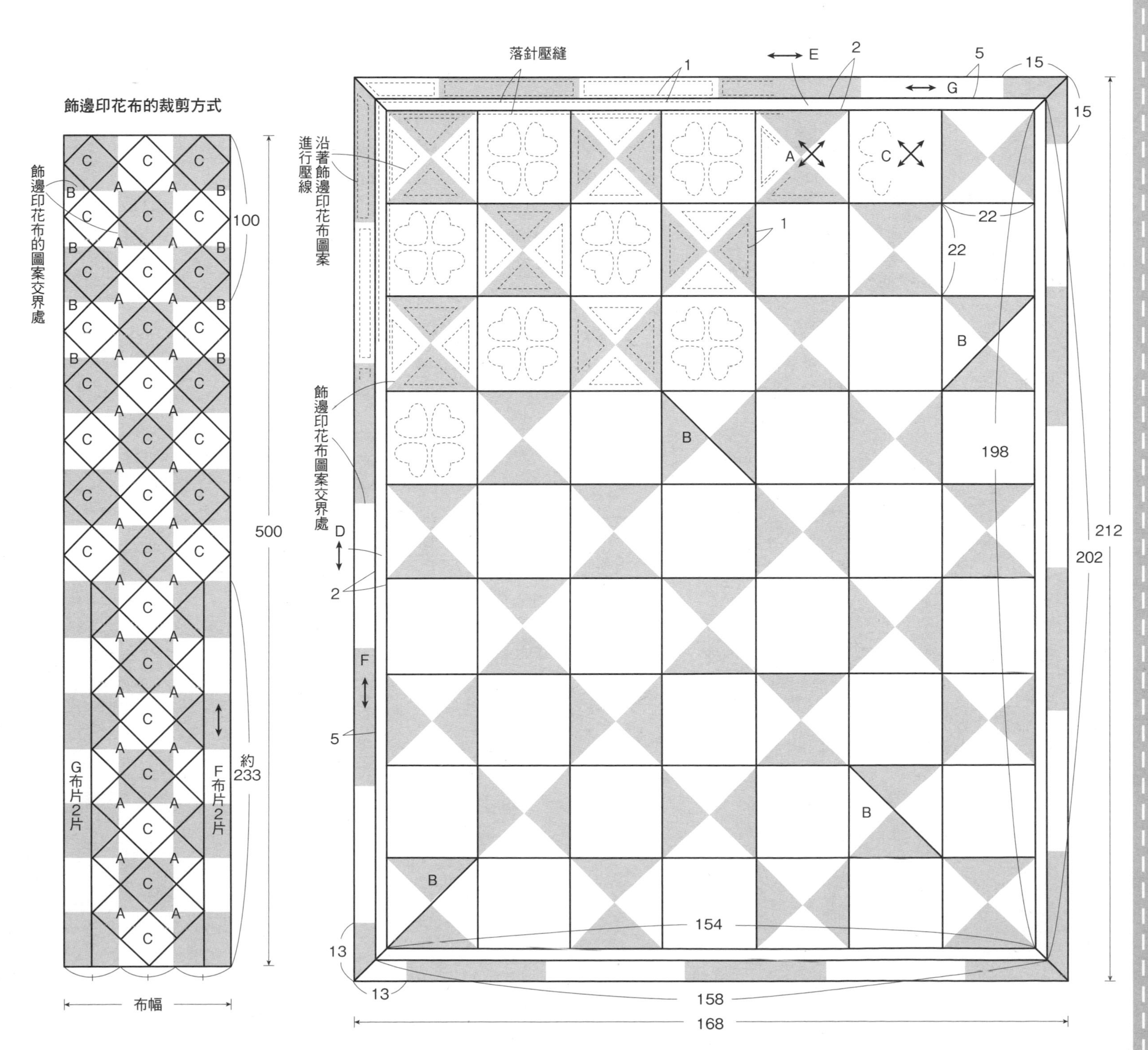

P63

No.66 壁飾 ●紙型A面⑭

◆材料

各式貼布縫用布片 A用布55×40cm 滾邊用寬6cm斜布條175cm 鋪棉、胚布各55×45cm 直徑0.7cm鈕釦12顆 直徑0.5cm鈕釦6顆 寬0.3cm波形織帶60cm 寬0.5cm緞帶30cm 寬0.9cm蕾絲85cm 25號淺粉紅色、綠色繡線適量

◆作法順序

A布片進行貼布縫，完成12個蘇姑娘圖案區塊→接縫成3×4列，完成表布→疊合鋪棉與胚布，進行壓線→進行刺繡，縫上鈕釦→進行周圍滾邊（請參照P.82）。

◆作法重點

○進行蘇姑娘圖案貼布縫，由下方部位開始進行藏針縫。
○袖子穿過手提包的緞帶（提把）後進行藏針縫。
○滾邊部分依喜好接縫亦可。

完成尺寸 48×37cm

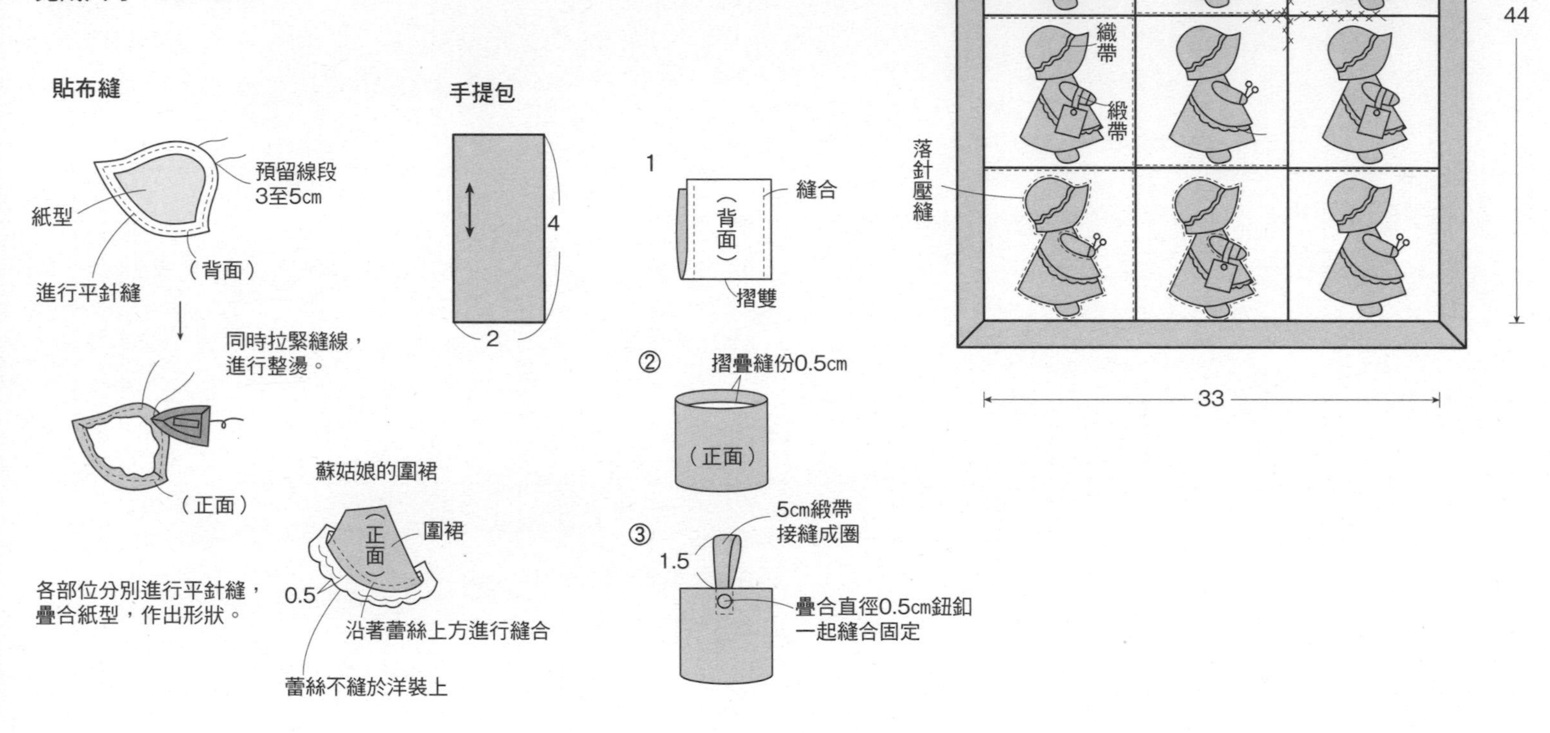

繡法

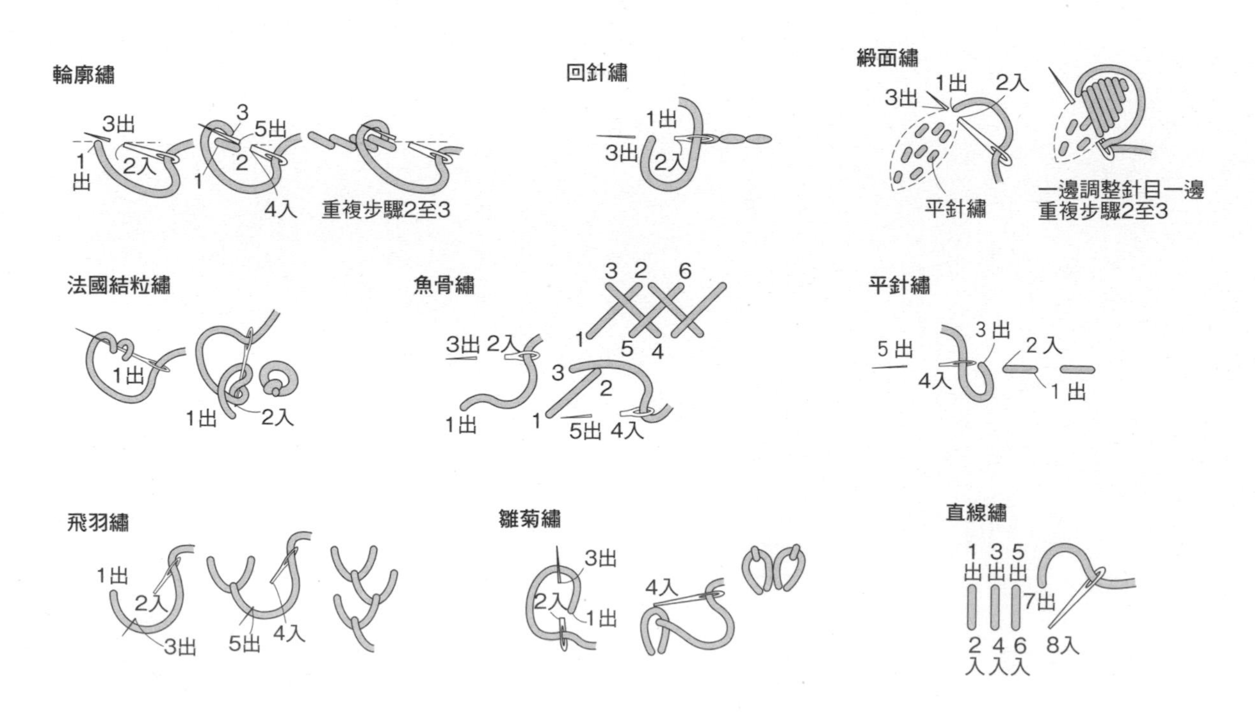

No.23・No.24 抱枕

◆材料

各式拼接用布片 鋪棉、胚布各50×50㎝ B、C用布90×40㎝（包含裡布部分）

◆作法順序

拼接A布片，完成4個5×5列的區塊→接合區塊，周圍接縫B與C布片，完成表布→疊合鋪棉與胚布，進行壓線→裡布的袋口部分摺成三褶，進行縫合後，依圖示完成縫製。

◆作法重點

〇拼接A布片時，由記號縫至記號，縫份處理成風車狀（同No.25至No.28作品）。

〇進行捲針縫或車縫Z形針目，處理周圍縫份。

完成尺寸　42×42cm㎝

No.23 正面

C 3.5 3.5 A 3.5 B 落針壓縫 42 35 3.5 3.5 3.5 3.5 6.5 42

No.24 正面

C 3.5 A 3.5 B 42

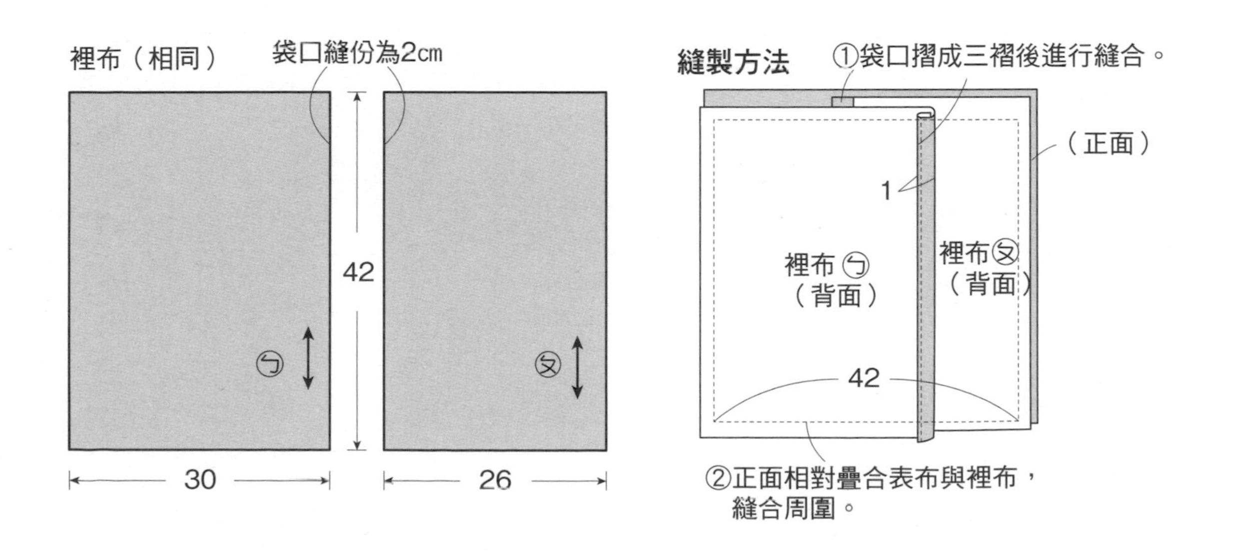

No.25 壁飾 No.26・No.27 迷你壁飾 ●紙型A面❹（No.25的原寸壓線圖案）

◆材料

No.25 各式拼接用布片 B用布65×35cm 滾邊用寬4cm斜布條260cm 鋪棉、胚布各70×70cm 貼布縫用布、25號黃綠色繡線各適量

No.26 No.27（1件的用量） 各式拼接用布片B、C用布50×30cm（No.41為45×25cm） 滾邊用寬4cm斜布條180cm（No.27為170cm） 鋪棉、胚布各50×45cm

◆作法順序

No.25 A布片拼接成14×14列，周圍接縫B布片→進行貼布縫與刺繡，完成表布→疊合鋪棉與胚布，進行壓線→進行周圍滾邊（請參照P.82）。

No.26 No.27 A布片拼接成10×8列，周圍接縫B、C布片，完成表布→如同No.25作法完成縫製。

完成尺寸 No.25 63×63cm
No.26 39×46cm
No.27 37×44cm

No.25
參照配置圖，於喜愛位置進行貼布縫。
中心
1cm滾邊
3.5 A 3.5 6
B
3 3 3.5 3.5 3.5 3.5 3
49 61
61
落針壓縫
花瓣縫於喜愛位置
沿著圖案進行壓線

原寸貼布縫圖案

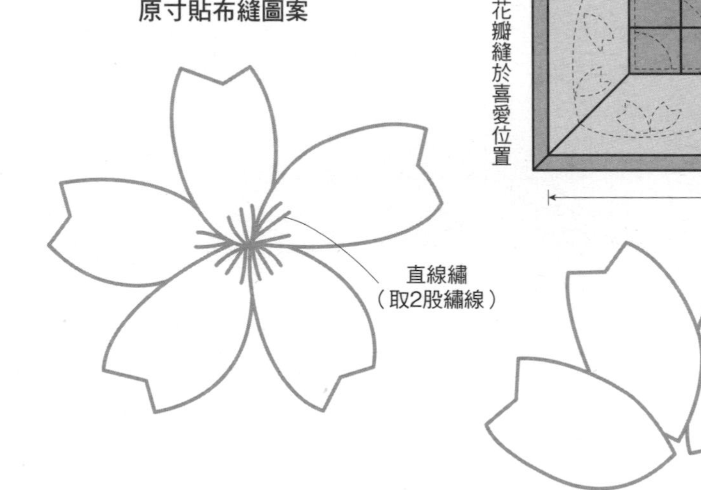

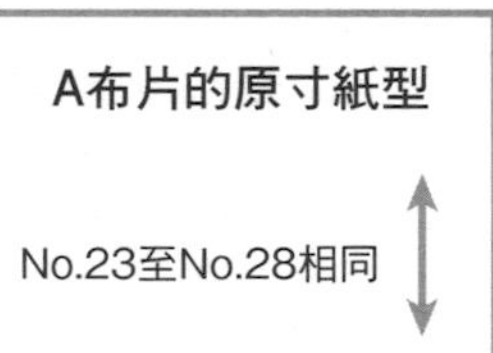

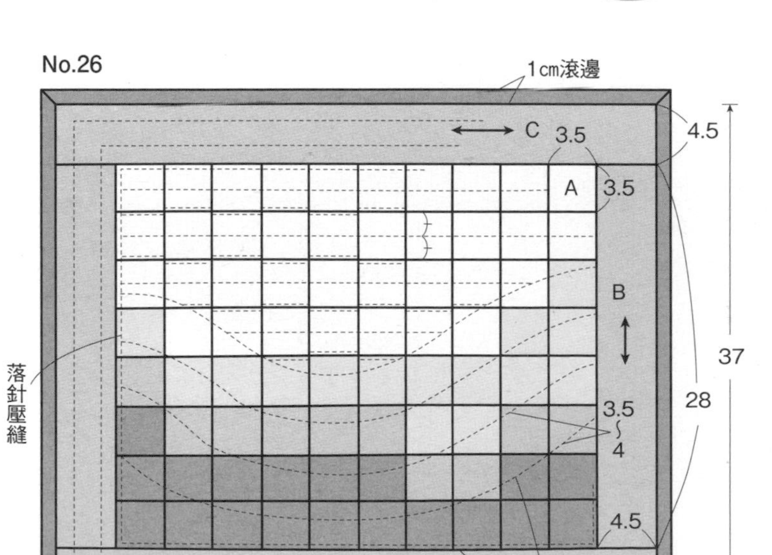

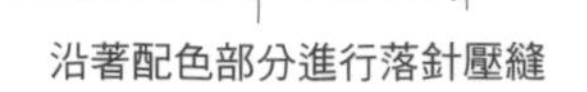

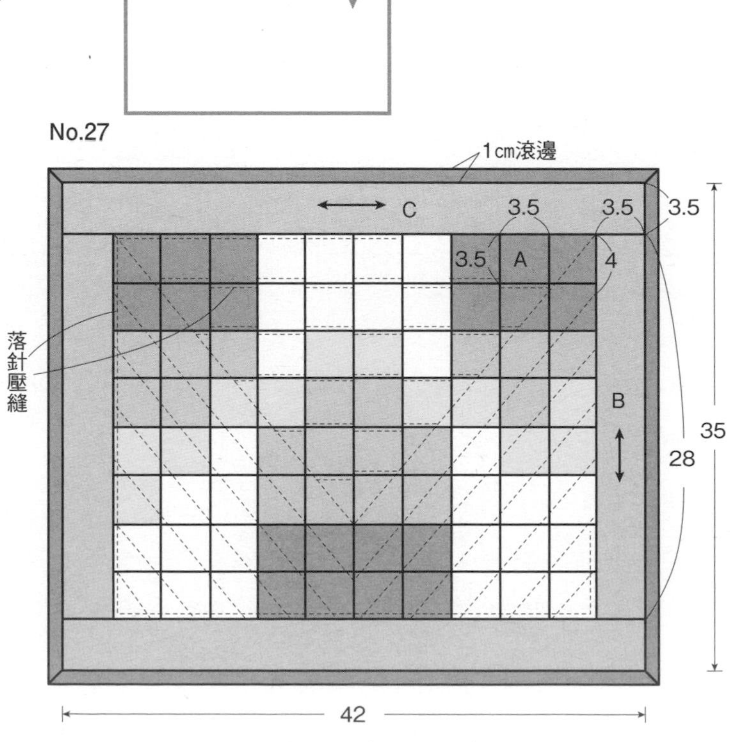

No.52 茶壺保溫罩 No.53 杯墊

●紙型B面❹（茶壺保溫罩的B布片＆裝飾的原寸紙型）

◆**材料**

茶壺保溫罩 各式拼接用布片 側面用蕾絲布、原色印花布各65×30cm（包含裝飾用布部分） 裡布、鋪棉各100×30cm 滾邊用寬4cm斜布條、寬2cm蕾絲各90cm 繩帶用布、寬1cm緞帶各適量

杯墊（1件的用量） 各式貼布縫用布片 鋪棉20×20cm 胚布50×20cm（包含滾邊部分） 寬2cm蕾絲55cm

◆**作法順序**

茶壺保溫罩 拼接A與B布片，完成8片表布→疊合鋪棉，進行壓線→依圖示完成縫製→製作裝飾，固定於本體。

杯墊 拼接A布片，完成表布→疊合鋪棉與胚布，進行壓線→暫時固定蕾絲，進行周圍滾邊。

◆**作法重點**

○茶壺保溫罩側面交互接縫蕾絲布與印花布。

完成尺寸 茶壺保溫罩 高21.5cm
杯墊 直徑16cm

杯墊

1cm滾邊
A
14
蕾絲

縫製方法

①
直徑14cm
沿著周圍裁掉多餘的部分
①縫份
拼接成7×7列，進行壓線。
描畫直徑14cm＋縫份1cm的圓形，裁掉多餘的部分。

②
邊端重疊1cm
縫份1cm
蕾絲（背面）
1
記號
（正面）
一邊微調，一邊進行疏縫暫時固定。

③
1cm滾邊
星止縫
斜布條縫合固定於蕾絲上方後，進行藏針縫，縫於背面側。
朝著外側摺疊蕾絲，以星止縫縫合固定。

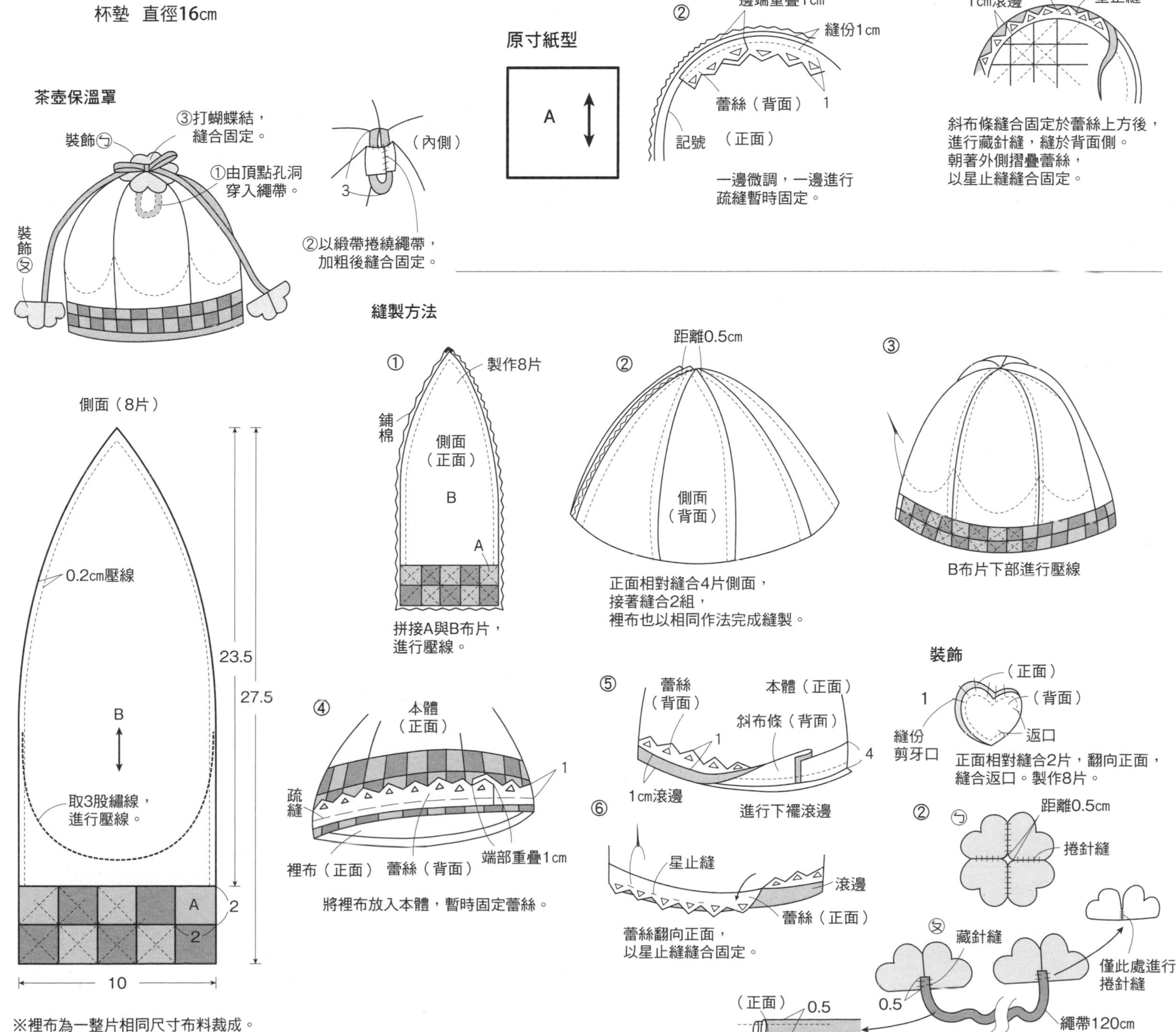

※裡布為一整片相同尺寸布料裁成。

PATCHWORK 拼布教室

國家圖書館出版品預行編目(CIP)資料

Patchwork拼布教室22：小拼接大趣味：拼布人的妙用零碼布點子 / BOUTIQUE-SHA授權；林麗秀, 彭小玲譯.
-- 初版. -- 新北市：雅書堂文化事業有限公司, 2021.05
面； 公分. -- (Patchwork拼布教室；22)
ISBN 978-986-302-585-6(平裝)

1.拼布藝術 2.手工藝

426.7 110005026

授　　　權／BOUTIQUE-SHA
譯　　　者／彭小玲・林麗秀
社　　　長／詹慶和
執 行 編 輯／黃璟安
編　　　輯／蔡毓玲・劉蕙寧・陳姿伶
封 面 設 計／韓欣恬
美 術 編 輯／陳麗娜・周盈汝
內 頁 編 排／造極彩色印刷
出　版　者／雅書堂文化事業有限公司
發　行　者／雅書堂文化事業有限公司
郵政劃撥帳號／18225950
郵政劃撥戶名／雅書堂文化事業有限公司
地　　　址／新北市板橋區板新路206號3樓
電　　　話／(02)8952-4078
傳　　　真／(02)8952-4084
網　　　址／www.elegantbooks.com.tw
電 子 郵 件／elegant.books@msa.hinet.net

2021年05月初版一刷　定價／420元

總經銷／易可數位行銷股份有限公司
地址／新北市新店區寶橋路235巷6弄3號5樓
電話／（02）8911-0825　傳真／（02）8911-0801

原書製作團隊

編 輯 長／関口尚美
編　　輯／神谷夕加里
編輯協力／佐佐木純子・三城洋子
攝　　影／腰塚良彥・藤田律子（本誌）・山本和正
設　　計／和田充美（本誌）・小林郁子・多田和子
松田祐子・松本真由美・山中みゆき
製　　圖／大島幸・近藤美幸・櫻岡知榮子・為季法子
繪　　圖／木村倫子・三林よし子
紙型描圖／共同工芸社・松尾容巳子